21世纪高等职业教育计算机技术规划教材

计算机应用基础项目式教程（第2版）

Computer Technology

陈秀莉 王俊 主 编
江昕 范伟 副主编

人 民 邮 电 出 版 社
北 京

图书在版编目（CIP）数据

计算机应用基础项目式教程 / 陈秀莉，王俊主编
. -- 2版. -- 北京 : 人民邮电出版社，2014.10（2023.10重印）
21世纪高等职业教育计算机技术规划教材
ISBN 978-7-115-37160-7

Ⅰ. ①计… Ⅱ. ①陈… ②王… Ⅲ. ①电子计算机－高等职业教育－教材 Ⅳ. ①TP3

中国版本图书馆CIP数据核字(2014)第221308号

内 容 提 要

本书是理论实训一体化的教材，按照项目式教学模式的思路编写，以项目导向及任务驱动的方式展现教学内容，将计算机的基础知识和基本操作融入到具体项目任务中。本书选择当前主流操作系统软件 Windows 7 及应用软件 Office 2010 进行教学，内容丰富，注重实用，反映了计算机软件和硬件的较新技术，强调及突出了对读者的基本技能、实际操作能力和职业素养的培养。任务案例的选取贴近真实的工作情境，使读者在完成各项目任务的过程中自然而然地掌握方法，培养使用计算机解决实际问题的能力。

全书共包括 6 个项目，分别为网络信息交流、认识计算机、使用 Windows 7 操作系统、使用文字处理软件 Word、使用电子表格处理软件 Excel、使用演示文稿制作软件 PowerPoint。

本书可作为高等职业院校计算机应用基础课程的教材，也可作为计算机初学者的自学用书。

◆ 主　　编　陈秀莉　王　俊
副 主 编　江　昕　范　伟
责任编辑　桑　珊
责任印制　焦志炜

◆ 人民邮电出版社出版发行　　北京市丰台区成寿寺路 11 号
邮编　100164　　电子邮件　315@ptpress.com.cn
网址　http://www.ptpress.com.cn
北京九州迅驰传媒文化有限公司印刷

◆ 开本：787×1092　1/16
印张：17.5　　2014 年 10 月第 2 版
字数：459 千字　　2023 年 10 月北京第 9 次印刷

定价：42.00 元

读者服务热线：(010) 81055256　印装质量热线：(010) 81055316
反盗版热线：(010) 81055315

前 言 PREFACE

我国的高等职业院校担负着培养技能型人才的重任。培养技能型人才的目标，就是要把走进校园的大学生培养成符合国家发展和企业工作需要的人才，使培养的学生毕业后顺利就业或创业。

进入 21 世纪后，计算机技术已经成为推动社会经济飞速发展的重要基础，也是知识经济时代的代表。高等职业院校在培养未来的高素质劳动者和技能型人才的同时，使学生掌握必备的计算机应用基础知识和基本技能，不仅有利于提高学生应用计算机解决工作与生活中实际问题的能力，还可以为学生职业生涯和终身学习打下良好的基础。

计算机应用基础课程是高等职业院校面向非计算机专业学生开设的公共必修课，旨在培养学生掌握计算机软、硬件的基本概念，计算机的基本操作和常用软件的使用方法。高等职业院校的计算机应用基础课程具备自身的职业特色，课程内容与学生所学专业相结合，教学方法采用工学交替，“教、学、做合一”的模式。

本书是根据高等职业院校计算机应用基础课程的教学需要编写的，内容的编排符合学生的认知过程，以任务案例为主线，引导学生在学中做，在做中学，并注意启发学生，使学生熟能生巧，能举一反三、触类旁通。本书的内容包括网络信息交流、认识计算机、使用 Windows 7 操作系统、使用文字处理软件 Word、使用电子表格处理软件 Excel、使用演示文稿制作软件 PowerPoint 等，涵盖了全国计算机等级考试的内容，以便配合学生获取计算机应用能力证书。

本书的编写特点如下。

（1）以学生为主体，根据教学对象的认知水平和课程的教学目标，确定教材的编写内容和结构。

（2）适用于“理论、实训一体化”的教学方式，从培养学生的操作技能入手，让学生多动手、多动脑，提高计算机操作的技能。理论知识适度、够用，突出实际操作。

（3）将应用程序的功能介绍融入到任务案例的具体操作中，避免了教学内容的枯燥化和教条化，使学生能依据案例操作步骤边学边做，轻松学习。

（4）内容的选取符合计算机一级考试大纲的要求，适合作为计算机一级考试指导教材。

（5）体现教育改革成果，适应高等职业教育的教学要求。采用“知识与技能相结合”的模式，淡化理论，仅重点介绍与指导操作相关的理论，并直接指导操作。

（6）任务案例具有实用性和典型性，能够启发学生举一反三。

（7）采用任务驱动的形式，演示讲解翔实，图文并茂，以学生为主体安排教学内容。

本书由陈秀莉、王俊、江昕和范伟等编写，编者都是具备丰富教学经验的一线骨干教师和具有丰富企业工作经历的技术人员。在本书的编写过程中，我们得到了谢栋老师和刘彤、智飞等同学的帮助，同时温淑玲、程蓓、黄竹涌、唐毅、蔡涛等提供了项目素材，在此一并表示感谢！最后，编者向所有为本书做出贡献的人员表示衷心的感谢。

由于编者的水平有限，书中疏漏或不足之处在所难免，恳请广大读者批评指正。

编 者

2014 年 7 月

目 录 CONTENTS

项目三 使用 Windows 7 操作系统 70

项目四 使用文字处理软件 Word 110

项目五 使用电子表格处理软件 Excel 162

项目六 使用演示文稿制作软件 PowerPoint 229

PART 1 项目一 网络信息交流

本项目主要介绍关于网络信息交流的基本知识。通过对 Internet 的基础知识的介绍，让读者对网络的接入、网络的配置、无线网络、网络安全等内容有一个基本的了解与掌握；能够熟练地使用各种网络工具获取信息等。

项目目标

1. 认识和了解互联网，熟练掌握如何接入互联网。
2. 了解和掌握局域网与无线局域网的设置、安装方法。
3. 了解网络安全，掌握一般的网络安全设置。
4. 熟练掌握网络信息搜索的方法。
5. 熟练地使用各种网络工具。

任务一　网络接入

一、情境设计

黄小明是一名大学一年级的新生，九月，他带着对大学生活的美好憧憬开启了新的人生篇章。带着对一切未知的好奇，第一次进入机房的黄小明发现原来机房是这个样子的。看着一排排的计算机，各种各样的设备和各种线路，黄小明很好奇它们是怎么运行的。面对种种的疑惑，黄小明面临的首个任务是将自己的计算机接入网络。

所以，在本次任务中，我们从最基本的网络说起，为大家阐释网络的含义、这些网络是如何接入的、它们的组成和分类又是什么样的情况呢？有了网络，自然就离不开网址，那这里面又有哪些需要我们去了解和掌握的呢？图 1-1 为机房网络示意图。

二、任务实现

1．办公场所接入

黄小明带着笔记本电脑来到学校机房上网，他将机房网线连接到电脑之后，向老师请教如何设置接入方式。老师告诉他这种方式属于局域网接入 Internet，机房拓扑结构如图 1-1 所

示，并指导他具体如何设置。

首先将从交换机引出的网络端口与计算机网络端口相连接，然后进行如下操作。

第一步，单击“控制面板”进入控制面板界面，选择“网络与 Internet”选项，再选择“网络与共享中心”选项之后选择“更改适配器设置”选项。

第二步，用右键单击“本地连接”选项，单击属性进入设置界面。

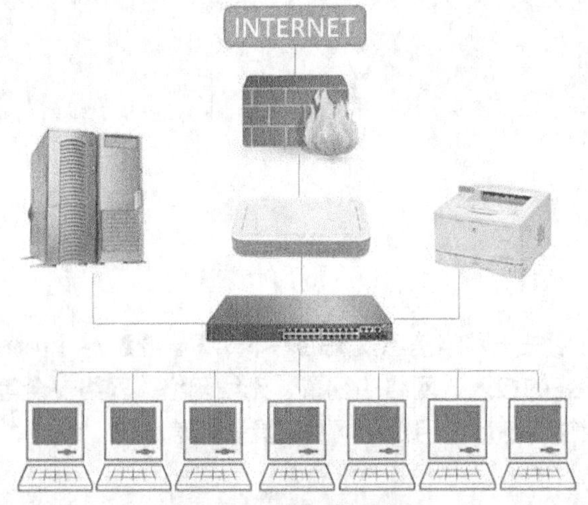

图 1-1　机房网络示意图

第三步，选择 Internet 协议版本 4，单击右下角的属性按钮进入 IP 设置界面。一般情况下，局域网内选择自动获得 IP 地址和 DNS 服务器地址即可。如果还不能正常联网，则选择手动输入，输入的 IP 地址和 DNS 服务器地址根据局域网的设置稍有不同，可以向管理员询问知晓。局域网 IP 地址不能重复，因此要选用别的电脑未使用过的地址，一般是地址中的第四位数字不同，可选择范围是 0～255。

Windows 7 系统下设置界面，如图 1-2 所示。

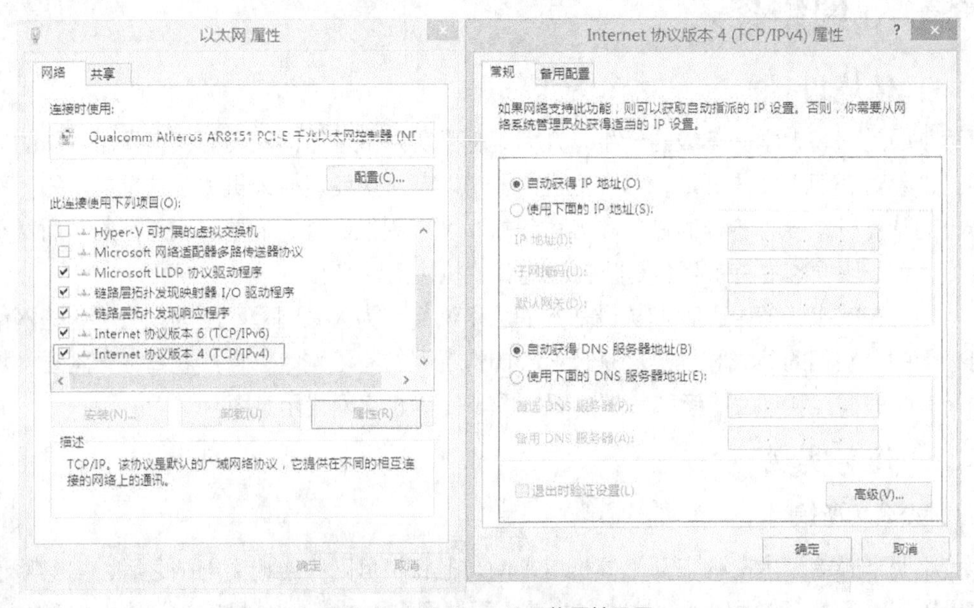

图 1-2　Windows 7 网络属性设置

2．家庭宽带连接

黄小明在听了老师的讲解之后，明白了局域网上网的原理。他又想起如果回到家里，直接用笔记本电脑上网，这时应该如何设置连接呢？老师告诉他家庭中的宽带连接通常是两种方式，第一种是ADSL宽带接入，第二种是小区宽带接入。

（1）ADSL宽带接入

ADSL接入是使用电话线接入的网络，大量家庭的宽带连接使用了这种方式，在学生宿舍里，也可以使用这种宽带接入方式。

ADSL宽带上网需要电话线接入Modem，并用网线连接Modem和电脑。在线路接通之后，Window下的ADSL宽带接入设置过程如下。

STEP 1 打开“控制面板”窗口“网络和Internet”选项。

STEP 2 选择“网络和共享中心”选项，在“更改网络设置”区域中单击“设置新的连接或网络”链接，如图1-3所示。打开“设置连接或网络”对话框，在其中选择“连接到Internet”选项，如图1-4所示。

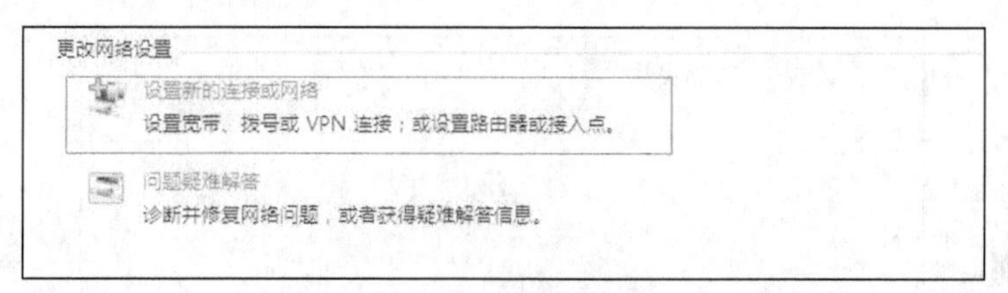

图1-3 更改网络设置

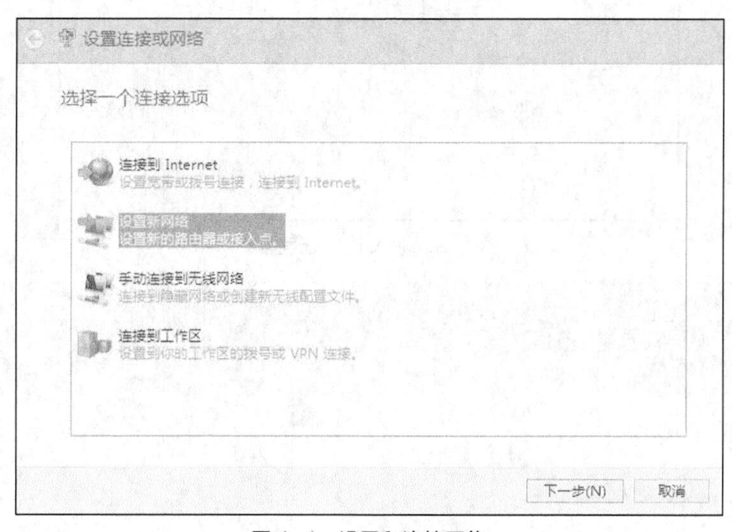

图1-4 设置和连接网络

STEP 3 单击“下一步”按钮打开“您想使用一个已有的连接吗?”窗口，在其中勾选“否，创建新连接”单选钮。

STEP 4 单击“下一步”桉钮打开“您希望如何连接”窗口，单击“宽带(PPPoE)”按钮，如图1-5所示。即可打开“键入您的Internet服务提供商(ISP)提供的信息”对话框，在“用户名”文本框中输入服务提供商的名字，在“密码”文本框中输入密码，如图1-6所示。

STEP 5 单击“连接”按钮打开“正在连接到宽带连接”对话框，如图1-7所示。提示用户正在连接到宽带连接，并显示正在验证用户名和密码等信息。等待验证用户名和密码完毕后，即可上网。

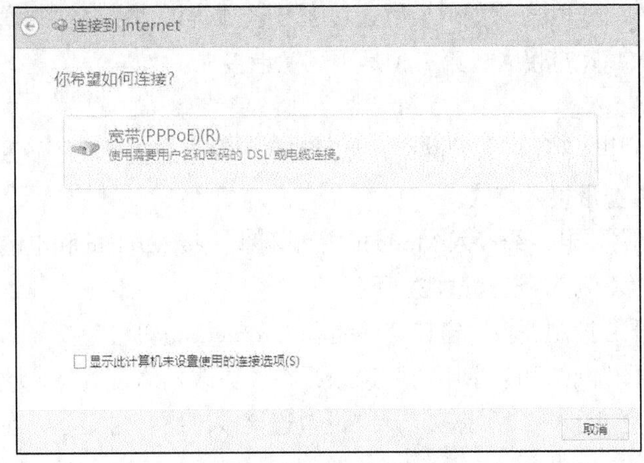

图 1-5　选择 PPPoE 方式

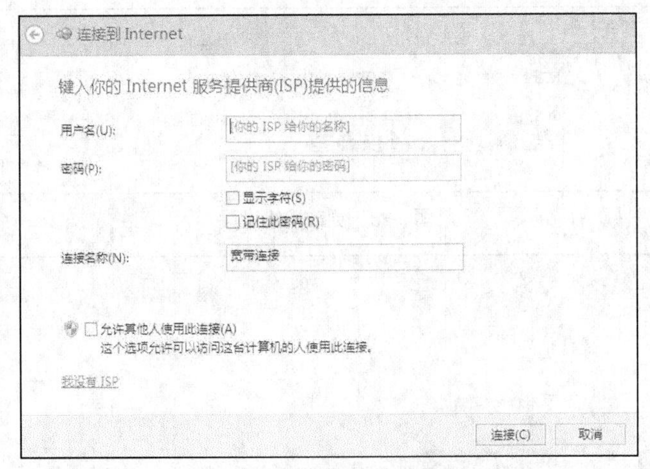

图 1-6　输入 ISP 账号信息

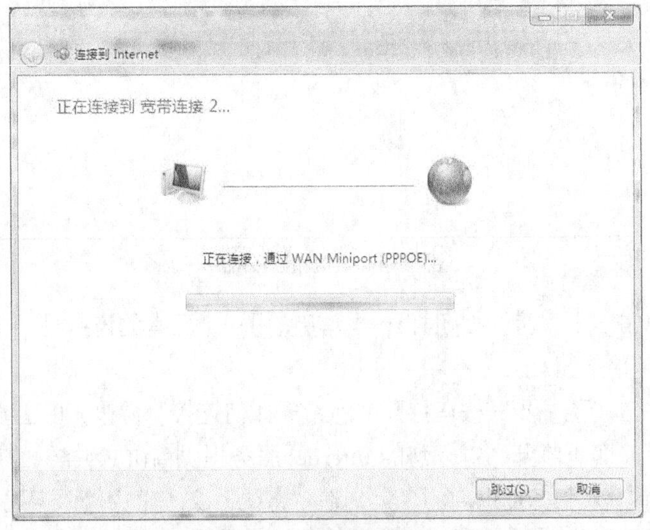

图 1-7　连接到宽带连接

STEP 6 再次需要上网时，单击桌面上的宽带连接快捷方式，弹出“连接 宽带连接 2”对话框，如图 1-8 所示。在“用户名”和“密码”文本框中输入服务提供的用户名和密码（一般可以选择保存用户名和密码，避免下次重复输入）。单击“连接”按钮即可上网。

图 1-8 “连接 宽带连接 2”对话框

（2）小区宽带接入

现在很多小区宽带接入不再使用电话线，而是直接使用网线接入的，实际上是光纤到大楼或小区后，再采用网线接入，这种接入方式也是 PPPoE 宽带接入。PPPoE 宽带接入采用 5 类非屏蔽双绞线作为接入线路，需要在楼内进行综合布线。许多新建小区全面实行综合布线，将以太网接口布放到每个家庭。以太网接入 Internet 的原理如图 1-9 所示。

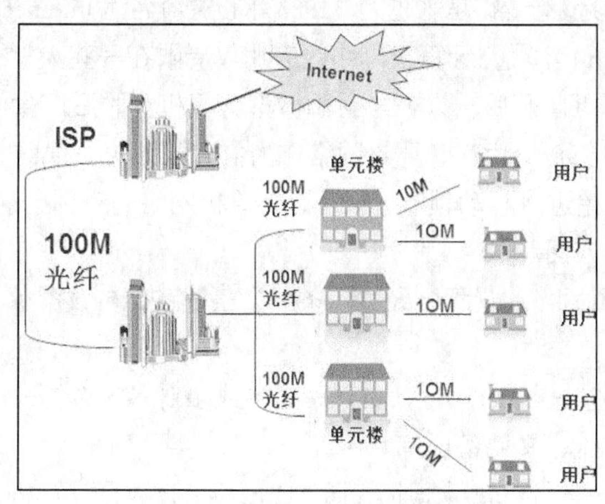

图 1-9 PPPoE 宽带接入

将网线连接上计算机后，依照以下步骤设置。

① 通过控制面板进入网络与共享中心，单击“本地连接”选项查看网络状态。

② 单击“设置新的连接或网络”选项进入创建流程。

③ 在选择界面中选择“连接到 Internet”选项，进入下一步选择“设置新连接”选项，接着选择“宽带（PPPoE）（R）”选项，然后填入宽带服务商提供的账号和密码就可以了。

三、相关知识

1. Internet

Internet是位于世界各地的成千上万的计算机相互连接在一起形成的，可以相互通信的计算机网络系统，它是当今最大的和最著名的国际性资源网络。Internet就像计算机与计算机之间架起的一条条高速公路，各种信息在上面快速传递。这种高速公路遍及全世界，形成了像蜘蛛网一样的网状结构，使人们得以在全世界范围内交换各种各样的信息。与Internet相连接，就可以分享其丰富的信息资源，这是其他任何社会媒体或服务机构都无可比拟的。

从网络通信技术的角度看，Internet是一个以网络协议TCP/IP连接各个国家、各个地区以及各个机构的计算机网络的数据通信网。从信息资源的角度看，Internet是一个集各个部门、各个领域的各种信息资源为一体，供网上用户共享的信息资源网。今天Internet已远远超过了网络的含义，它成为了一个"社会"。虽然至今还没有一个准确的定义来概括Internet，但是这个定义应从通信协议、物理连接、资源共享、相互联系、相互通信的角度综合考虑。所以，一般认为，Internet的定义应包含下面3个方面的内容。

① Internet是一个基于TCP/IP协议簇的网络。

② Internet是一个网络用户的集团，网络使用者在使用网络资源的同时，也为网络的发展壮大贡献自身的力量。

③ Internet是所有可被访问和利用的信息资源的集合。

Internet的前身是ARPANET，它是由美国国防部的高级研究计划局（ARPA）资助的，其核心技术是分组交换技术。1969年12月，美国的分组交换网ARPANET投入使用。经过长期的研究，1983年TCP/IP正式成为ARPANET的网络协议标准。由于ARPANET的功能不断完善，不断有新的网络加入，该网络变得越来越大，1983年正式命名为Internet，即因特网。

20世纪70年代和80年代，计算机网络的应用仅局限在一些大型企业、公司、学校和研究部门中。当微型计算机普及后，人们才看到微型计算机互联后产生的巨大影响，计算机网络开始普及。到20世纪90年代，计算机网络作为信息服务的一种重要手段进入家庭。而21世纪后，计算机网络开始进入移动领域。现在，计算机网络的应用已经深入社会的各个角落。其主要用途有以下几个方面。

① 数据传输。依照适当的规程，经过一条或多条链路，在数据源和数据宿之间传送数据的过程。

② 资源共享。通过Internet，可以实现一对多或多对多的资源分享，资源共享可以方便地应用于团队内信息交流、文件备份等。

③ 分布式处理。在进行巨量计算时，通过Internet将数台计算机连续起来，每台计算机只做其中的某一数据块运算，最后经由Internet将结果上传并且合并。

2. 计算机网络的组成

网络是计算机技术的延伸，与计算机系统的组成相似，计算机网络也包括硬件部分和软件部分。

为了简化计算机网络的分析与设计，有利于网络的硬件和软件配置，按照系统功能，计算机网络可分为通信子网和资源子网两个部分，如图1-10所示。

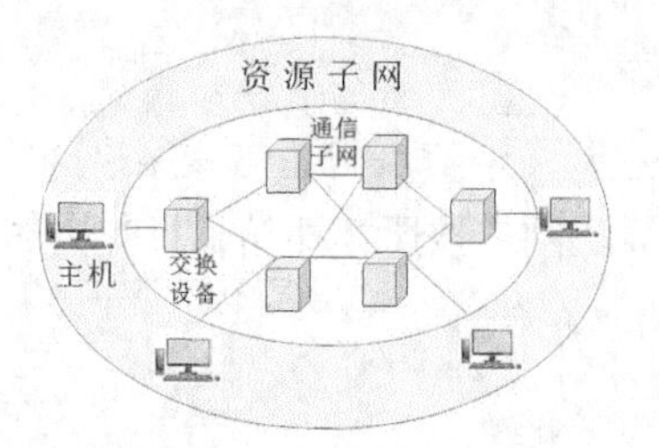

图 1-10　计算机网络组成

（1）通信子网

通信子网也称为数据传输系统，其主要任务是实现不同数据终端设备之间数据传输。通信子网由通信控制处理机、通信线路与其他通信设备组成，负责完成网络数据传输、转发等通信处理任务。

（2）资源子网

资源子网主要负责全网的信息处理，为网络用户提供网络服务和资源共享功能。资源子网包括主机系统、终端、I/O 设备、联网外设、各种软件资源与信息资源。

3．计算机网络的分类及相关知识

计算机网络的分类方法很多，可以从不同角度对计算网络进行分类，如按照地理范围分类、按照拓扑结构分类、按照协议分类、按照信道访问方式分类、按照数据传输方式分类等。下面主要介绍前两种方式。

（1）按照地理范围分类

按照网络覆盖的地理范围，计算机网络可以分为以下 3 类。

① 局域网（Local Area Network，LAN）。

局域网是指一个有限的地理范围内（几千米以内），将计算机、外围设备和网络连接设备连接在一起的网络系统，如一个学校、一幢大楼、一个公司内的网络。

局域网是在微型计算机大量应用后才逐渐发展起来的计算机网络。局域网既具有容易管理与配置、速率高、延迟时间短，又具有成本低廉、应用广泛、组网方便和使用灵活等特点，所以深受广大用户欢迎，发展十分迅速。

② 城域网（Metropolitan Area Network，MAN）。

城域网的覆盖范围介于局域网与广域网之间。城域网的设计目标是要满足几十千米范围内的大量公司、企业、机关的多个局域网互联需求，以满足大量用户之间的数据、语音、图形与视频等多种信息的传输需求。在城域网中，许多局域网借助一些专用网络互连设备连接到一起，没有连入局域网的计算机也可以直接接入城域网，访问城域网。

③ 广域网（Wide Area Network，WAN）。

广域网也称为远程网，它的覆盖范围从几十千米到几千千米，甚至更远。广域网往往覆盖一个国家、地区或横跨几个洲，形成国际性的远程网络。广域网将分布在不同范围的计算机系统互连起来，达到资源共享的目的。相对局域网而言，广域网的信息传输距离长，但数据传输速率较低。一些大的跨国公司，像 IBM、SUN 等计算机公司都建立了自己的企业网，通过通信部门的通信网络，将分布在世界各地的子公司连接起来。人们广泛使用的国际互联网就是广域网。

（2）按照拓扑结构分类

计算机网络拓扑结构是通过网络中节点与通信线路之间的几何关系表示网络结构，反映网络各实体间的结构关系。计算机网络按照拓扑结构可分为 5 种类型——星状、环状、总线状、树状和网状，如图 1-11 所示。

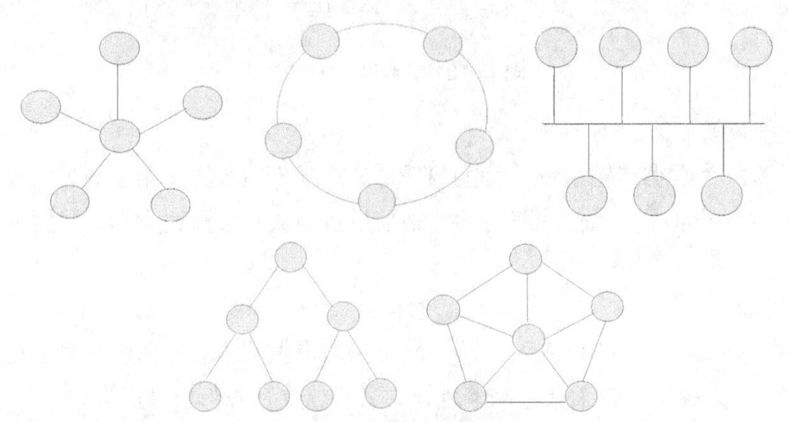

图 1-11　网络拓扑结构

学校的机房其实就是一个局域网，通常都是星状拓扑结构。

① 以太网。

以太网最早由 Xerox（施乐）公司创建，于 1980 年 DEC、Intel 和 Xerox 三家公司联合开发成为一个标准，是一种总线状局域网。以太网是应用最为广泛的局域网，但局域网却不一定是以太网，只是目前大多数的局域网是以太网。二者最主要的区别在于，局域网是一种网络结构，而以太网却是一种技术标准。

② PPPoE。

PPPoE 是 Point-to-Point Protocol over Ethernet 的缩写，可以使以太网的主机通过一个简单的桥接设备连到一个远端的接入集中器上。通过 PPPoE 协议，远端接入设备能够实现对每个接入用户的控制和计费。宽带认证技术是宽带计费系统的一个重要组成部分，它是对用户进行上网管理控制的基本必要技术手段。PPPoE 和 Web 认证、客户端认证就是目前常见的宽带认证技术。

4. IP 地址

众所周知，在电话通信中，电话用户是靠电话号码来识别的。同样，在网络中为了区别不同的计算机，也需要给计算机指定一个连网专用号码，这个号码就是“IP 地址”。

Internet 上的每台主机都有一个唯一的 IP 地址。IP 协议就是使用这个地址在主机之间传递信息，这是 Internet 能够运行的基础。

IP 地址的 2 进制长度为 32 位（共有 2^{32} 个 IP 地址），分为 4 段，每段 8 位。如果用十进制数字表示，每段数字范围为 0～255，段与段之间用句点隔开，例如 159.226.1.1。

IP 地址可以视为网络标识号码与主机标识号码两部分，因此 IP 地址可分两部分组成，一部分为网络地址，另一部分为主机地址。设计者必须决定每部分包含多少位，网络号的位数直接决定了可以分配的网络数（计算方法 $2^{\text{网络号位数}}-2$）；主机号的位数则决定了网络中最大的主机数（计算方法 $2^{\text{主机号位数}}-2$）。然而，由于整个互联网所包含的网络规模可能比较大，也可能比较小，设计者最后聪明地选择了一种灵活的方案：将 IP 地址空间划分成不同的类别，每一类具有不同的网络号位数和主机号位数。

IP 地址分为 A、B、C、D、E 共 5 类，它们适用的类型分别为：大型网络；中型网络；小型网络；多目地址；备用。常用的是 B 和 C 两类。

还有特殊的 IP 地址——私有地址（Private address），属于非注册地址，专门为组织机构内部使用。大多常用的是 C 类：192.168.0.0 ~ 192.168.255.255。学校机房一般用的是 C 类地址。

上面的分类只是一种大致的分类，完全通过网络标识号码与主机标识号码区分网络则是通过子网掩码。子网掩码即是用来指明一个 IP 地址的哪些位标识的是主机所在的子网，以及哪些位标识的是主机的位掩码，子网掩码由 1 和 0 组成，且 1 和 0 分别连续。子网掩码的长度也是 32 位，左边是网络位，用二进制数字“1”表示，1 的数目等于网络位的长度；右边是主机位，用二进制数字“0”表示，0 的数目等于主机位的长度。这样做的目的是为了让掩码与 IP 地址做与运算时用 0 遮住原主机数，而不改变原网络段数字，而且很容易通过 0 的位数确定子网的主机数（2 的主机位数次方-2，因为主机号全为 1 时表示该网络广播地址，全为 0 时表示该网络的网络号，这是两个特殊地址）。只有通过子网掩码，才能表明一台主机所在的子网与其他子网的关系，使网络正常工作。

通过计算机的子网掩码判断两台计算机是否属于同一网段的方法是，将计算机十进制的 IP 地址和子网掩码转换为二进制的形式，然后进行二进制“与”（AND）计算（全 1 则得 1，不全 1 则得 0），如果得出的结果是相同的，那么这两台计算机就属于同一网段。

对于 A 类地址来说，默认的子网掩码是 255.0.0.0；对于 B 类地址来说，默认的子网掩码是 255. 255.0.0；对于 C 类地址来说，默认的子网掩码是 255.255.255.0。

我们使用的第二代互联网 IPv4 技术，核心技术属于美国。它的最大问题是网络地址资源有限，从理论上讲，编址 1600 万个网络、40 亿台主机。但采用 A、B、C 3 类编址方式后，可用的网络地址和主机地址的数目大打折扣，以至 IP 地址已于 2011 年 2 月 3 日分配完毕。其中北美占有 3/4，约 30 亿个，而人口最多的亚洲只有不到 4 亿个，中国截至 2010 年 6 月 IPv4 地址数量达到 2.5 亿，落后于 4.2 亿网民的需求。地址不足，严重地制约了中国及其他国家互联网的应用和发展。

一方面是地址资源数量的限制，另一方面是随着电子技术及网络技术的发展，计算机网络将进入人们的日常生活，可能身边的每一样东西都需要连入全球因特网。在这样的环境下，IPv6 应运而生。单从数量级上来说，IPv6 所拥有的地址容量是 IPv4 的约 8×10^{28} 倍，达到 2^{128}（算上全零的）个。这不但解决了网络地址资源数量的问题，同时也为除电脑外的设备连入互联网在数量限制上扫清了障碍。

5．域名

由于 IP 地址是数字标识，使用时难以记忆和书写，因此在 IP 地址的基础上又发展出一种符号化的地址方案，来代替数字型的 IP 地址。每一个符号化的地址都与特定的 IP 地址对应，这样网络上的资源访问起来就容易得多了。这个与网络上的数字型 IP 地址相对应的字符型地址，就被称为域名。

通俗地说，域名就相当于一个家庭的门牌号码，别人通过这个号码可以很容易地找到你。

例如，安徽电气工程职业技术学院的 IP 地址是 61.191.23.99，而它的域名为 www.aepu.com.cn。我们若要访问这个主页，只需在浏览器中输入域名就行，而不必输入它真正的 IP 地址。

关于域名的构成，我们以 www.aepu.com.cn 为例，标号“aepu”是这个域名的主体，标号“com.cn”则是该域名的后缀，代表的这是一个 com 中国域名，是国内顶级域名，而前面的 www.是网络名，为 www 的域名，而类似 study.aepu.com.cn 则为二级域名。

在中国国家顶级域名.cn 下，类别域名共 6 个， 包括用于科研机构的 ac；用于工商金融企业的 com；用于教育机构的 edu；用于政府部门的 gov；用于互联网络信息中心和运行中心的 net；用于非营利组织的 org。国际域名后面没有国家名，例如表示工商企业的 .com，表示网络提供商的.net，表示营利组织的.org 等。

但对于一个网站来说，域名注册好之后，只说明你对这个域名拥有了使用权，如果不进行域名解析，那么这个域名就不能发挥它的作用。域名解析是把域名指向网站空间 IP，让人们通过注册的域名可以方便地访问到网站的一种服务。域名解析需要由专门的域名解析服务器（DNS，Domain Name System 域名系统）来完成，解析过程自动进行。

四、任务小结

经过本次任务的学习，黄小明对各种接入互联网的方式有了充分的了解，包括办公场所接入、家庭宽带接入，在不同的硬件环境下都能让自己充分地畅游在网络之中。

五、随堂练习

1. 在机房查看自己使用的电脑是如何接入网络的。
2. 是否还有其他网络接入方式，哪种方式是目前使用最广泛的，哪种方式是最便宜的。
3. 讨论 IP 地址和域名地址的关系。

任务二　局域网网络设置与测试

一、情境设计

由于黄小明学习努力，计算机掌握得不错，老师有意将黄小明培养成学生机房管理员，负责机房的网络配置和解决同学们上网时遇到的各种问题。黄小明觉得自己对网络有一定认识但是缺少实践，因此他毫不犹豫答应了。

某一天，黄小明的同学小莫急着和同学共享一个文件，没带优盘，然后又发现平时能正常上网的计算机无法上网了，而周围同学的电脑却能正常上网。看着无法上网的计算机，小莫急得团团转，却因为不懂网络配置而手足无措，于是便请来了黄小明。黄小明会如何解决这个问题呢?

二、任务实现

1. 局域网网络检修与设置

在遇到计算机无法正常上网的问题后，我们首先要分析可能会有哪些原因导致计算机无法上网。学校机房所用的网络，通常是以局域网为架构的。在遇到平时能正常上网的计算机突然无法上网时，我们应该从硬件和软件两个方面进行检修和调试。根据小莫所用的计算机无法正常上网，而其他同学的计算机却能正常上网的情况分析，黄小明基本确定这台计算机的故障出现在连接线路和计算机故障上。

在确定了故障范围后，黄小明同学便开始了故障检修。故障检修的过程如下。

（1）硬件故障检修

① 应查看连接本机最近的交换机的相应接口和机器背部网线端子接入点是否正常。正常情况下，连接正常的交换机相应端口和机器背部网卡都应该亮有绿色指示灯，并且间或闪动表示有数据传输。如果指示灯出现异常，说明连接松动或者连接端的水晶头可能出现了故障，那么我们便需要更换插头。

黄小明在仔细检查了两个端口后，未发现问题，便转而检查计算机本身的软硬件是否出现了故障。

② 在桌面右下角的任务栏中有一个计算机联网的图标，在连接松动或者物理连接断路时，该图标上面会出现一个红色的小叉，并会弹出提示消息框。而如果路由器端出现了故障，图标上会出现黄色惊叹号，并出现“无 Internet 访问”的提示，如图 1-12 所示。

图 1-12　网络无连接的提示

黄小明检查后发现小莫所用的计算机的网络连接的图标显示正常，于是他在“计算机”图标上用右键单击调出对话框，然后在对话框选项中单击“属性”选项，进入了“系统属性”窗口，如图 1-13 所示。然后，又在“系统属性”窗口中单击“设备管理器”按钮，弹出“设备管理器”窗口。

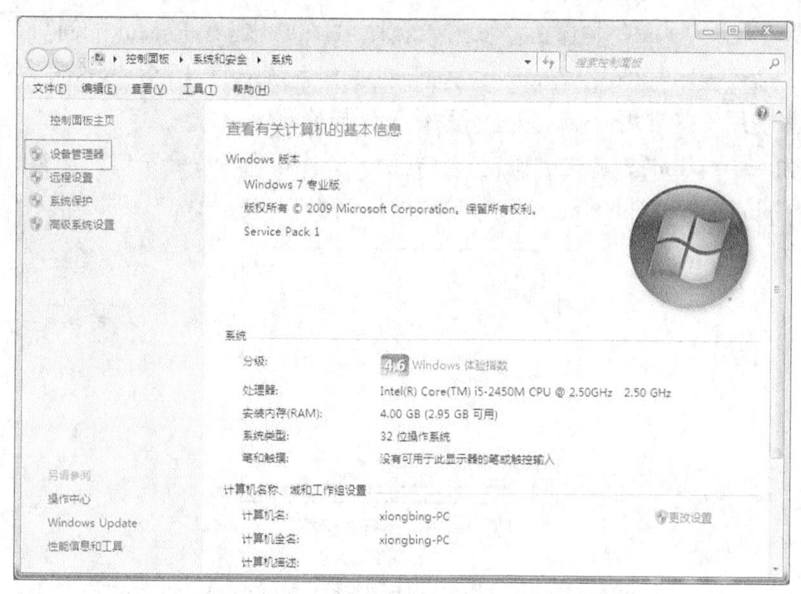

图 1-13　查看系统属性-硬件-设备管理器

在图 1-14 所示的设备管理器窗口中，查看网络适配器选项。如果在网络适配器选项上出现黄色惊叹号，则说明网卡工作出现故障，需要重新安装驱动程序，或者是网络适配器出现了硬件故障。否则说明网络适配器（网卡）工作正常。

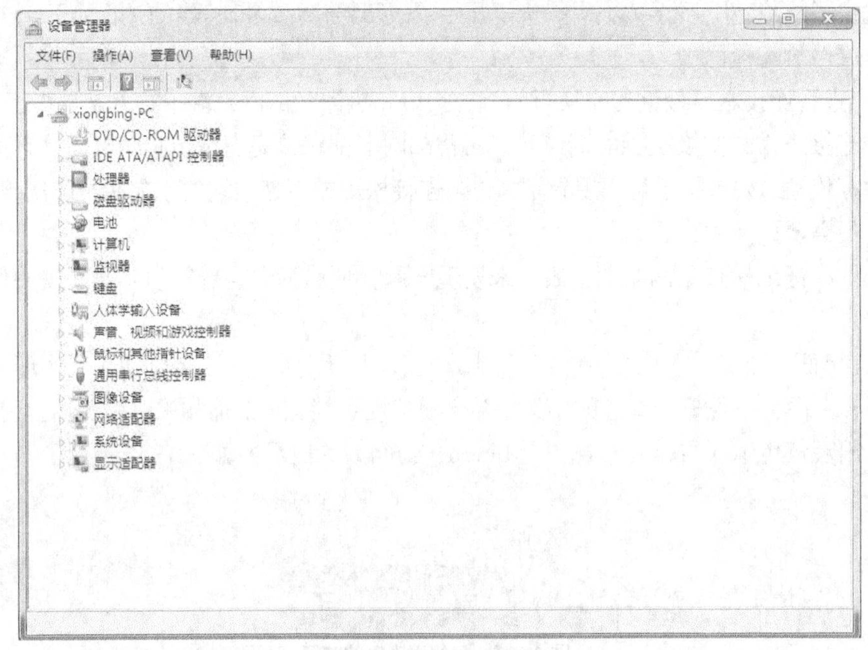

图 1-14　设备管理器

③ 黄小明经过这一系列检查，基本排除了硬件故障的可能性，于是便开始检查软件问题。

（2）软件故障检修

① 用 ping 命令检测网络是否连接正常。

单击“开始”按钮，找到“搜索程序和文件”搜索框，如图 1-15 所示。并在其中输入了“cmd”。小明输入的“cmd”是什么意思呢？原来，“cmd”是 command 的简写，中文名称为命令提示符。命令提示符是在 Windows 为基础的操作系统下的“MS-DOS 方式”，用户可以通过此方式来使用一些常用命令，以进行系统设置与检测。

小明在输入了“cmd”，单击“确定”按钮后，弹出了命令提示窗口，接着他在闪动的光标后输入了“ping www.aepu.com.cn”，并按 Enter（回车）键确认。

图 1-15　运行对话框

如图 1-16 所示，当 ping 命令执行后，如果出现“request timed out”提示，则说明本机不能正常地访问所 ping 的域名。而黄小明查看了上图所示的反馈情况后，判定目前小莫所用的计算机能够和 Internet 正常连接。于是，黄小明便继续进行其他可能造成无法上网的测试和修复操作。

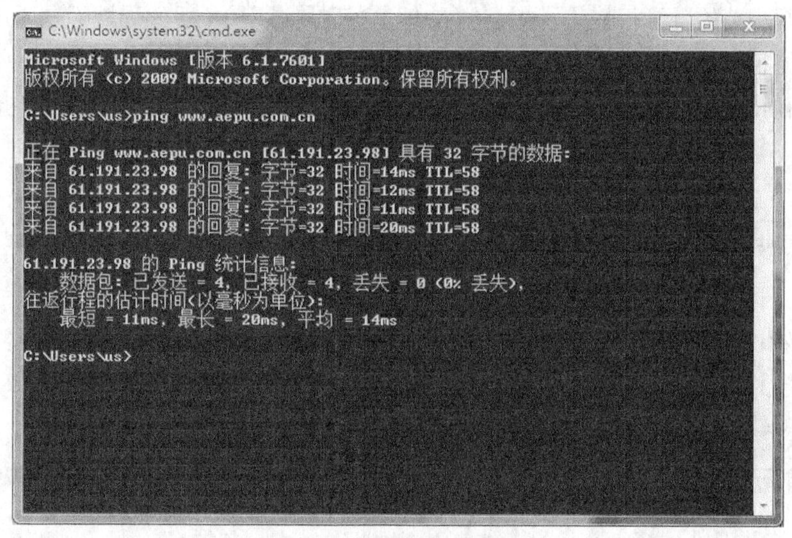

图 1-16　ping 命令的使用

② 检测计算机是否因为病毒导致无法上网。

接下来，黄小明首先检查了小莫的计算机上杀毒软件和防火墙软件是否在正常工作，并进行了计算机杀毒操作，以排除因为蠕虫病毒导致的计算机无法正常上网的情况。

③ 检查 Internet 协议配置是否正常。

小明在帮助小莫进行了计算机病毒查杀后，开始检查这台计算机的 Internet 协议配置是否正常。具体操作步骤如下。

a. 在控制面板中单击“查看网络状况与任务”属性，并在属性对话框中单击“本地连接”选项，在列表框中选择“属性”选项，如图 1-17 所示。

图 1-17　查看本地连接属性

b. 单击“Internet 协议版本 4(TCP/IPv4)”按钮，会出现“Internet 协议版本 4(TCP/IPv4)属性”对话框，从中可以查看当前计算机的 IP 地址和子网掩码。

小明发现小莫的计算机使用了指定的 IP 地址，而据他所知一般的局域网是通过 DHCP(动态主机设置协议)服务器自动分配上网的 IP 地址，因此他想问题是不是出在这里呢？于是黄小明在 Internet 协议（TCP/IPv4）属性中将 IP 地址参数选择为“自动获得 IP 地址”，确定生效后，发现任务栏提示“本地连接现已连接”，打开一个浏览器访问一个网站，结果计算机能正常上网了。

2．如何设置在局域网内传输文件

作为机房管理员，黄小明经常要在各台机器之间进行文件传输，总是用优盘很麻烦。于是黄小明开始想办法进行局域网的文件互访。利用“共享”就可以实现这个功能，同时也解决了小莫同学共享文件的要求。

右击所要共享的文件夹，单击“属性”选项，如图 1-18 所示。

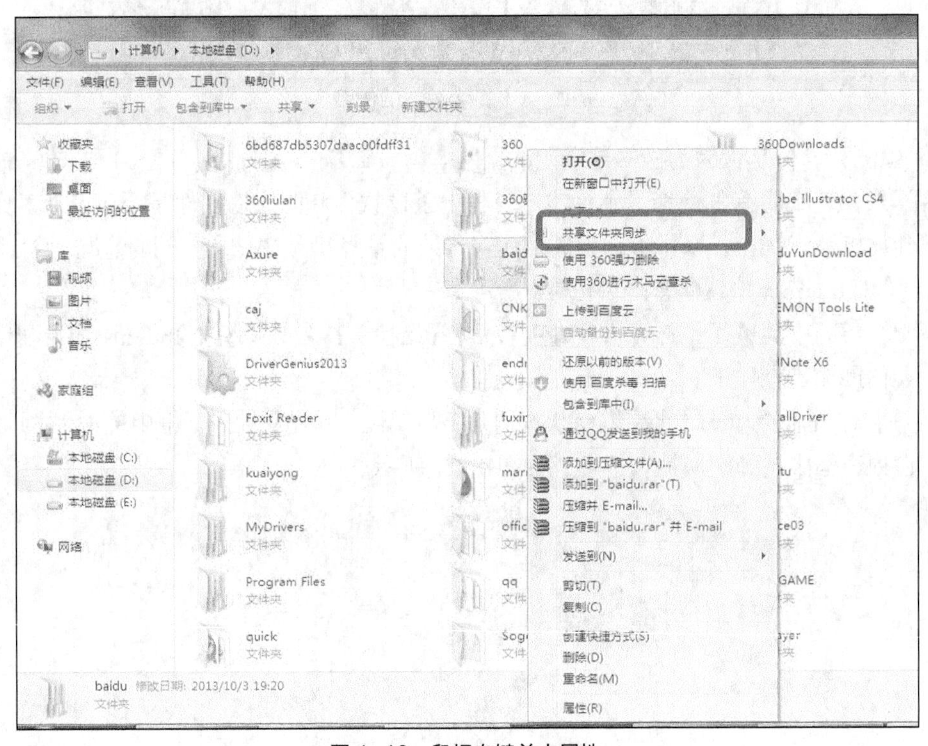

图 1-18 鼠标右键单击属性

如图 1-19 所示，出现“属性”对话框，单击“共享”选项卡中的“共享”按钮，在“文件共享”对话框中，根据需求添加或选择用户。

如图 1-20 所示，在“安全”选项卡设置同一局域网中的其他计算机是否能够对共享的文件进行写入或读取等，最后单击“确定”按钮。

共享成功的文件夹的属性和图标会改变，如图 1-21 所示。

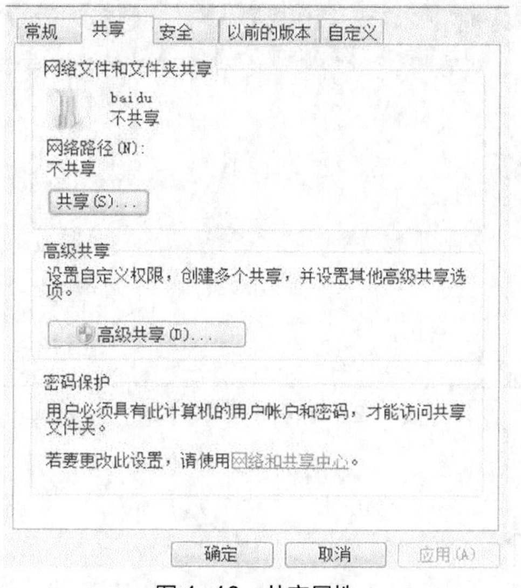

图 1-19 共享属性

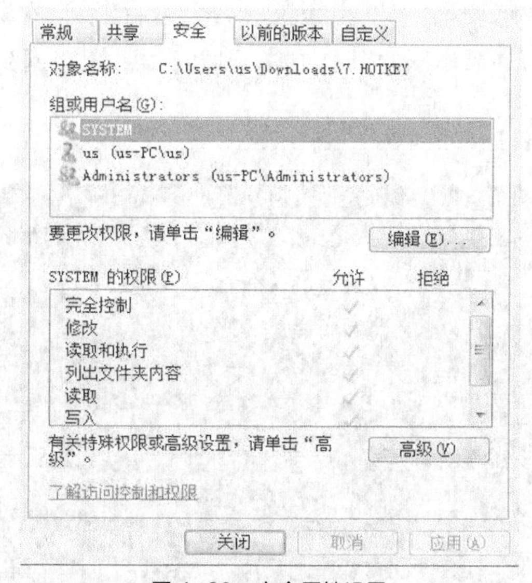

图 1-20 安全属性设置

图 1-21 共享文件夹的图标

若要查看本台计算机共享了哪些文件夹，那么只需双击“网络”选项，再双击本机图标即可，如图 1-22 所示。

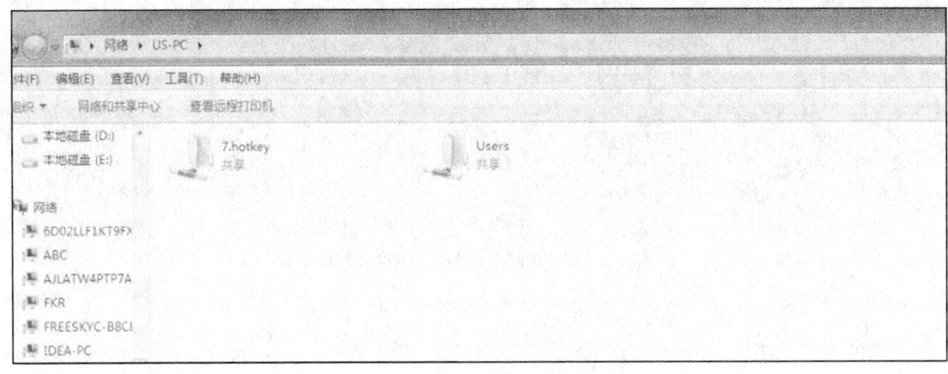

图 1-22　查看本机共享的文件夹

三、相关知识

1. 与网络相关的命令

（1）Ipconfig 命令

在 Window 系统中使用“窗口键”+“R”，输入“cmd”按回车键，调出命令行终端，在终端输入“ipconfig”可以查看电脑的全网 IP、局域网 IP，以及网关地址、掩码地址、DNS 服务器地址等信息，如图 1-23 所示。

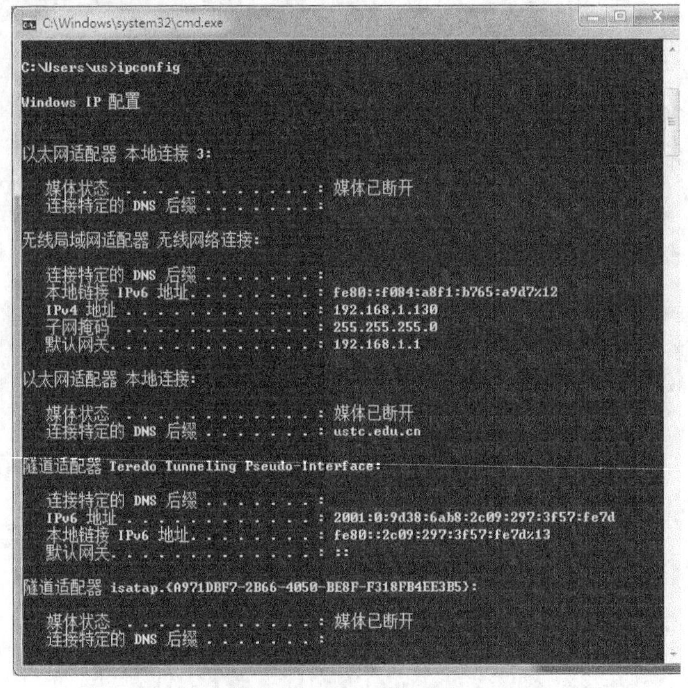

图 1-23　Ipconfig 命令

（2）ping 命令

ping 命令是一般操作系统中都会集成的一个专用于 TCP/IP 的探测工具，是我们检测网络故障最常用的命令，用它能够有效地测试网络连接状况及信息包发送和接收状况。ping 命令是通过向目标主机（地址）发送一个回送请求数据包，并要求目标主机在收到请求后给予答复，从而来判断网络响应时间和本机是否与目标主机（地址）连通。

2．动态主机设置协议

动态主机设置协议（Dynamic Host Configuration Protocol, DHCP）是一个局域网的网络协议，使用 UDP 协议工作，主要有两个用途：给内部网络或网络服务供应商自动分配 IP 地址，给用户或者内部网络管理员作为对所有计算机做中央管理的手段。通过 DHCP 服务可以在服务器上设定自动分配 IP 地址的方案，从而对网络使用情况进行集中管理。

四、任务小结

本次任务中，黄小明作为机房管理员，对网络的故障进行了排除，熟悉了局域网的配置，并设置共享了一个文件夹。

五、随堂练习

1. 用 Ipconfig 命令查看本机的网络配置，用 ping 命令测试与新浪网（www.sina.com.cn）的连接。

2. 设置文件共享，将课件共享给其他同学。

任务三　无线局域网的设置

一、情境设计

黄小明发现越来越多的同学使用笔记本电脑，机房由于网线有限，许多同学不能接入网络，所以他想利用无线路由器设置一个无线局域网。

二、任务实现

1．无线路由器的安装

要设置一个无线局域网，必须配置一个无线路由器，于是黄小明申请买来了一个 TP-LINK 无线路由器，开始了无线路由器的安装配置。

STEP 1 连接电脑与路由器，然后在网页浏览器中输入“192.168.1.1”。接着弹出对话框，输入用户名和密码，一般情况下均为 admin。

STEP 2 进入浏览器设置界面，单击左侧的“设置向导”选项，单击“下一步”按钮。然后跳出选择上网方式的对话框，如图 1-24 所示。

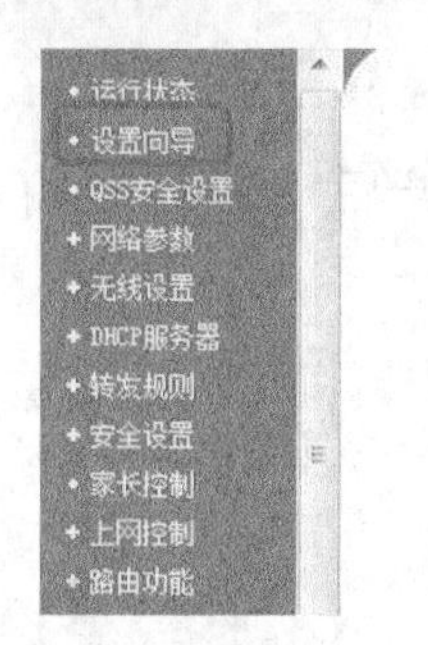

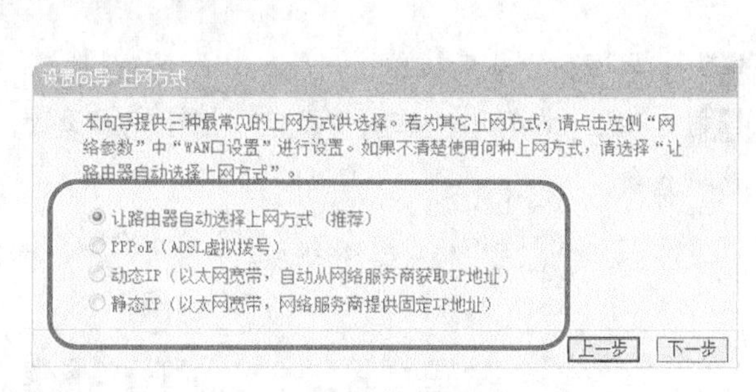

图 1-24　无线路由器的设置向导

STEP 3 选择“让路由器自动选择上网方式（推荐）”后，单击“下一步”按钮，设置无线参数，如图 1-25 所示。

设置向导 - 无线设置

本向导页面设置路由器无线网络的基本参数以及无线安全。

无线状态: 开启

SSID: admin

信道: 自动

模式: 11bgn mixed

11b only
11g only
11n only
11bg mixed
11bgn mixed

频段带宽:

无线安全选项:

为保障网络安全，强烈推荐开启无线安全，并使用WPA-PSK/WPA2-PSK AES加密方式。

不开启无线安全

WPA-PSK/WPA2-PSK

PSK密码:

（8-63个ASCII码字符或8-64个十六进制字符）

不修改无线安全设置

上一步 下一步

图 1-25　设置无线参数

其中，SSID 即无线网络名称，可以保持默认。但是，为了便于识别自己的路由器，也可更改为其他名称。

为避免无线信号产生干扰和重叠，根据频段分成 1～13 个信道，供无线路由用户选择通道。在不确定周围其他设备无线频率所占用信道的情况下我们可以选择“自动”，让路由器自动选择信道以规避来自其他无线网络的频率干扰。

设置路由器时，有 4 种模式可选。分别是 11b only，11g only，11n only 和 11bgn mixed。11b only 的模式适用于办公室、家庭、宾馆、车站、机场等场合；11g only 的模式则比较适合企业这些相对大一点的地方；11n only 的使用范围就更大些；而 11bgn mixed 则是前 3 种模式的混合。

频段带宽是指路由器的发射频率宽度。通常有 20MHz 和 40MHz 两种，前者对应的是 65MHz 带宽，穿透性好，传输距离远，范围在 100 米左右，后者对应的是 150MHz 带宽，穿透性差，传输距离近，范围为 50 米左右。

PSK 密码，即无线密码，可以是数字或英文字母的组合，例如 1a2b3c4d，英文字母区分大小写。

STEP 4 上述设置完成后，单击“下一步”按钮。

STEP 5 如图 1-26 所示，单击“重启”按钮完成设置。重启后，在浏览器输入网址，检查是否能成功上网。

设置向导

设置完成，单击“重启”后路由器将重启以使设置生效。

提示：若路由器重启后仍不能正常上网，请点击左侧“网络参数”进入“WAN口设置”栏目，确认是否设置了正确的WAN口连接类型和拨号模式。

上一步 重启

图 1-26　设置完成重启

2．无线局域网的接入

黄小明设置好无线网络之后，其他同学只需要打开电脑的无线开关，单击桌面右下角的 （未连接无线网时）或 （已连接无线网时）图标，即可打开并搜寻附近的无线网络，单击黄小明设置的无线网络信号源，并单击“连接”按钮，单击输入密码即可连接网络，如图 1-27 所示。

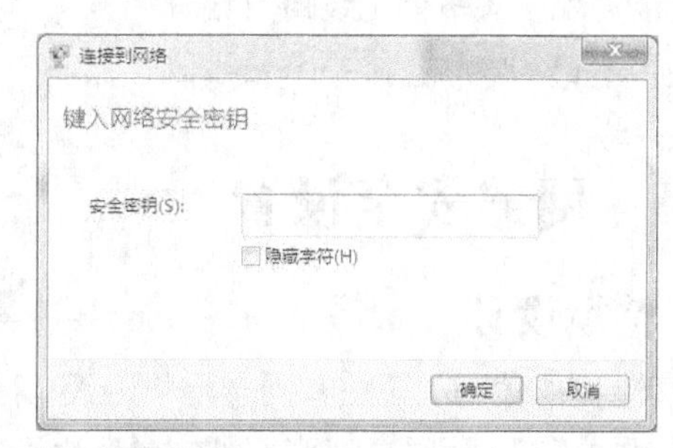

图 1-27　无线局域网的接入

三、相关知识

1．无线局域网

无线局域网络（Wireless Local Area Networks, WLAN）是相当便利的数据传输系统，通过无线网络接入互联网，能够达到“信息随身化、便利走天下”的理想境界。目前的笔记本电脑、平板电脑、智能手机等设备一般都会配备无线网卡，方便设备通过无线局域网络接入 Internet。

2．Wi-Fi 技术

Wi-Fi 是一种能够将个人电脑、手持设备（如 Pad、手机）等终端以无线方式互相连接的技术。Wi-Fi 是一个无线网路通信技术的品牌，由 Wi-Fi 联盟（Wi-Fi Alliance）所持有。目的是改善基于 IEEE 802.11 标准的无线网络产品之间的互通性。使用 IEEE 802.11 系列协议的局域网就称为 Wi-Fi。

Wi-Fi 常见的就是一个无线路由器，那么在这个无线路由器的电波覆盖的有效范围都可以采用 Wi-Fi 连接方式进行联网，如果无线路由器连接了一条 ADSL 线路或者别的上网线路，则又被称为“热点”。一般 Wi-Fi 信号接收半径约 95 米，但会受墙壁等影响，实际距离会小一些。目前通常的 Wi-Fi 传输速度非常快，可以达到 54Mbit/s。

Wi-Fi 上网可以简单地理解为无线上网，不少智能手机与多数平板电脑都支持 Wi-Fi 上网。手机如果有 Wi-Fi 功能的话，在有 Wi-Fi 无线信号的时候就可以不通过移动联通的网络上网，省掉了流量费。但是 Wi-Fi 信号也是由有线网提供的，例如 ADSL、小区宽带以太网接入等，只要接一个无线路由器，就可以把有线信号转换成 Wi-Fi 信号。很多发达国家和地区的城市里到处覆盖着由政府或大公司提供的 Wi-Fi 信号供居民使用，国内部分城市也已开始架设。

Wi-Fi 最主要的优势在于不需要布线，可以不受布线条件的限制，因此非常适合移动办公用户的需要，并且由于发射信号功率低于 100mW，低于手机发射功率，所以 Wi-Fi 上网相对也是安全健康的。

四、任务小结

经过本次任务的学习，黄小明了解了无线局域网的设置和连接，安装了无线路由器，摆脱了“线”的牵绊，特别是在各种移动设备发展的情况下，让上网更加自由自在。

五、随堂练习

1. 自己动手设置一个无线路由器。
2. 使用笔记本电脑连接一个无线信号源。

任务四　网络安全设置

一、情境设计

在机房上网的黄小明正在和同学网络聊天，QQ 突然弹出窗口告诉他“您的登录账号不安全或存在异常”。小明异常紧张，不知道发生了什么，他很担心会发生传说中的“虚拟资产损失惨重”的安全问题。他觉得自己的电脑可能出现了安全隐患，需要进行一些安全设置，包括安装防火墙、防病毒、防木马，还要防护网络攻击。于是他便开始了对自己电脑的网络安全设置操作。

二、任务实现

1．安装防火墙

防火墙指的是一个由软件和硬件设备组合而成、在内部网和外部网之间、专用网与公共网之间的界面上构造的保护屏障，以保护内部网免受非法用户的侵入。

我们以 Windows 自带的防火墙为例来演示具体操作步骤。

STEP 1 进入“开始”→“控制面板”→“系统和安全”选区，如图 1-28 所示。

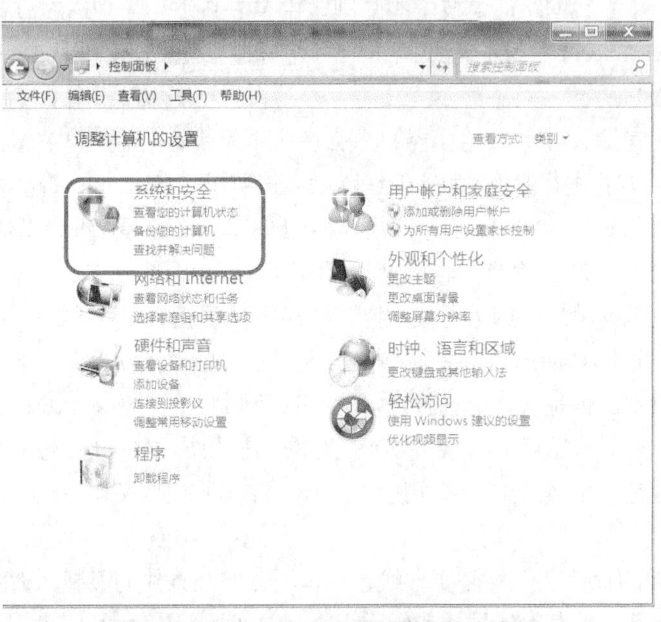

图 1-28　Windows 7 下的系统和安全选项

STEP 2 单击进入后，单击页面“Windows 防火墙”按钮，如图 1-29 所示。

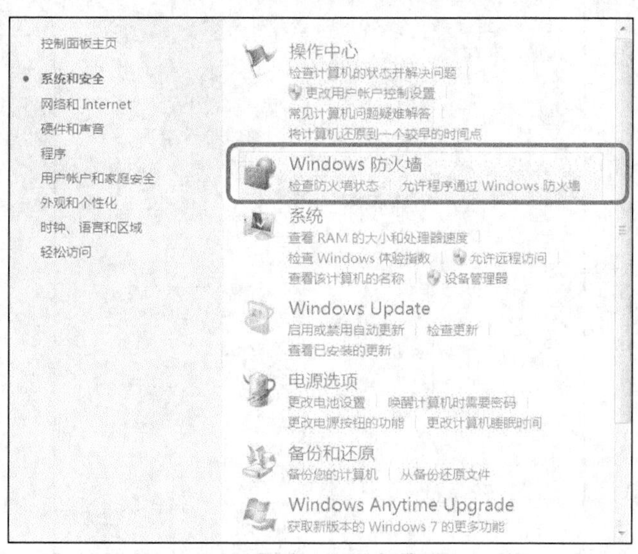

图 1-29　Windows 防火墙

STEP 3 如图 1-30 所示，进入防火墙页面，单击页面左面的“打开或关闭 Windows 防火墙”单选按钮。

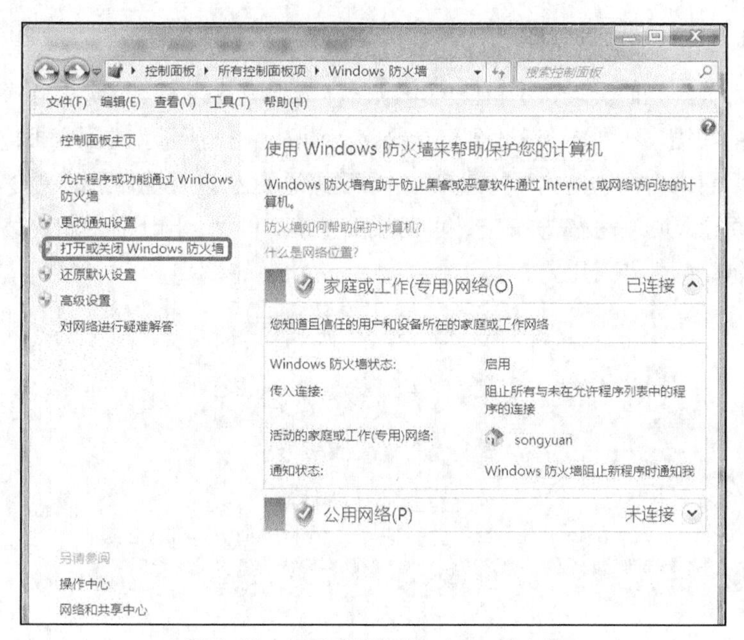

图 1-30　打开或关闭 Windows 防火墙

STEP 4 根据自身网络状况，选择相应的一栏，然后单击“启用 Windows 防火墙”按钮，如图 1-31 所示。

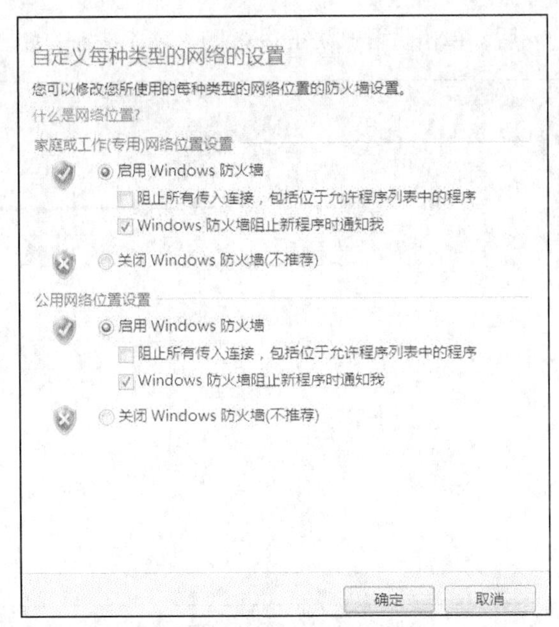

图 1-31　启用 Windows 防火墙

若想关闭防火墙，可在到达上述步骤时，单击“关闭 Windows 防火墙（不推荐）”按钮即可。

2．防范木马程序与流氓软件

在学习了如何开启防火墙保护自己的电脑后，黄小明下载了一款防火墙软件，并对电脑进行一次全部的扫描。不一会，就收到一个警报，如图 1-32 所示。看到警报提示的内容，黄小明吓了一跳，看来自己的电脑真的感染了木马程序，经检查发现自己的 QQ 游戏账号被盗了，里面的几百个 QQ 币被洗劫一空，可谓损失惨重。可见，出于计算机网络安全考虑，防范木马程序和流氓软件非常重要。

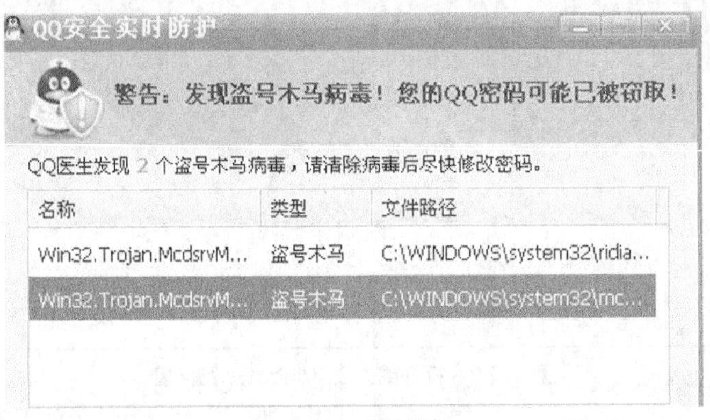

图 1-32　木马警告

对于木马程序和流氓软件的防治，除了安装并升级防火墙之外，最重要的是要经常使用杀毒软件查杀此类病毒。另外，在下载资料的时候，要从正规的网站去下载，使用正确的方法安装等。目前，最常用的防病毒软件有 360 杀毒、百度杀毒、瑞星杀毒等，如图 1-33 所示。

3. 防护 ARP 攻击

所谓 ARP 攻击，是针对以太网地址解析协议（ARP）的一种攻击技术。此种攻击可让攻击者取得局域网上的数据封包甚至可篡改封包，且可让网络上特定计算机或所有计算机无法正常连接。为防范 ARP 攻击，小明决定为电脑做好防护 ARP 攻击的设置，包括安装 ARP 防火墙、安装杀毒软件等。

图 1-33 部分杀毒软件

（1）安装 ARP 防火墙

如今大部分安全辅助软件均内置 ARP 防火墙，如 360 安全卫士、金山贝壳 ARP 专杀、金山卫士等。

（2）已经中毒的处理方法

ARP 病毒可以在网络中造成大量的 ARP 通信量，使网络阻塞，导致网速减慢，甚至会使得杀毒软件失效。在这种情况下，可以通过 ARP 病毒专杀工具进行清理。由于大多数 ARP 病毒多具有木马特性，在网络中若存在感染 ARP 木马病毒的计算机，则中毒的系统将会试图通过“ARP 欺骗”手段影响本网段内其他计算机的通信，造成网络中信息阻塞甚至中断，所以不要以为 ARP 病毒对自己工作没有太大影响就可以忽视它的存在。

三、相关知识

1. 防火墙

所谓防火墙，指的是一个由软件和硬件设备组合而成、在内部网和外部网之间、专用网与公共网之间的界面上构造的保护屏障。它是一种获取安全性方法的形象说法，是一种计算机硬件和软件的结合，使 Internet 与 Intranet 之间建立起一个安全网关（Security Gateway），从而保护内部网免受非法用户的侵入。防火墙主要由服务访问规则、验证工具、包过滤和应用网关 4 个部分组成，防火墙就是一个位于计算机和它所连接的网络之间的软件或硬件，该计算机流入流出的所有网络通信和数据包均要经过此防火墙。

除了 Windows 系统自带的防火墙外，在市场上还有其他防火软件供大家选择和参考，如图 1-34 所示。

作为 Internet 的安全性保护软件，防火墙已经得到广泛运用。防火墙的主要作用有以下几个方面。

① 防火墙对内部网实现了集中的安全管理，可以强化网络安全策略，比分散的主机管理更能强化网络安全策略，比分散的主机管理更经济易行。

图 1-34　其他防火墙软件

② 防火墙能防止非授权用户进入内部网络，也可以方便监视网络的安全并及时报警。

③ 使用防火墙可以实现网络地址转换（Network Address Translation，NAT），利用 NAT 技术，可以缓解地址资源短缺，隐藏内部网的结构。

④ 利用防护墙对内部网络的划分，可以实现重点网段的分离，从而限制安全问题的扩散，同时所有的访问都经过防火墙，因此它是审计和记录网络访问和使用的理想位置。

2．病毒

计算机病毒（Computer Virus）在《中华人民共和国计算机信息系统安全保护条例》中被明确定义。病毒指“编制者在计算机程序中插入的破坏计算机功能或者破坏数据，影响计算机使用并且能够自我复制的一组计算机指令或者程序代码”，具有破坏性、潜伏性、隐蔽性、激发性和传染性。

3．木马程序和流氓软件

木马程序，通常称为木马，是一种恶意代码，是指潜伏在电脑中，可受外部用户控制以窃取本机信息或者控制权的程序。

木马程序危害在于多数有恶意企图，例如占用系统资源，降低电脑效能，危害本机信息安全（盗取 QQ 账号、游戏账号甚至银行账号），将本机作为工具来攻击其他设备等。电脑一旦中了木马病毒，那么很多的信息将会被公开甚至会被不法分子所利用，就会出现之前说过的情况。

与木马程序相类似，还有一种软件叫作流氓软件。流氓软件是一种介于病毒和正规软件之间的软件，通俗地讲是指在使用电脑上网时，不断跳出的窗口让自己的鼠标无所适从；有时电脑浏览器被莫名修改，增加了许多工作条，当用户打开网页却变成不相干的奇怪画面，甚至是黄色广告。

有些流氓软件只是为了达到某种目的，比如广告宣传，这些流氓软件不会影响用户计算机的正常使用，只不过在启动浏览器的时候会多弹出来一个网页，从而达到宣传的目的。

4．ARP

ARP（Address Resolution Protocol，地址解析协议）是一个把 IP 地址转换为物理地址的协议。某节点的 IP 地址的 ARP 请求被广播到网络上后，请求方会收到确认其物理地址的应答，然后请求方才会根据应答中的物理地址将数据封装成 IP 数据包传送出去，如图 1-35 所示。

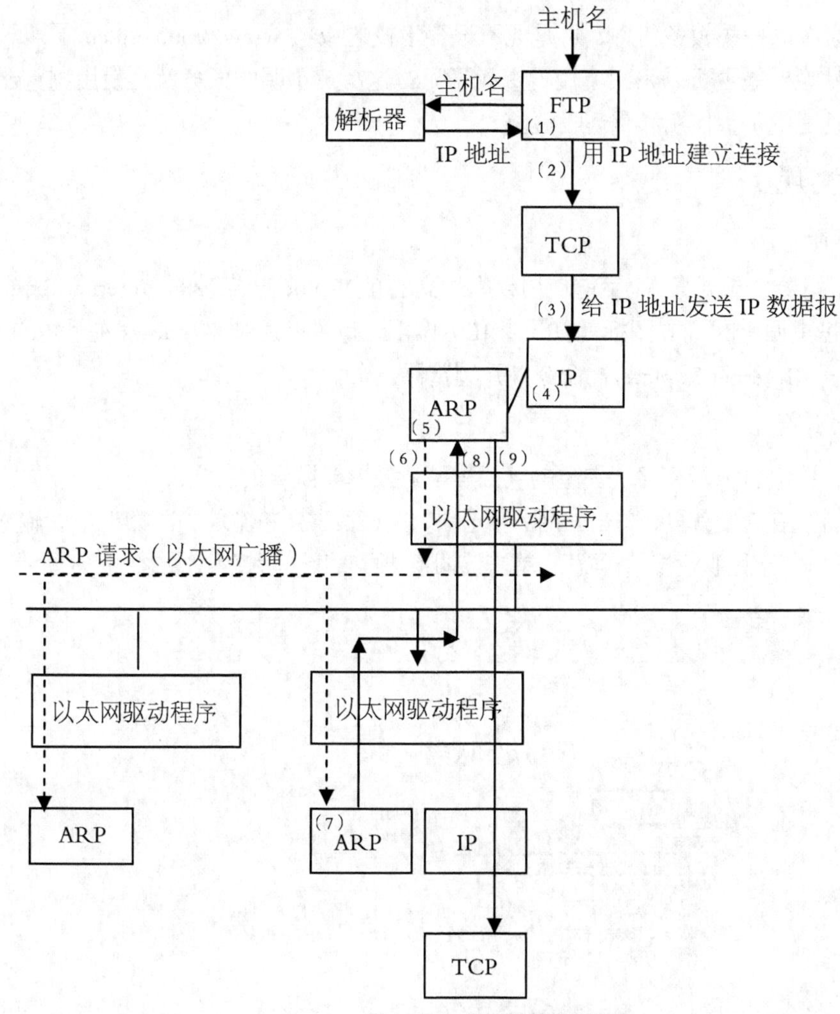

图 1-35 地址解析协议图示

四、任务小结

经过这个任务，黄小明学习了防火墙的安装，了解了防范木马程序与流氓软件，防护 ARP 攻击。黄小明明白了，原来防火墙和杀毒软件对一台电脑是那么的重要。网络世界有太多的不安全因素，对于像黄小明这样一个门外汉来说，电脑是否中毒根本就不会察觉。因此，打开电脑中的防火墙显得十分有必要。当然维护电脑的安全，我们不能仅仅只依靠防火墙和杀毒软件，更重要的是要养成良好的上网习惯。

五、随堂练习

1. 尝试自己动手打开 Windows 系统自带的防火墙。
2. 在电脑上安装 360 安全卫士，进行安全设置。

任务五　网络信息检索

一、情景设计

黄小明要查学校的一些教务信息，可是他不记得学校的域名 www.aepu.com.cn 了。该如何找到学校的网站呢？是否可以下次不用再查找了呢？这次黄小明的任务就是使用浏览器，使用搜索引擎，设置主页，使用和整理收藏夹。

二、任务实现

1．打开浏览器

要浏览网页，先要打开浏览器，目前使用频率最高的是 Windows 自带的“Internet Explorer（IE）浏览器”。双击桌面上的 IE 图标就打开了 IE 浏览器，也可以通过 Windows 左下角的“开始”→“程序”→“Internet Explorer”命令打开浏览器。

2．使用搜索引擎

使用“百度”搜索引擎，搜索“安徽电气工程职业技术学院”的主页。

STEP 1 首先在百度首页，单击“网页”选项，并在搜索框中输入“安徽电气”，输入框将自动出现“安徽电气工程职业技术学院”，单击该词条便可直接进行搜索，如图 1-36 所示。

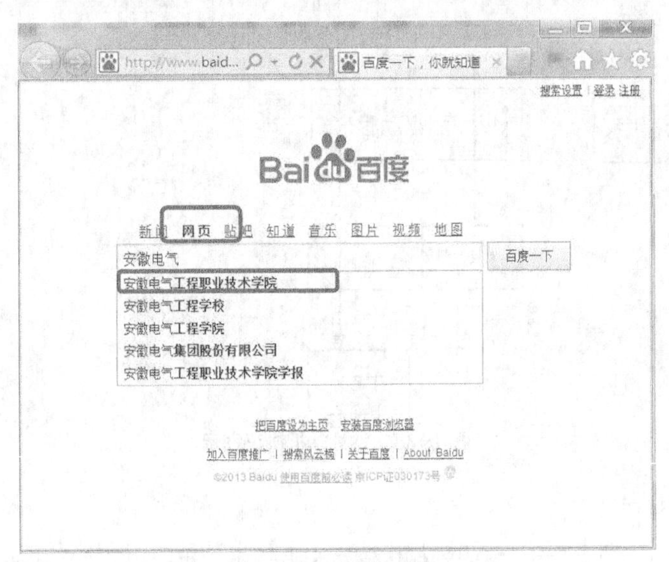

图 1-36　百度搜索引擎

STEP 2 网页会显示很多有关“安徽电气工程职业技术学院”的信息，根据自己的需要，选择单击即可，如图 1-37 所示。

3．设置主页

在“Internet Explorer 浏览器”中进行设置，选择“工具”→“Internet 选项”命令，在弹出的“Internet 选项”对话框中选择“工具”选项进行进一步的设置，如图 1-38 所示。

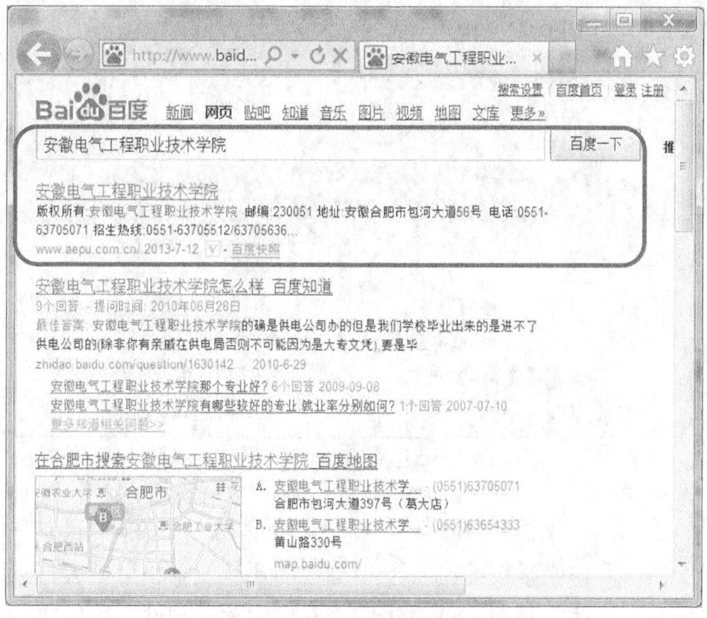

图 1-37　百度搜索结果

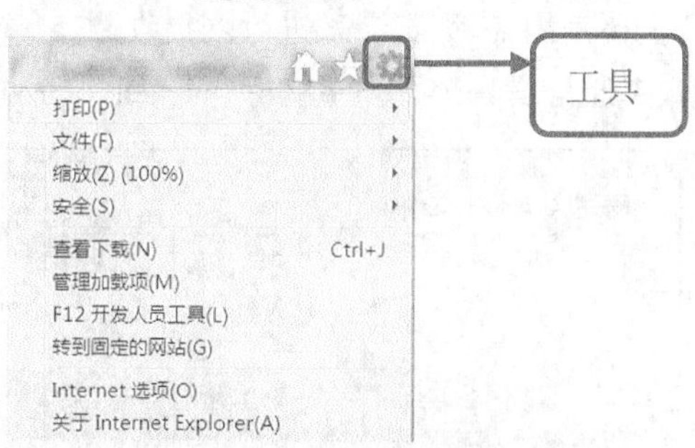

图 1-38　Internet Explorer 的工具菜单

在“常规”选项卡中，就可以设置浏览器启动后自动访问的网页，也就是我们常说的主页，打开浏览器后自动就到了这个网站。黄小明在这里键入了 www.aepu.com.cn，如图 1-39 所示。

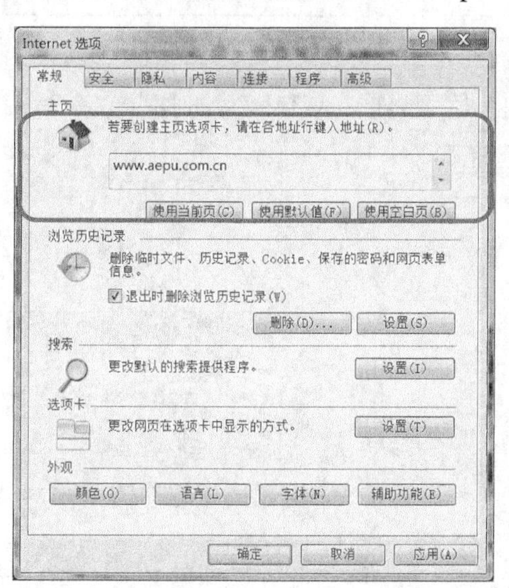

图 1-39　Internet Explorer 的 Internet 选项

每次打开 IE 后，自动访问安徽电气工程职业技术学院网站，如图 1-40 所示。

图 1-40　安徽电气工程职业技术学院网站

4．收藏网页

主页设置好了，以后访问学校的网页不用每次都要从搜索引擎中去搜索了，可是主页只能设置最常用的那个，其他网页怎么办呢？例如学校的教学网站，所以需要使用收藏夹的功能来收藏网页。我们还是用 IE 浏览器来进行网页收藏。

在 IE 中，收藏夹通常是一个五角星的标志，如图 1-41 所示。

图 1-41　IE 的收藏夹位置

STEP 1 单击“收藏夹”按钮，选择“添加到收藏夹”选项，如图 1-42 所示。

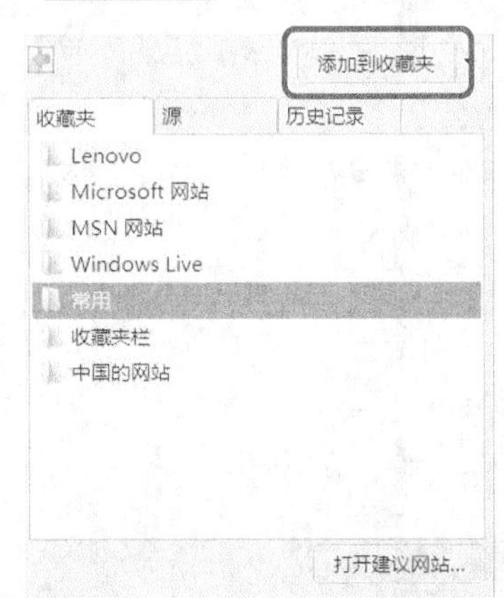

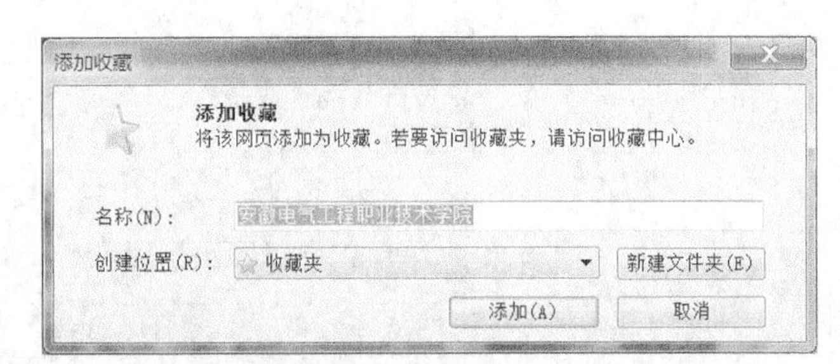

图 1-42　“添加收藏夹”窗口和“收藏夹”对话框

STEP 2 在弹出的提示窗口中，输入该网页的名称及网页收藏的位置，完成后单击“添加”按钮，如图 1-42 所示。

当网页收藏完成后，当再次点开按钮后，就能看见刚才所收藏的网页了。今后，再次浏览该网页时，就可以在收藏夹中直接进入了。

另外，我们也可以通过在网页的空白处单击右键的方式，将该网页添加到收藏夹中，如图 1-43 所示。

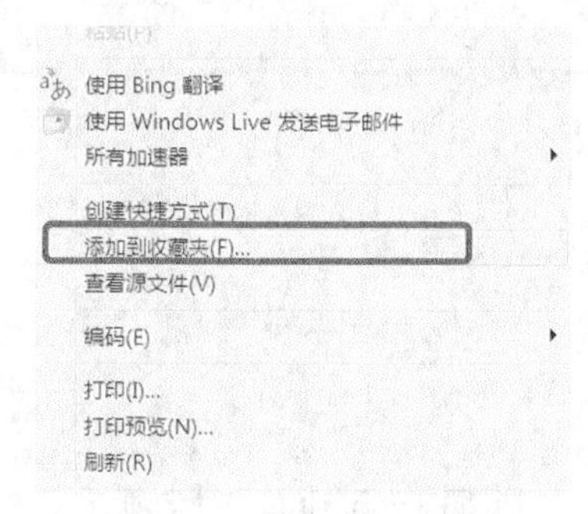

图 1-43 鼠标右键的对话框

三、相关知识

1. 浏览器

网页浏览器是显示网页文件，并让用户与这些文件互动的一种软件。它用来显示在互联网或局域网上的文字、影像及其他信息。这些文字或影像，可以是连接其他网址的超链接，用户可迅速、轻易地浏览各种信息。网页一般是 HTML 的格式，有些网页需要使用特定的浏览器才能正确显示。

目前主要的一些浏览器有：IE（Internet Explorer）浏览器、火狐（Mozilla Firefox）浏览器、谷歌（Google Chrome）浏览器、Apple Safari 浏览器等。这些浏览器都可以直接在搜索引擎中查找、下载、安装、使用，如图 1-44 所示。

图 1-44 部分浏览器标志

下面以 IE 浏览器为例来进行浏览器设置。

打开 IE 浏览器，选择“工具”→“Internet 选项”命令，在弹出的“Internet 选项”对话框中选择主要的功能进行进一步的设置。

在“常规”选项卡中，可以设置浏览器启动后自动访问的网页，这样可以减少对经常访问网页的操作时间。另外，还可以设置一些如字体颜色等的常规操作。单击“删除”按钮，清理由于长期上网累积的 Cookie，并且可以清理临时文件夹中的文件，释放存储空间，如图 1-45 所示。

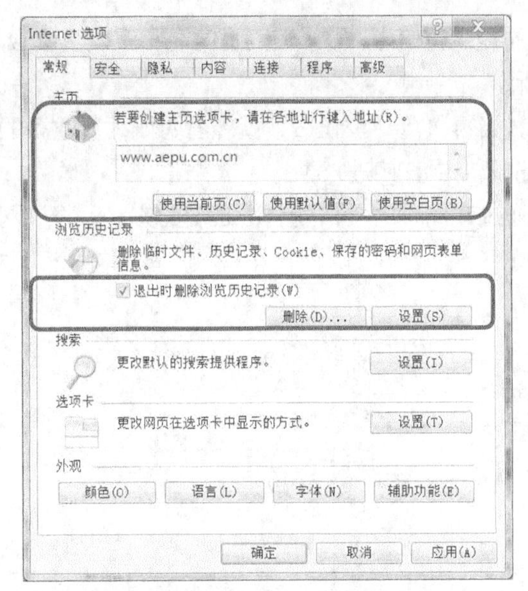

图 1-45　Internet 选项

选择“安全”选项卡，设置网络安全级别。单击“自定义级别”按钮，在弹出的“安全设置”对话框中，设置浏览器的安全级别，逐一对各类控件进行控制，如图 1-46 所示。

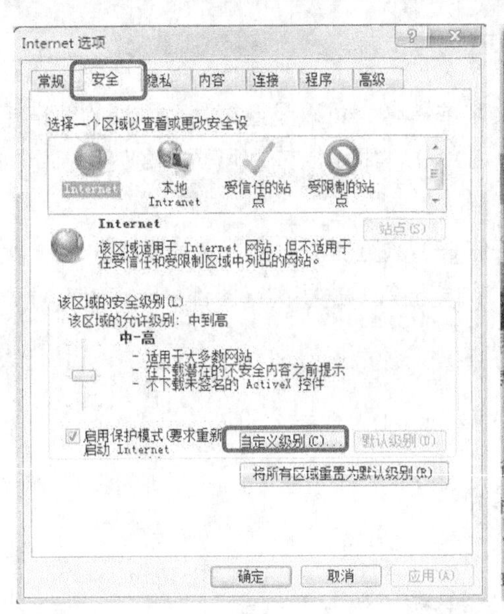

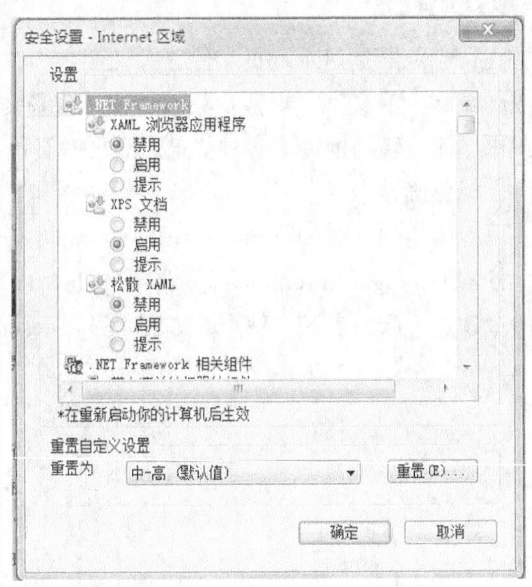

图 1-46　Internet 选项的安全设置

为了实现网站的某些特殊功能（如网银的口令输入控件，不安装就无法输入网银口令），网站会提供一些对应的控件供使用者下载安装，一些不法分子利用这个功能，把木马程序和恶意代码嵌在控件中，如果对控件下载安装不进行控制，会危害到系统的安全性。

在“高级”选项卡中，可以对浏览器做更详细的设置，其中也包括了安全性的一些选项，如图 1-47 所示。

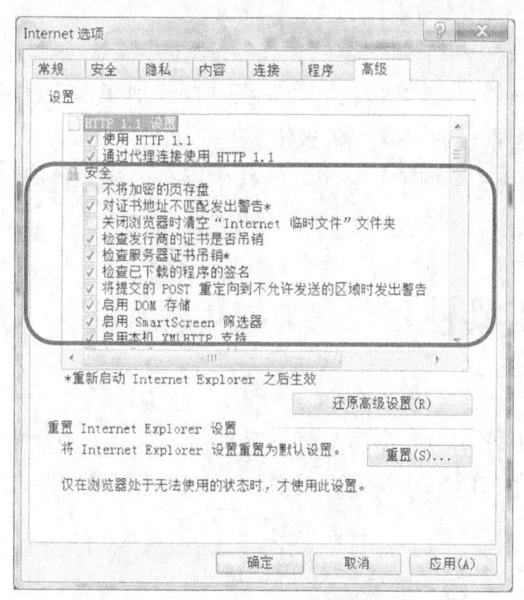

图 1-47　Internet 选项的高级设置

在做好浏览器的基本设置后，就可以进行网络资源的访问了。

2．搜索引擎

搜索引擎是指根据一定的策略、运用特定的计算机程序从互联网上搜集信息，在对信息进行组织和处理后，为用户提供检索服务，将用户检索相关的信息展示给用户的系统。搜索引擎包括全文索引、目录索引、元搜索引擎、垂直搜索引擎、集合式搜索引擎、门户搜索引擎与免费链接列表等。

目前搜索引擎的代表是谷歌和百度，除了谷歌和百度，还有其他的搜索引擎可供选择使用，如图 1-48 所示。

图 1-48　其他搜索引擎

四、任务小结

这次的任务，通过搜索引擎的使用、网页的收藏、收藏夹的设置，让大家能够通过简便的方法迅速地找到网页并浏览。其实，关于搜索引擎的使用还有很多方法，在这里就不一一介绍了，留给大家自己去探索和发现。

五、随堂练习

1. 以“安徽电气工程职业技术学院”为关键词，分别在百度、谷歌中搜索，对比搜索结果的差异，并简单撰写搜索结果差异分析报告。

2. 请检索查找并收藏 5 个搜索引擎网站，并依据个人喜好整理这些网站在收藏夹中的位置。

任务六　网络工具使用

一、情景设计

随着学习的深入，黄小明对网络越来越熟悉，用到的工具软件也越来越多。一天，张老师让黄小明帮忙从教学资源中下载一段教学资料，并利用网络发给张老师。

二、任务实现

1．使用下载工具

（1）下载步骤

查找到相关的资料，单击进行下载。

STEP 1 如图 1-49 所示，打开安徽电气工程职业技术学院的主页 www.aepu.com.cn，在导航中选择“教学资源”→“教学资源库”选项，单击进入“数字化学习中心”界面。

图 1-49　安徽电气工程职业学院主页

STEP 2 进入到安徽电气工程职业学院数字化学习中心页面，开始查找自己需要下载的数字资源，如图 1-50 所示。

STEP 3 选择所需要下载的资源，单击文档后面的下载选项，选择保存文件的地址，就可以完成文件下载步骤，如图 1-51 所示。

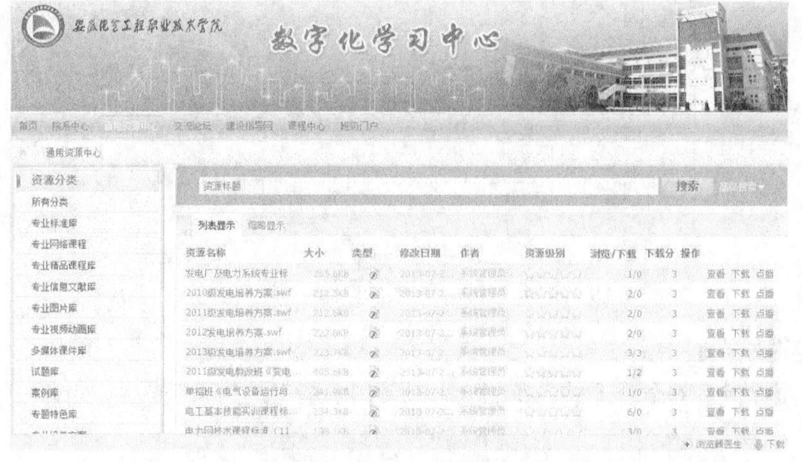

图 1-50　安徽电气工程职业学院数字化学习中心网页

资源名称	大小	类型	修改日期	作者	资源级别	浏览/下载	下载分	操作
发电厂及电力系统专业标…	265.6KB		2013-07-2…	系统管理员	☆☆☆☆☆	1/0	3	查看 下载 点播
2010级发电培养方案.swf	212.5KB		2013-07-2…	系统管理员	☆☆☆☆☆	2/0	3	查看 下载 点播
2011级发电培养方案.swf	212.6KB		2013-07-2…	系统管理员	☆☆☆☆☆	2/0	3	查看 下载 点播
2012发电培养方案.swf	223.6KB		2013-07-2…	系统管理员	☆☆☆☆☆	2/0	3	查看 下载 点播
2013级发电培养方案.swf	223.7KB		2013-07-2…	系统管理员	☆☆☆☆☆	3/3	3	查看 下载 点播
2011级发电教改班《变电…	405.6KB		2013-07-2…	系统管理员	☆☆☆☆☆	1/2	3	查看 下载 点播
单招班《电气设备运行与…	241.9KB		2013-07-2…	系统管理员	☆☆☆☆☆	1/0	3	查看 下载 点播
电工基本技能实训课程标…	234.5KB		2013-07-2…	系统管理员	☆☆☆☆☆	6/0	3	查看 下载 点播
电力网技术课程标准（11…	198.1KB		2013-07-2…	系统管理员	☆☆☆☆☆	3/0	3	查看 下载 点播
发电教改班《电工技术基…	186.2KB		2013-07-2…	系统管理员	☆☆☆☆☆	1/0	3	查看 下载 点播

图 1-51　教学资源下载操作页面

（2）下载工具

使用浏览器自带的下载功能。

STEP 1 打开网页浏览器，单击右上方的“工具按钮”，选择“查看下载”选项，打开下载列表选项框，如图 1-52 所示。

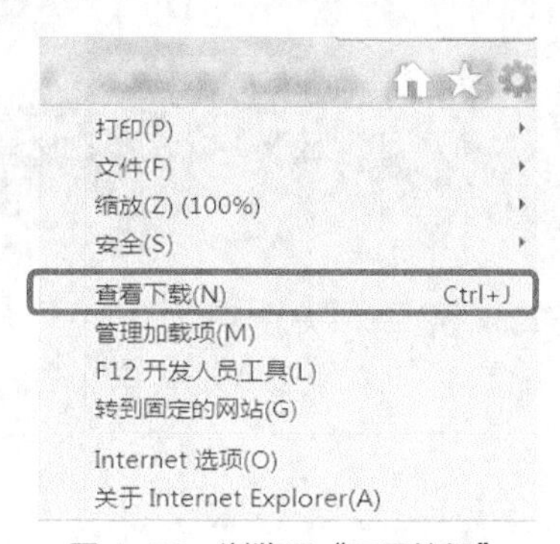

图 1-52　浏览器“工具按钮”

STEP 2 单击“选项”按钮，就可以设置文件默认下载位置了。单击“浏览”按钮，根据自己的习惯选择文件存放的位置。此外，根据个人喜好，自行选择是否在“下载完成时通知我”复选项前打上“√”，如图 1-53 所示。

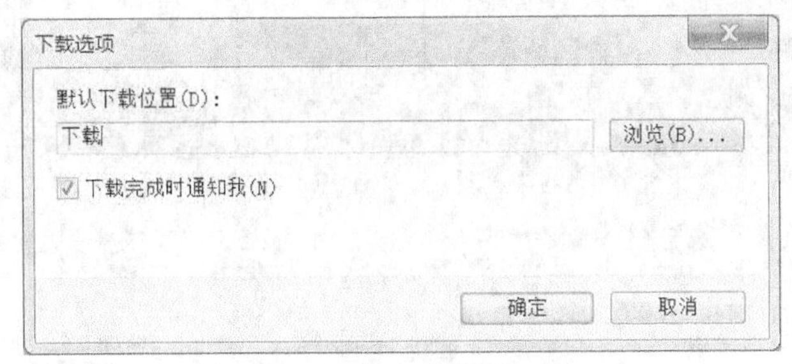

图 1-53 “下载选项”对话框

STEP 3 其他下载工具

除了浏览器自带的下载工具，我们也可以使用一些专用的下载软件，如图 1-54 所示。

图 1-54 部分常用的下载工具图标

2．使用即时通信软件

黄小明完成了作业，想把作业交给老师，但恰巧老师不在。老师让黄小明通过网络传送作业文件，于是黄小明选择了使用 QQ 通信工具来传送文件。

发送文件方法如下所述。

选择需要发送的人，直接把需要发送的文件拖到 QQ 对话框内，等待对方接收就可以完成发送。如果对方不在线，将文件直接拖到对话框后，系统将启用离线传输模式，即将文件先上传到 QQ 服务器，在一周之内对方上线便能看到提示，接收离线文件即可下载文件，如图 1-55 所示。

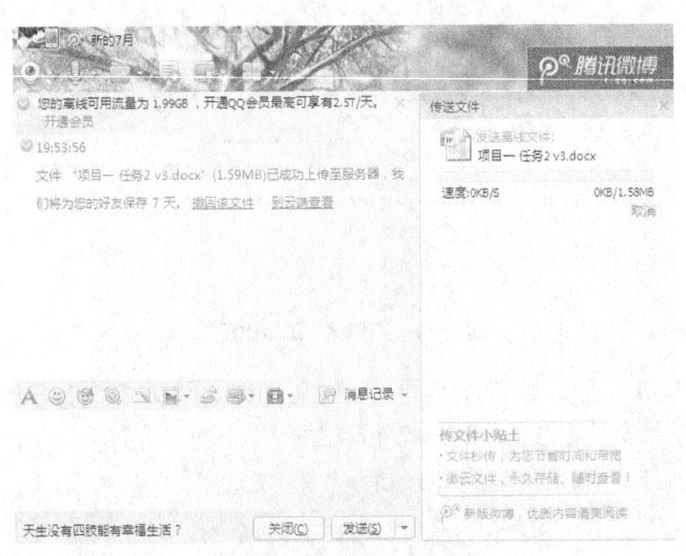

图 1-55 QQ 传送文件界面

3．收发电子邮件

老师告诉黄小明，较大的文件也可以用邮件来传输。于是黄小明便决定尝试用 QQ 邮件来传送文件。

STEP 1 打开 QQ 邮箱，进入邮箱界面，如图 1–56 所示。

图 1–56 QQ 邮箱界面

STEP 2 在 QQ 邮箱界面单击写信，然后可以选择“添加附件”和“超大邮件”命令选项，如图 1–57 所示。

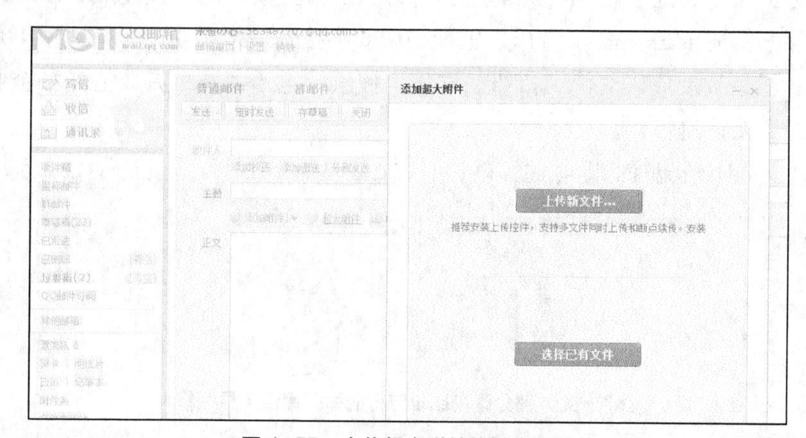

图 1–57 上传超大附件的操作界面

STEP 3 单击“发送”按钮，即可完成邮件的发送。

三、相关知识

1．下载工具

下载是指通过网络进行传输文件，把互联网或其他电子计算机上的信息保存到本地电脑上的一种网络活动。下载可以显式或隐式地进行，只要是获得本地电脑上所没有的信息的活动，都可以认为是下载，如在线观看。

通过下载工具就可以完成文件的下载，下载工具是一种可以从网上下载文件的软件或者工具。在“下载是一种精神”的网络时代，从网上下载应用软件、MP3、网页等活动构成了大部分网友网上生活的主要内容之一。

2．电子邮箱

电子邮箱（E-Mail Box）是通过网络电子邮局为网络客户提供的网络交流电子信息空间，有存储和收发电子信息的功能，是因特网中最重要的信息交流工具。

在网络中，电子邮箱可以自动接收网络上任何电子邮箱所发的电子邮件，并能存储规定大小的多种格式的电子文件。电子邮箱具有单独的网络域名，其电子邮局地址在@后标注，电子邮箱一般格式为：用户名@域名。

电子邮箱业务是一种基于计算机和通信网的信息传递业务，是利用电信号传递和存储信息的方式，为用户传送电子信函、文件数字传真、图像和数字化语音等各类型的信息。电子邮件可以使人们在任何地方和时间收、发信件，解决了时空的限制，大大提高了工作效率。

3．即时通信软件

黄小明与同学们用 QQ 在网上随时保持着联系。这类保持随时联系的软件还有很多，而且在电脑和智能手机上都可以使用，比如飞信、微信、SKYPE 等，它们都是即时通信软件（Instant Message，IM）。

即时通信软件是一种基于网络 Web2.0 的即时的交流工具，用户只需要在拥有网络的情况下，下载并安装客户端，就可以在网络上随时随地地跟网友进行通信交流。也可以通过网络视频看到对方的图像，通过音频听到对方的声音。随着互联网的快速发展，即时通信的功能日益丰富，逐渐集成了 E-mail、音乐、电视、游戏和搜索等多种功能，它也不再是一个单纯的聊天工具，已经发展成集交流、资讯、娱乐、搜索、电子商务、办公协作和企业客户服务等为一体的综合化信息平台。

目前，在国内比较流行的即时通信软件有 QQ、微信、YY、阿里旺旺、UC 等，如图 1-58 所示。

图 1-58　部分国内比较流行的即时通信工具图标

国外的即时通信软件有 MSN、Skype、G-talk 等，如图 1-59 所示。

图 1-59　部分国外的即时通信工具图标

四、任务小结

本次任务，主要是介绍了几种常见的网络工具，让大家能够根据自己的需求设置浏览器；当需要下载一部电影或一些文档时，可以根据具体的情况选择何种下载工具；可以熟练运用即时通信软件和电子邮件与外界交流。

五、随堂练习

1. 请下载安装 2 种下载工具，并结合使用体验分析这 2 种下载工具的优劣之处。
2. 在网上查找一首最新的流行歌曲并下载，然后利用 QQ 邮箱分享给同学们。

项目小结

本项目通过 6 个任务讲述计算机网络的发展与使用，是为了让大家在了解有关网络的基础知识后，可以熟练并充分地运用网络资源。特别是自己可以动手去创建一个局域网或者设置路由器等，从而将学到的知识运用到实践中，达到学以致用的目的。同时，大家也不必局限于书本上提到的浏览器或各种客户端，可以自己去尝试用一些新的或自己习惯用的客户端，做到举一反三。

项目练习

一、选择题

1. 1968 年（　　）的研制成功，在计算机网络发展史上成为一个重要标志。
   A. Cybernet　　B. CERnet
   C. ARPAnet　　D. Internet
2. 建立计算机网络的主要目的是（　　）。
   A. 资源共享　　B. 速度快
   C. 内存增大　　D. 可靠性高
3. 由一台中心处理机集中进行信息交换的是（　　）网络。
   A. 星状结构　　B. 环状结构
   C. 总线状结构　　D. 混合结构
4. 校园网属于（　　）。
   A. 远程网　　B. 局域网
   C. 广域网　　D. 城域网
5. 从用途来看，计算机网络可分为专用网和（　　）。
   A. 广域网　　B. 分布式系统
   C. 公用网　　D. 互联网
6. 计算机系统安全与保护指计算机系统的全部资源具有（　　）、完备性和可用性。
   A. 秘密性　　B. 公开性
   C. 系统性　　D. 先进性
7. 计算机病毒主要是通过（　　）传播的。
   A. 硬盘　　B. 键盘
   C. 软盘　　D. 显示器
8. 目前计算机病毒对计算机造成的危害主要是通过（　　）实现的。
   A. 腐蚀计算机的电源　　B. 破坏计算机的程序和数据
   C. 破坏计算机的硬件设备　　D. 破坏计算机的软件与硬件

9. 常用的搜索引擎不包括（　　）。

A. www.yahoo.com　　B. www.google.com

C. www.sohu.com　　D. www.baidu.com

10. 以下哪一个提高检索水平的具体做法是不现实的？（　　）

A. 充分利用索引检索引擎

B. 不断更新硬件配置

C. 使用布尔操作符、引号、通配符改善检索过程

D. 明确检索目标

11. 搜索引擎，它们基本上都是由除了（　　）之外的 3 个部分组成的。

A. 信息查询系统　　B. 信息检索系统

C. 信息检测系统　　D. 信息管理系统

12. 下面哪个浏览器软件是 Microsoft 公司的产品？（　　）

A. Navigator　　B. Internet Explorer

C. Opera　　D. AIRMosaic

13. 浏览器用户最近刚刚访问过的若干 Web 站点及其他 Internet 文件的列表叫作（　　）。

A. 其他三个都不对　　B. 地址簿

C. 历史记录　　D. 收藏夹

14. 当你收到的邮件的主题行的开始位置有“回复:”字样时，表示该邮件是（　　）。

A. 希望对方答复的邮件　　B. 当前的邮件

C. 对方拒收的邮件　　D. 发送给某个人的答复邮件

15. 下述哪些不是邮件客户端程序？（　　）

A. Outlook Express　　B. Foxmail

C. SMTP　　D. 网易闪电邮

16. 下列（　　）不属于杀毒软件。

A. 360 杀毒　　B. 阿里旺旺

C. 瑞星杀毒　　D. 百度杀毒

17. 下列哪些不是下载软件？（　　）

A. BT 下载　　B. 电驴

C. QQ 旋风　　D. 迅雷看看

18. 下列哪些不是搜索引擎？（　　）

A. 百度　　B. 谷歌

C. 搜狗　　D. 火狐

19. IP 地址由一组（　　）的二进制数字组成。

A. 8 位　　B. 16 位

C. 32 位　　D. 64 位

20. 在常用的传输介质中，（　　）的带宽最宽，信号传输衰减最小，抗干扰能力最强。

A. 双绞线　　B. 同轴电缆

C. 光纤　　D. 微波

二、操作题

1. 更改你所使用的无线路由器的无线名称和密码。

2. 查找本机 IP 地址和网关地址，并用 ping 命令检测网络是否连接正常。

3. 分别用百度和谷歌搜索与“安徽电气工程职业学院”有关的信息，并把搜索结果添加到浏览器收藏夹里。

4. 登录学校主页 www.aepu.com.cn，进入“教学资源”→“教学资源库”，在网页左侧“平台使用帮助”栏目找到“网络课程入门操作手册”，并下载“利用得实平台进行网络课程建设详细操作手册.doc”。

5. 用 IE 浏览器打开学校主页 www.aepu.com.cn，浏览内容后，将 IE 参数设置成“使用当前页”。然后将该页内容以文本文件的格式保存到桌面，文件名为“安徽电气工程职业技术学院”。

6. 打开 QQ 邮箱网页客户端，将第 5 题保存的网页内容作为附件发送到同学的邮箱。

7. 将第 5 题下载的“利用得实平台进行网络课程建设详细操作手册.doc”设置成“所有人可以访问”的共享。

PART 2 项目二 认识计算机

本项目作为计算机基本理论的认识学习，旨在通过介绍计算机的组成、安装、使用和有关的基本知识等，让大家能够了解计算机并自行成功地安装一台计算机，能够熟练地使用计算机等，达到学以致用的目的。

项目目标

1. 认识和了解计算机，熟悉计算机硬件。
2. 熟悉操作系统的安装，并熟练掌握软件安装的方法。
3. 可以诊断计算机常见故障。
4. 了解信息与编码。

任务一　组装计算机

一、情境设计

黄小明在成为学生机房的管理员后，想了解和熟悉计算机的硬件。刚好同学小芳要买台台式计算机，请黄小明帮忙。黄小明决定做一次新尝试，带着她在网上购买了所有配件，如图 2-1 所示，然后自己进行组装。

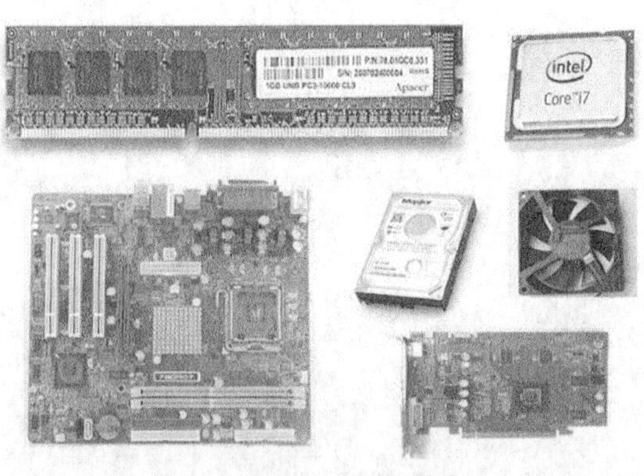

图 2-1　计算机的主要硬件

二、任务实现

1．安装 CPU

STEP 1 将主板的插座杠杆抬起至垂直位置，CPU 对准插槽插入，将杠杆复位，锁紧 CPU，如图 2-2 所示。

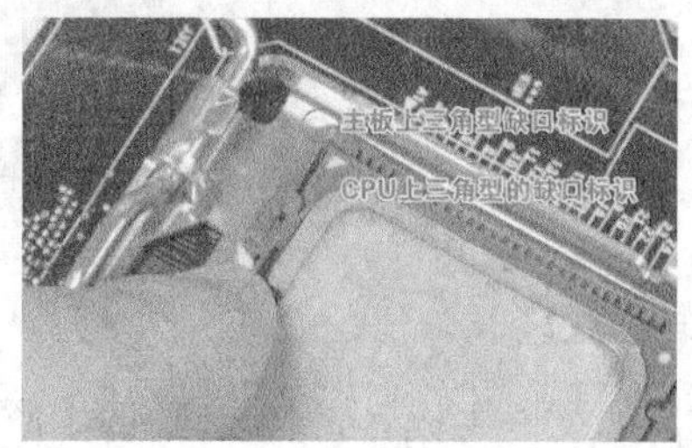

图 2-2　插入 CPU

STEP 2 将 CPU 风扇安装到 CPU 上，卡紧夹头，接着将 CPU 风扇的电源线接到主板上 3 针的 CPU 风扇电源接头上，如图 2-3 所示。

提示：CPU 风扇是用来降低 CPU 温度的，以防止由于 CPU 温度过高而造成死机。

图 2-3　安装 CPU 风扇

2．安装主板

将固定主板用的螺丝钉和塑料钉旋入机箱的对应位置，然后将主板小心放入机箱中，对准 I/O 接口，拧紧螺钉将主板固定好，主板与支撑架一定要保持平行，如图 2-4 所示。

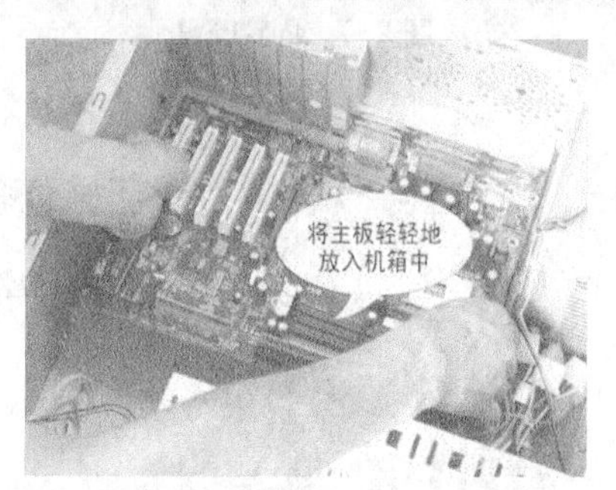

图 2-4　安装主板

3．安装内存条

将内存插槽两端的白色固定杆向两边扳动，将其打开，对准插槽放入内存条，紧压内存插槽两端的白色固定杆，确保内存条被固定住。安装过程中，内存条的 1 个凹槽必须直线对准内存插槽上的 1 个凸点（隔断），如图 2-5 所示。

图 2-5 安装内存条

4．安装独立显卡

将独立显卡插入主板的显卡插槽中，如图 2-6 所示。

图 2-6 安装独立显卡

5．固定硬盘

把硬盘固定在机箱的硬盘托架上，连接数据线，如图 2-7 所示。

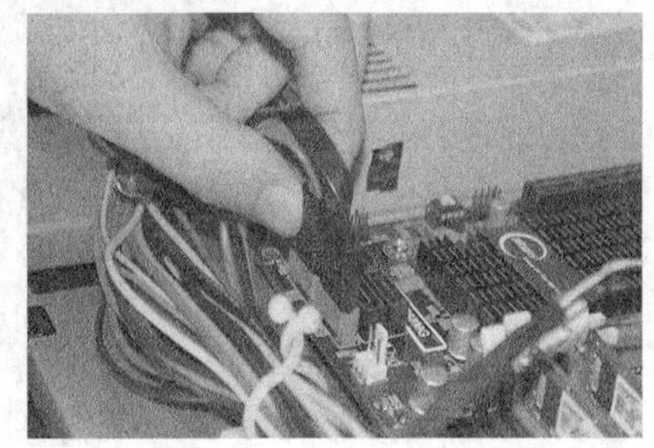

图 2-7 固定硬盘

6． 安装光驱

拆开机箱前面的光驱面板，将光驱装入机箱，拧上两侧的螺丝，并固定光驱，如图 2-8 所示。

图 2-8 安装光驱

7．安装电源与连接各种线缆

安装机箱电源时注意电源的上下方向，不要将方向装反。安装完毕后，需要将机箱电源输出的电源线连接到主板、硬盘和光驱上；同时，机箱前置面板上有多个开关与信号灯，这些要通过机箱提供的数据线与主板边角的接口进行相对应的连接，如图 2-9 所示，具体连接需要根据主板型号参照主板说明书。

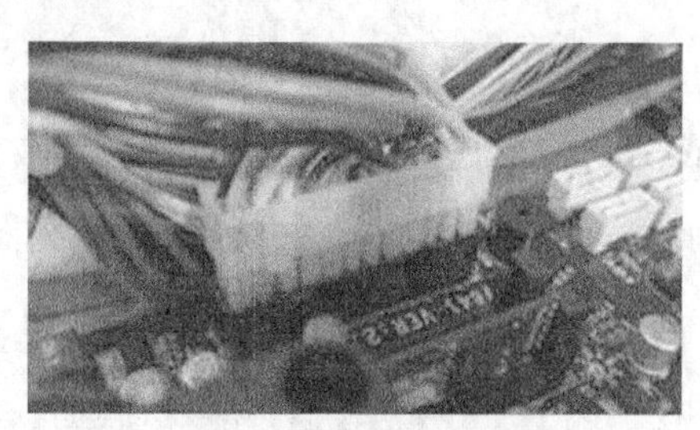

图 2-9　连接主板电源线

8．连接外设

当主机内部安装完毕后，检查线路是否安装正确并整理后，即可盖上主机的机箱盖，连接外设。各种设备接口见图 2-10。

图 2-10　各种设备接口

① 主机电源接口，接主机的电源线。

② PS/2 接口，有两个，分别接鼠标和键盘的 PS/2 插头。紫色的为键盘接口，绿色的为鼠标接口。

③ MIDI/游戏接口，连接游戏摇杆、方向盘、二合一的双人游戏手柄，以及专业的 MIDI 键盘和电子琴。

④ USB 接口，连接使用 USB 插头的设备，如：优盘、闪存、摄像头等。

⑤ 集成网卡接口，接上网用的 ADSL 或宽带接入网线。

⑥ 粉红色的用来插麦克风，一般会标有 mic；蓝色的是用来插耳机或音箱的；中间的淡绿色插孔是音频输入接口，需和其他音频专业设备相连，家庭用户一般闲置无用。

⑦ 显卡上的 DVI 接口，即数字视频接口。用来通过数字方式传输信号到显示器，一般用

于高清显示器的连接，需要专用线缆。

⑧ 显卡上的 VGA 接口，是一种模拟信号输出接口，用来双向传输视频信号到显示器，支持热插拔。该接口用来连接显示器上的视频线，插稳并拧好两端的固定螺丝，以让插针与接口保持良好接触。

⑨ 显卡上的 S 端子接口，与电视相连，可把计算机中的视频传输到电视上。

三、相关知识

1. 计算机系统基本组成

一个完整的计算机系统是由硬件系统和软件系统组成的，如图 2-11 所示。

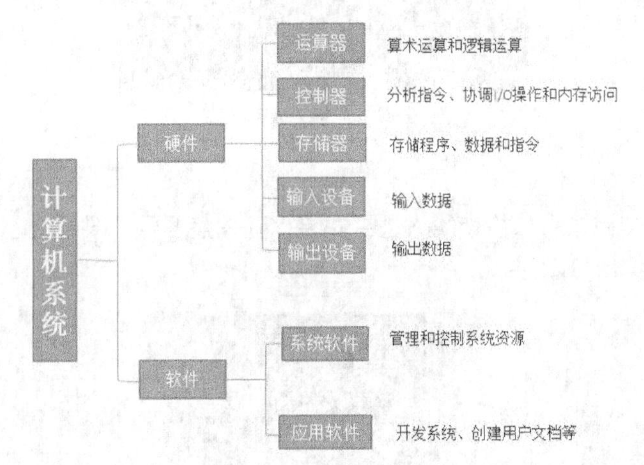

图 2-11　计算机系统组成

（1）硬件系统

计算机硬件系统是指计算机系统中由各种电子线路、机械装置等元器件组成的，看得见、摸得着的物理实体部分。

从 1946 年第一台以电子管为基本元件的计算机诞生到今天，计算机经过了几代的更新换代，已经形成了一个庞大的计算机家族。尽管计算机在应用领域、硬件配置和工作速度上有着很大的差别，然而从组成结构上来看，各种计算机的硬件结构基本上还是相同的。

任何一台计算机，其硬件都是由运算器、控制器、存储器、输入设备和输出设备五大功能部件组成的，其硬件结构框图如图 2-12 所示。

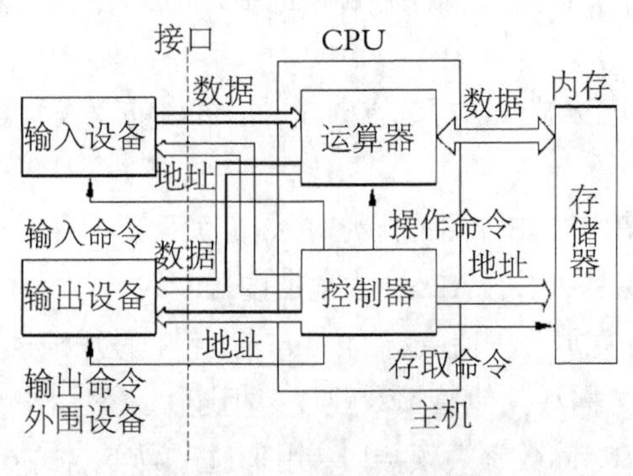

图 2-12　计算机硬件结构框图

① 运算器、控制器。

运算器是数据处理装置，用来完成对数据的算术运算和逻辑运算；控制器是发布操作命令的装置，用来控制整个计算机自动执行程序，它类似于人的大脑中枢，指挥和协调计算机各部件的工作。运算器和控制器合称为中央处理单元（Central Processing Unit），简称 CPU。CPU 通过几个部分相互间的配合，从而实现数据的分析、判断和计算等处理，达到控制计算机其他部分协调工作的目的。

② 存储器。

存储器分为内存储器和外存储器。内存储器简称内存或主存，它的存储容量一般较小，但存取速度快，主要用于暂时存放当前执行的程序和相关数据。内存储器的类型见表 2-1。

表 2-1 内存储器的类型

存储器	功能	寻址方式	掉电后	说明
随机存取存储器（RAM）	读、写	随机寻址	数据丢失	
只读存储器（ROM）	读	随机寻址	数据不丢失	工作前写入数据
闪存（Flash Memory）	读、写	随机寻址	数据不丢失	

外存储器作为内存的辅助存储器，称为外存或辅存，它的存储容量大，但存取速度比内存慢，主要用于长期存放大量计算机暂时不执行的程序和不用的数据。我们一般使用的外存储器就是硬盘。

③ 输入设备和输出设备。

输入设备负责将外部的各种信息或指令传递给计算机，然后由计算机处理。常用的输入设备有键盘、鼠标、扫描仪、数字照相机、电子笔。

输出设备负责将计算机处理的中间结果和最终结果以人们能够识别的字符、表格、图形或图像等形式表示出来。最常用的输出设备有显示器、打印机和绘图仪等。

（2）软件系统

计算机软件是相对于硬件而言的。它包括计算机运行所需的各种程序、数据及有关资料。脱离软件的计算机硬件称为“裸机”，它是不能做任何有意义的工作的，硬件是软件赖以运行的物质基础。因此，一个性能优良的计算机硬件系统能否发挥其应用的功能，很大程度上取决于所配置的软件是否完善和丰富。

① 系统软件。

系统软件是指控制和协调计算机及外部设备，支持应用软件开发和运行的系统，是无需用户干预的各种程序的集合，主要功能是调度、监控和维护计算机系统，负责管理计算机系统中各种独立的硬件，使得它们可以协调工作。系统软件使得计算机使用者和其他软件，将计算机当做一个整体，而不需要考虑底层每个软件是如何工作的。

系统软件主要包括操作系统、语言处理程序、高级语言系统和各种服务性程序等。

a. 操作系统（Operating System，OS）。

操作系统是软件系统的核心。为了使计算机系统的所有资源（包括硬件和软件）协调一致，有条不紊地工作，就必须用一个软件来进行统一管理和调度，这种软件称为操作系统。它的功能就是管理计算机系统的全部硬件资源、软件资源及数据资源。

操作系统是最基本的系统软件，其他的所有软件都是建立在操作系统的基础之上的，它是每台计算机都必不可少的软件，微型计算机常用的操作系统有UNIX、Linux、Windows XP、Windows 7、Windows 8等。

b. 语言处理程序。

软件是指计算机系统中的各种程序，而程序是用计算机语言来描述的指令序列。计算机语言是人与计算机交流的一种工具，这种交流被称为计算机程序设计。程序设计语言按其发展演变过程可分为3种——机器语言、汇编语言和高级语言，前二者统称为低级语言。

c. 服务性程序。

服务性程序是指为了帮助用户使用与维护计算机，提供服务性手段，支持其他软件开发而编制的一类程序。此类程序内容广泛，主要包括编辑、调试、工具及诊断软件，如PCTOOLS、DEBUG等。

d. 数据库管理系统。

数据库技术是计算机技术中发展最快、用途广泛的一个分支，可以说，在今后的各项计算机应用开发中都离不开数据库技术。数据库管理系统是对计算机中所存放的大量数据进行组织、管理、查询，并提供一定处理功能的大型系统软件。常用的数据库软件有DB2. ORACLE、SQL Server等。

② 应用软件。

应用软件是指在计算机各个应用领域中，为解决各类实际问题而编制的程序，它用来帮助人们完成在特定领域中的各种工作。应用软件主要包括以下几类。

a. 文字处理程序。

文字处理程序用来进行文字录入、编辑、排版及打印，如Microsoft Word、WPS文字等。

b. 表格处理软件。

电子表格处理程序用来对电子表格进行计算、加工及打印，如Microsoft Excel、WPS表格等。

c. 辅助设计软件。

在工程设计或图像编辑中，辅助设计软件可为用户提供计算、信息存储和制图等各项功能。常用的辅助设计软件有AutoCAD、Photoshop、3D Studio MAX等。

d. 实时控制软件。

在现代化工厂里，计算机普遍用于生产过程的自动控制，称为"实时控制"。例如，在发电厂用计算机控制发电机组等。这类控制应用对计算机的可靠性要求很高，否则会生产出不合格产品，或造成重大事故。目前，PC上较流行的控制软件有FIX、InTouch、Lookout等。

e. 用户应用程序。

用户应用程序是指用户根据某一具体任务，使用上述各种语言、软件开发程序而设计的程序，如人事档案管理程序、计算机辅助教学软件、各种游戏程序等。

2. 微型计算机硬件

(1) 基本硬件组成

① 主机。

通常见到的主机箱及内部部件，主要包括机箱、主板、CPU、内存、硬盘、显卡、声卡、光驱、电源组成。

a. CPU（Central Processing Unit）。

中央处理器，是计算机最核心、最重要的部件。CPU由运算器、控制器组成。其主要的性能指标是主频也就是CPU的工作频率。

b. 主板。

主机中最大的一块长方形电路板。主板是主机的躯干，CPU、内存、声卡、显卡等部件都固定在主板的插槽上，另外机箱电源上的引出线也接在主板的接口上。

c. 内存。

内存是与CPU进行沟通的桥梁。计算机中所有程序的运行都是在内存中进行的，因此内存的性能对计算机的影响非常大，其作用是用于暂时存放CPU中的运算数据，以及与硬盘等外部存储器交换的数据。只要计算机在运行中，CPU就会把需要运算的数据调到内存中进行运算，当运算完成后CPU再将结果传送出来。

d. 硬盘。

硬盘有固态硬盘（SSD）、机械硬盘、混合硬盘；固态硬盘采用闪存颗粒来存储，机械硬盘采用磁性碟片来存储，混合硬盘是把磁性硬盘和闪存集成到一起的一种硬盘。容量是硬盘最主要的参数。因为厂家是按1MB=1000KB来换算的，所以硬盘在实际使用中的容量比标称的容量要小。

e. 显卡。

显卡全称显示接口卡（Video Card，Graphics Card），用途是将计算机系统所需要的显示信息进行转换驱动，并向显示器提供行扫描信号，控制显示器的正确显示。显卡的主要参数是显卡芯片型号和显存的大小。显卡有"独立"、"集成"和"核芯"3种，独立显卡拥有单独的图形核心和独立的显存，能够满足复杂庞大的图形处理需求，并提供高效的视频编码应用；集成显卡则将图形核心以单独芯片的方式集成在主板上，并且动态共享部分系统内存作为显存使用，因此能够提供简单的图形处理能力，相对成本较低；核芯显卡则将图形核心整合在处理器当中，进一步加强了图形处理的效率，降低了核心组件的整体功耗，性能较集成显卡有所提升。

② 外部设备。

计算机的外部设备有光盘、优盘、输入/输出设备（I/O）。在输入设备中我们最经常使用的是键盘和鼠标。

（2）常用键盘的使用

键盘是计算机最常用的输入设备之一，计算机程序及数据的输入都需要通过键盘来进行操作。计算机中常用的键盘有101、104、107键等，使用最普通的是104个键的键盘，如图2-13所示。

功能键中，我们最常用的是[Esc]、[F5]键。[Esc]键是返回键，当在全屏模式下，按这个键，就退出全屏模式。[F5]键则是常用来刷新网页的。

主键盘区包含字母、数字、符号键及一些特定功能键，通过主键盘区可以实现各种文字的输入。例如，[Caps Lock]为大写字母锁定键，该键是一个开关键，用来转换字母大小写状态。按下[Caps Lock]键后，状态指示区的[Caps Lock]灯亮，此时输入的是大写字母，灯灭时输入的是小写字母；而[Shift]即换挡键，如按下该键同时按下[2]键，则输出字符“@”；[Enter]为回车键，在输入文字的时候，按下回车键表示换行；[Backspace]是退格删除键，每按一次该键，将删除当前光标位置的前一个字符。

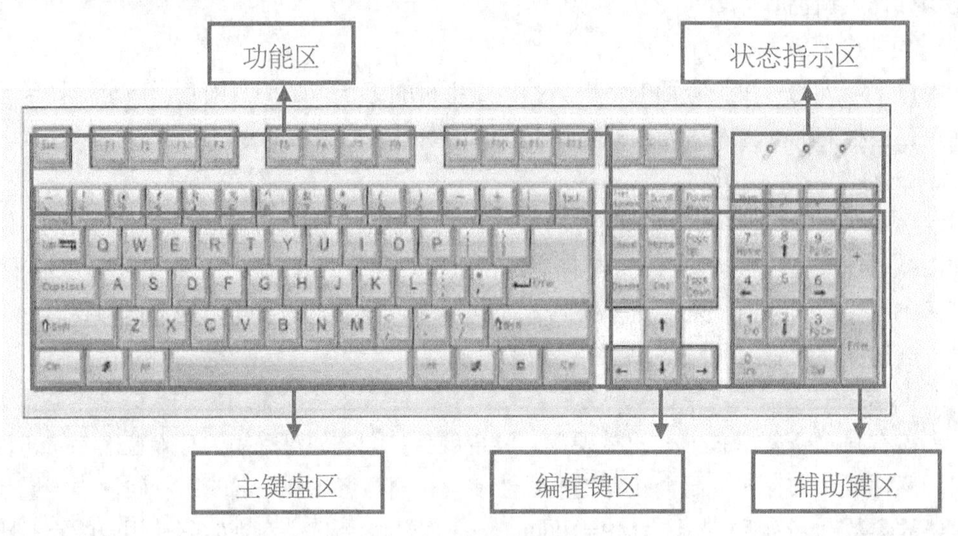

图 2-13　键盘分区图示

关于编辑区，我们最常用的则是光标键（→、←、↑、↓）了，通过光标键可移动光标在屏幕上的位置。

3．计算机产生和发展

（1）计算机的产生

1946 年 2 月 14 日，世界上第一台电子计算机“电子数字积分计算机”（ENIAC Electronic Numerical And Calculator）在美国宾夕法尼亚大学问世了。ENIAC（中文名：埃尼阿克）是美国奥伯丁武器试验场为了满足计算弹道需要而研制成的，如图 2-14 所示，ENIAC 使用了 17840 支电子管，大小为 80 英尺 × 8 英尺（1 英尺约 0.3048 米），重达 28t，功耗为 170kW，其运算速度为每秒 5000 次的加法运算，造价约为 487000 美元。

ENIAC 的问世具有划时代的意义，表明电子计算机时代的到来。在以后的 60 多年里，计算机技术以惊人的速度发展。

图 2-14　第一台计算机 ENIAC

（2）计算机的发展

计算机自产生以来经过了 4 个阶段的发展，并且到今天为止，随着计算机技术的不断进步，计算机的运算速度更快了，体积也更小了。

① 第 1 代：电子管数字机（1946—1958 年）。

第一代的计算机在硬件方面采用的是真空电子管，主要的应用领域以军事和科学计算为主。特点是体积大、功耗高、可靠性差、速度慢、价格昂贵。但它却为以后的计算机发展奠定了基础。

② 第 2 代：晶体管数字机（1958—1964 年）。

晶体管计算机的应用领域以科学计算和事务处理为主，并开始进入工业控制领域。特点是体积缩小、能耗降低、可靠性提高、运算速度提高、性能比第 1 代计算机有很大的提高。

③ 第 3 代：集成电路数字机（1964—1970 年）。

这一代的计算机在软件方面出现了分时操作系统及结构化、规模化程序设计方法。应用领域开始进入文字处理和图形图像处理领域。它的运算速度更快，而且可靠性有了显著提高，价格进一步下降，产品走向了通用化、系列化和标准化等。

④ 第 4 代：大规模集成电路机（1970 年至今）。

1971 年世界上第一台微处理器在美国硅谷诞生，开创了微型计算机的新时代。应用领域从科学计算、事务管理、过程控制逐步走向家庭。

（3）计算机的分类

面对机房中的计算机，黄小明心里升起了这样的疑惑——所有的计算机都是这样的吗？答案当然是否定的。电子计算机发展到今天，由于其广泛的应用性，衍生出了多种多样的类型，可以从不同的角度进行分类。

例如，学校机房中的计算机，根据信息的表现形式和处理方式来看，就属于数字计算机；如果要按照其用途来说，它就是通用计算机；但是要根据运算速度、体积大小来判断的话，机房中的计算机就是微型计算机。

有一些计算机是为专门的领域特制的，例如飞机的自动驾驶仪和坦克上的兵器控制计算机等。然而在解决如气象、太空、能源、医药等方面的尖端科学研究和战略武器研制中的复杂计算时，通常使用就是巨型计算机。这些计算机不仅运算速度快，软硬件配备齐全，价格十分昂贵。

4．计算机的应用领域

之所以会有各种各样的计算机，是因为它们各自的应用领域也各有不同。无论是日常的生活，还是在军事、航天、气象等领域，计算机都发挥着重要的作用。

（1）科学计算

科学计算是计算机最早的应用领域，计算机高速、高精确的运算是人工计算望尘莫及的。现代科学技术中有大量复杂的数值计算，如“神舟十号”的发射成功，都离不开计算机的精确计算。

（2）数据处理

数据处理也称为事务处理。使用计算机可对大量的数据进行分类、排序、合并、统计等加工处理，例如人口统计、人事、财务管理、银行业务、图书检索、仓库管理、预订机票、卫星图像分析等。数据处理已成为计算机应用的一个重要方面。

（3）辅助系统

计算机可以帮助人们在工作和学习等方面节省很多的时间与力气，而根据不同的工作需要，有一些辅助系统帮助各行各业的从业者更好地完成工作。

① 计算机辅助设计，即用辅助设计软件对产品进行设计，如飞机、汽车、船舶、机械、电子、土木建筑，以及大规模集成电路等机械、电子类产品的设计。

② 计算机辅助制造，例如机械制造业中，利用电子数字计算机通过各种数值控制机床和设备，自动完成离散产品的加工、装配、检测和包装等制造过程。

③ 计算机辅助教学，计算机辅助下进行的各种教学活动，例如老师在多媒体教室利用计算机给大家上课。

④ 计算机辅助测试，是指利用计算机协助对学生的学习效果进行测试和学习能力估量。例如，现在很多的考试都是在计算上答题完成的。

（4）人工智能

计算机的发展越来越智能化，在很多人类所不能到达的地方，比如探测金字塔奥秘时，就是由机器人深入去完成的；在某些展览场馆已经开始有人形机器人为游客做导游了，例如中国科学技术大学自主研制的美女机器人“可佳”就是该校校史馆的引导员。

计算机还具有某些方面的专门知识，使用这些知识来处理相关问题。例如，医疗专家系统能模拟医生分析病情、开出药方和假条。

计算机的人工智能化还包括模式识别。例如，每天上下班时按指纹签到、公安机关的指纹分析器，以及能识别邮政编码的自动分信机等都是识别模式的应用。

四、任务小结

本次任务我们了解了计算机系统是由硬件和软件组成的，个人计算机的硬件主要包括机箱、主板、CPU、内存、硬盘、显卡、声卡、光驱、电源，同时熟悉了组装个人计算机的过程。在相关知识中，还学习了计算机的产生和发展历史、计算机的分类，以及计算机的一些应用。

五、随堂练习

自己拆开一台台式计算机，熟悉计算机内的硬件。

任务二　安装操作系统和软件

一、情境设计

黄小明在给小芳组装了电脑后，被同学们奉为电脑小牛人，经常有同学来求助黄小明解决遇到的问题。一天，他正在机房上网，他的同学冯小丽带着笔记本电脑急匆匆地来到了机房，请黄小明帮忙。原来，冯小丽的电脑系统坏了，需要重装操作系统和软件，黄小明欣然答应了冯小丽请求，开始为冯小丽的电脑重装系统。

二、任务实现

1．安装操作系统

黄小明找来了一张 Windows 7 操作系统安装光盘，开始了安装工作。

那么，Windows 7 操作系统的安装步骤是怎样的呢？让我们跟着黄小明的操作一起来学习一下 Windows 7 操作系统该如何安装吧！

首先将 Windows 7 安装光盘放入光驱，直接安装，程序将自动运行并载入系统所需文件。

文件加载完毕后，弹出“安装 Windows”对话框，选择输入语言、时间和货币格式、键盘和输入方法选项，单击“下一步”按钮，如图 2-15 所示。

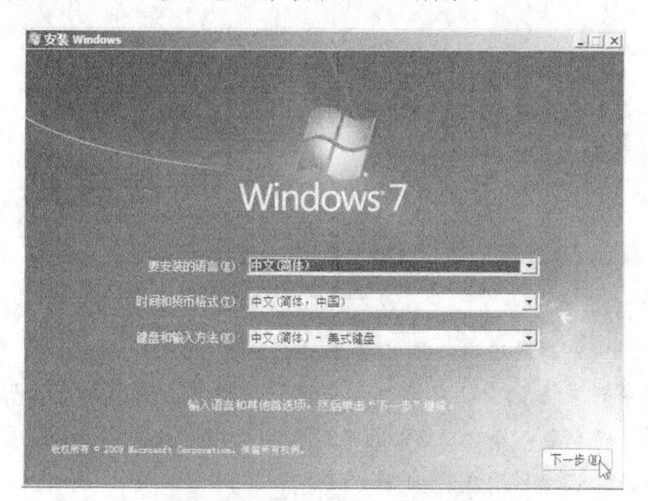

图 2-15　安装 Windows 对话框

待进入下一个界面，单击“现在安装”按钮，单击选择“我接受许可条款”复选项后，单击“下一步”按钮，在“您想进行何种类型的安装”列表中选择安装类型，单击“自定义（高级）”选项，如图 2-16 所示。

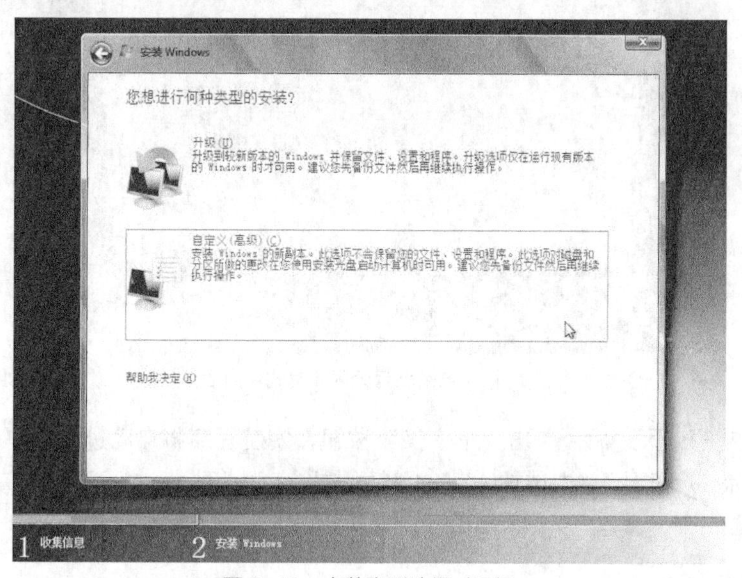

图 2-16　安装类型选择对话框

在显示的安装界面中选择要安装 Windows 7 操作系统的分区，因为直接在现在的系统下单击 Setup 按钮进行的安装，这种方式安装是没有格式化选项的，如图 2–17 所示。

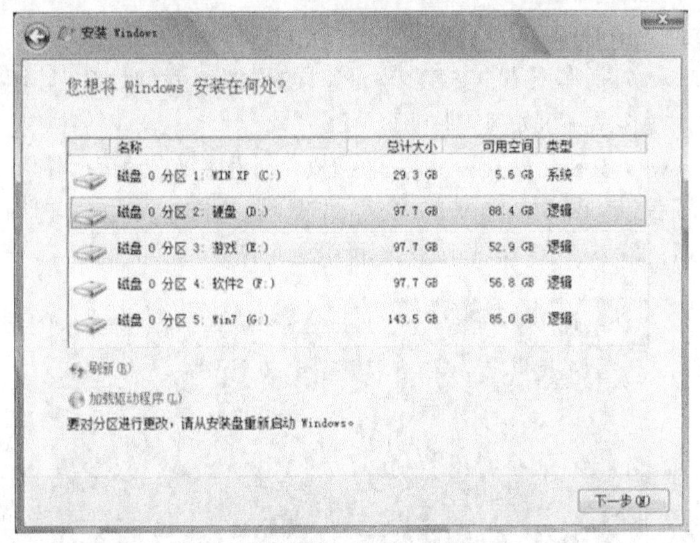

图 2–17　选择安装分区对话框

提示：如果是一块全新的硬盘，则需要单击“新建”选项，接着在“大小”文本框中设置第一个主分区（即 C 盘）的大小，单击“应用”按钮。在空白硬盘上新建一个分区并进行格式化的同时，会自动生成一个 100MB 的系统保留分区。当生成 100MB 的系统保留分区之后，将进入自动安装过程，如图 2-18 所示。

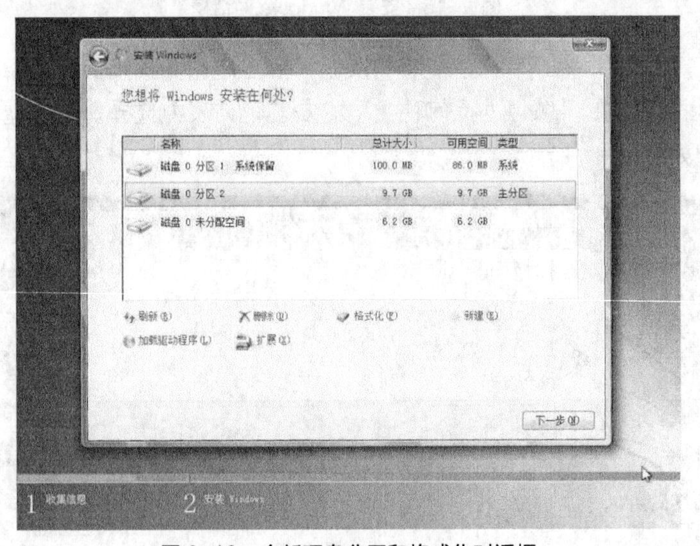

图 2–18　全新硬盘分区和格式化对话框

选择了安装的分区之后，单击“下一步”按钮，安装程序将自动进行“复制 Windows 文件”“展开 Windows 文件”“安装功能”“安装更新”等，如图 2–19 所示。接着电脑就会自动重启。

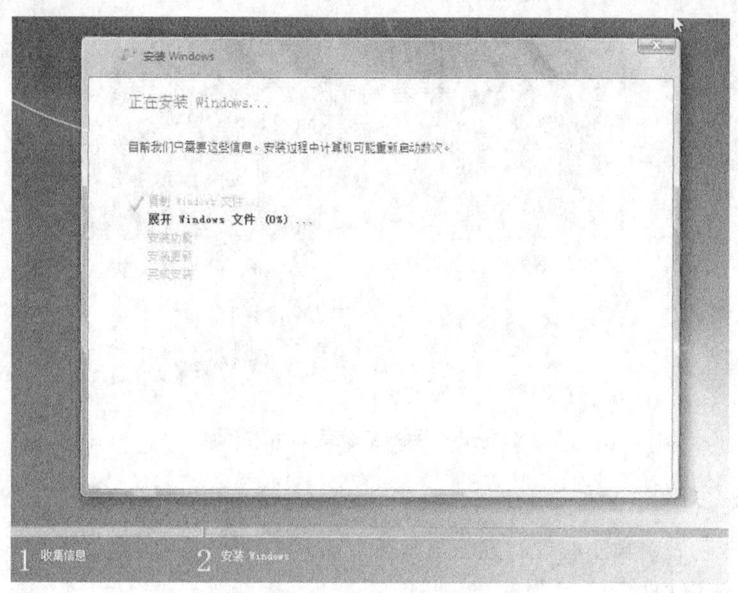

图 2-19 系统程序自动安装进程

在“设置 Windows”界面中，输入一个用户名和计算机名后，单击“下一步”按钮。输入账户密码及密码提示，单击“下一步”按钮。如果不想设置密码，也可以直接单击“下一步”按钮。

输入产品密钥，也就是正版验证，单击“下一步”按钮，如图 2-20 所示。

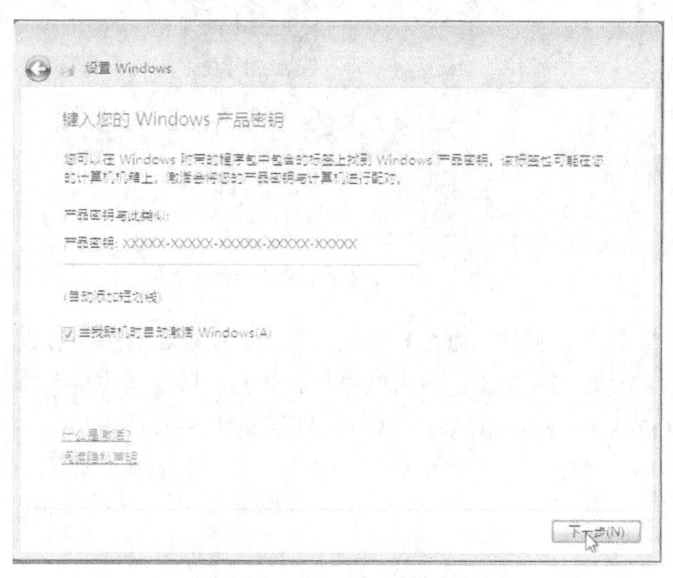

图 2-20 输入产品密钥对话框

选择系统自动更新的方式，一般用户常选择“使用推荐设置”选择，以使计算机能够及时安装更多的更新程序，于是黄小明也选择了此项。接着他又设置了电脑的时间和日期，单击“下一步”按钮，随后便进入了最后的完成安装设置阶段。

当自动设置完毕后，黄小明看到了绚丽的 Windows 7 系统桌面，如图 2-21 所示。至此，Windows 7 系统顺利完成了所有安装操作。

图 2-21　系统安装完成后的桌面

2．安装常用软件

系统安装成功后，黄小明便开始给电脑装一些常用的软件。

（1）列出常用软件清单

黄小明得知他们都爱看电影、听音乐，知道安装一些多媒体软件是绝对不能缺少的。所谓多媒体软件主要为用户提供播放音乐、视频、Flash 的软件，如 Media player、暴风影音、酷我音乐盒、千千静听等，图标如图 2-22 所示。

图 2-22　部分影音多媒体软件

作为一个学生，学习如何使用办公软件是必修课。所以，安装能够进行文字处理、制作表格、制作幻灯片和处理简单数据的办公软件是必要的。目前比较流行的办公软件主要有两种，即 Microsoft Office 系列和金山 WPS 系列，图标如图 2-23 所示。

图 2-23　Office 办公软件和 WPS 软件

在平常分享文件时，常用到对文件的打包和解压功能，这就需要安装一个压缩软件。压缩软件的主要功能是有效地节省空间、防止文件中毒。常用的压缩软件有 WinRAR、WinZip、7-ZIP 等，图标如图 2-24 所示。

图 2-24 常用的压缩工具软件

无论办公还是聊天，都需要用到输入法工具来提高我们的打字速度，因此黄小明觉得要为他们推荐一款好用的输入法。通常使用的打字软件有金山打字通、搜狗拼音输入法、五笔打字员等，图标如图 2-25 所示。

图 2-25 常用的输入法软件

在生活中，大家经常会拍一些照片，爱美之心人皆有之，安装一款好用的图像处理软件非常重要。图像处理软件是指对图像进行美化、修饰、处理、合成，从而使图片更加精美的软件，如 Photoshop、光影魔术师、美图秀秀等，图标如图 2-26 所示。

图 2-26 常用的图像处理软件

除了上述这些常用软件外，我们在上一项目提到的浏览器、下载工具、杀毒软件和即时通信等软件，也是常用的软件。黄小明根据自己的经验和两人各自的需求，为他们选定了要安装的常用软件，接下来便是如何安装这些软件了。

（2）下载安装软件

知道了自己需要安装哪些软件，下一步就是如何找到这些软件，并成功下载，快速完成安装。有两种较为常用的软件安装方式。

第一种方法，直接在百度、谷歌等搜索引擎里搜寻自己需要的软件，然后选择正确的下载链接进行下载。然而有的软件很难找到合适的下载链接，存在版权问题，且辛辛苦苦下载的软件不能用，甚至含有病毒，那怎样才能既方便又安全地下载安装一些常用软件呢？

第二种方法如图 2-27 所示，通过 360 软件管家下载安装常用软件。软件管家中软件相对于搜索引擎搜寻到的结果没有软件版权纠纷。这是黄小明经常采用的方法，通过 360 软件管家能够免费下到几乎所有常用的软件，而且下载速度快，软件安全性有保证。采用这种方法，首先要安装 360 安全卫士(可通过百度搜索到 360 官方网站下载)，安装成功后打开安全卫士，如图 2-27 所示。单击导航上的“软件管家”，进入软件管家界面，如图 2-28 所示。

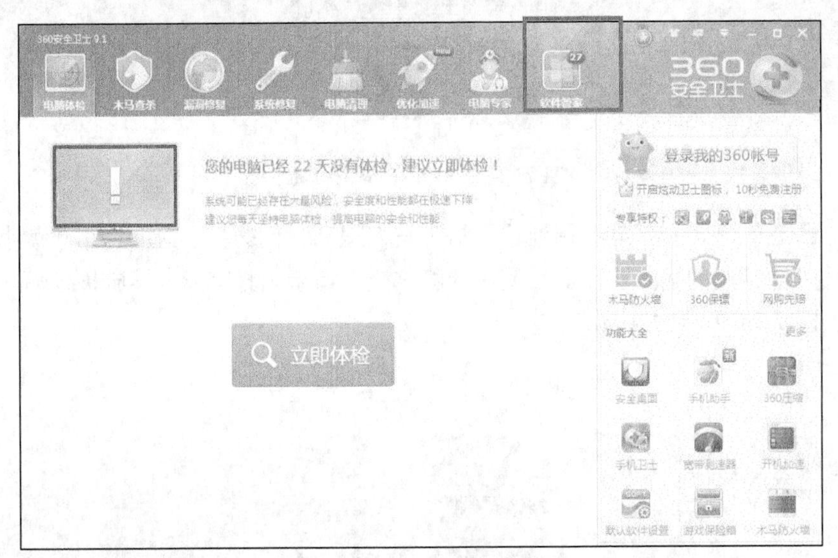

图 2-27　360 安全卫士界面

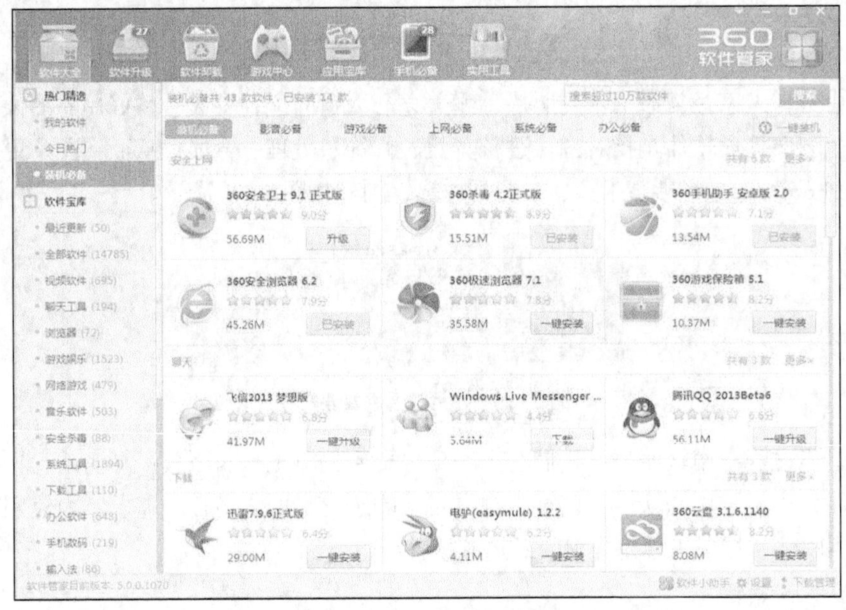

图 2-28　360 软件管家界面

360 软件管家是一个大的软件库，我们能够根据需求在其中快速地找到自己想要的软件，进行下载安装。以下载安装“搜狗浏览器”为例，可进行如下操作完成下载安装任务。

360 软件管家的“软件大全”面板中，可以直接在“搜索框”中输入“搜狗浏览器”，单击“搜索”按钮，出现的搜索结果列表中的第一个结果就是所有找的软件，单击右边的“下载”按钮，便可自动下载该软件。下载完成后，单击“安装”按钮，即可开始软件安装，如图 2-29 所示。

图 2-29 搜索、下载和安装软件操作界面

三、任务小结

本次任务，黄小明学习了如何安装 Windows 7 操作系统，以及如何通过使用 360 软件管家快速有效地寻找、下载和安装一些常用软件。有关操作系统和软件的详细内容，我们将会在下一个项目中详述。

四、随堂练习

1. 重装一次 Windows 7 操作系统。
2. 安装 360 安全卫士，并通过 360 软件管家安装和升级几个常用软件。

任务三 诊断计算机常见故障

一、情境设计

黄小明在机房上网的时候，偶尔会遇到屏幕变蓝或变黑的情况。于是，他把这一现象告诉了老师。老师说，计算机毕竟是机器，长期使用必然会出现一些问题，因此这一阶段黄小明要学会对这些常见的故障现象进行诊断。当然，这得按一定的诊断流程，配合一定的检测手段才行。

二、任务实现

1. 诊断加电类故障

老师告诉黄小明，所谓的加电类故障是指从上电（或复位）到自检完成这一段过程中计算机所发生的故障。要诊断此类故障，首先要了解此类故障出现时会出现的一些故障状况。

黄小明结合自己的经历和所查阅的资料，总结出加电类故障现象包括：主机不能加电、开机无显、开机报警、自检报错或死机、自检过程中所显示的配置与实际不符、反复重启、不能进入 BIOS、刷新 BIOS 后死机或报错、CMOS 掉电、时钟不准、电源设备问题等。

2. **诊断启动类故障**

黄小明还从老师那得知，所谓的启动类故障是指从自检完毕到进入操作系统应用界面这一过程中发生的问题。这类故障的常见故障现象如下。

① 启动过程中死机、报错、黑屏、蓝屏、反复重启等。

② 启动过程中报某个文件丢失或错误。

③ 启动过程中，总是执行一些不应该的操作。

④ 只能以安全模式或命令行模式启动。

3. **熟悉诊断方法**

① 望——观察系统有关现象，如风扇、指示灯、BIOS 信息和系统报错信息。

② 闻——听 POST 报警声音。

③ 问——询问故障发生前后经过。

④ 切——触摸温度，用软硬件工具检测，用部件替换试验，用不同盘、不同方式启动系统。

三、相关知识

1. BIOS

BIOS（Basic Input Output System），基本输入输出系统，是一组固化到计算机内主板 ROM 芯片上的程序，它保存着计算机最重要的基本输入输出的程序、系统设置信息、开机后自检程序和系统自启动程序。其主要功能是为计算机提供最底层的、最直接的硬件设置和控制。

2. BIOS **报警声**

AWARD 的 BIOS 报警声，见表 2-2；AMI 的 BIOS 报警声，见表 2-3。

表 2-2 AWARD 的 BIOS 报警声

次　数	意　义
1 短	系统正常启动，这是我们每天都能听到的，也表明机器没有任何问题
2 短	常规错误，请进入 CMOS Setup，重新设置不正确的选项
1 长 1 短	RAM 或主板出错，换一条内存试试，若还是不行，只好更换主板
1 长 2 短	显示器或显示卡错误
1 长 3 短	键盘控制器错误，检查主板
1 长 9 短	主板 Flash RAM 或 EPROM 错误，BIOS 损坏，换块 Flash RAM 试试
不断地响（长声）	内存条未插紧或损坏，重插内存条，若还是不行，只有更换一条内存
不停地响	电源、显示器未和显示卡连接好。检查一下所有的插头
重复短响	电源问题
无声音无提示	电源问题

表 2-3 AMI 的 BIOS 报警声

次　数	表示意义
1 短	内存刷新有问题
2 短	内存同步检查错误，内部 ECC 校验错误在 CMOS Setup 中将内存关于 ECC 校验的选项设为 disabled 就可解决也可以换内存
3 短	前 64KB 内存区段检查失败
4 短	系统计时器失效
5 短	处理器错误
6 短	键盘控制器 8024，A20 位址线错误
7 短	处理器发生异常中断
8 短	显卡接触不良或显存存取错误
9 短	ROM BIOS 检查错误
10 短	CMOS shutdown 暂存器存取错误
11 短	外部 CACHE 错误
1 长 3 短	内存错误。内存损坏，更新即可
1 长 8 短	显示测试错误。显示器数据线没插好或显卡没插牢

四、任务小结

经过本次任务的学习，黄小明了解了几类常见的计算机故障，并学习了该如何诊断这些故障，为以后更准确有效地诊断计算机故障打下了良好的基础。

五、随堂练习

根据本次任务所学内容，对机房的台式计算机进行一个全面的诊断，看是否存在故障，并写出简单的诊断报告。

任务四　了解信息与编码

一、情境设计

这天，黄小明从包里翻出一张从前的高铁火车票，如图 2-30 所示，他看到车票右下角的方块形状，之前一直都没有在意，现在才意识到这个应该就是二维条形码，他还记得以前的火车票都是条形码，如图 2-31 所示，而不是二维条形码的。这个二维码到底是什么样的原理呢？现在在学计算机课程了，条形码和二维码也是机器来读取的，应该也是计算机编码方式吧？黄小明觉得有必要弄得明明白白。

二、任务实现

1．条形码

（1）含义与历史

条形码技术，是随着计算机与信息技术的发展和应用而诞生的，它是集编码、印刷、识

别、数据采集和处理于一身的新型技术。

条形码（barcode）是将宽度不等的多个黑条和空白，按照一定的编码规则排列，用以表达一组信息的图形标识符。常见的条形码是由反射率相差很大的黑条（简称条）和白条（简称空）排成的平行线图案，如图 2-32 所示。

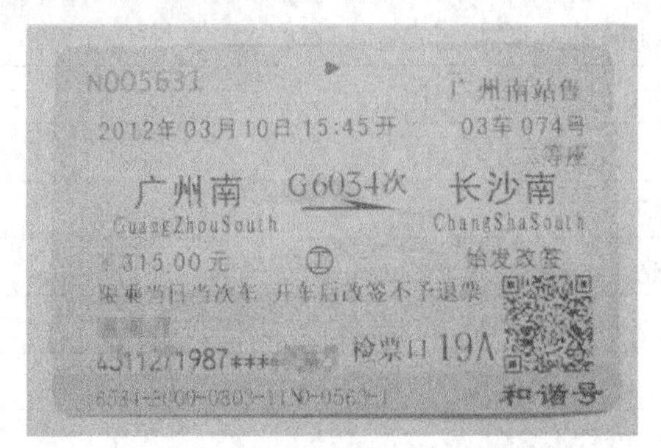

图 2-30　高铁火车票上的二维码

图 2-31　黄小明在网上找到的早期条形码火车票图片

图 2-32　条形码的黑白标示符

条形码可以标出物品的生产国、制造厂家、商品名称、生产日期、图书分类号、邮件起止地点、类别、日期等许多信息，因而在商品流通、图书管理、邮政管理、银行系统等许多领域都得到广泛的应用。

条和空的安排方式称为符号法，符号法有很多种。条形码系统就是由条形码符号设计、制作及扫描阅读组成的自动识别系统。

（2）特点

条形码技术是迄今为止最经济、实用的一种自动识别技术，之所以能在商品、工业、邮电业、医疗卫生、物资管理、安全检查、餐旅业、证卡管理、军事工程、办公室自动化等领域中得到广泛应用，主要是由于其具有以下特点。

- 高速。键盘输入 12 位数字需 6s，而用条形码扫描器输入则只要 0.2s。
- 准确。条形码的正确识读率达 99.99%～99.999%。
- 成本低。条形码标签成本低，识读设备价格便宜。
- 灵活。根据顾客或业务的需求，容易开发出新产品；扫描景深大；识读方式多，有手动式、固定式、半固定式；输入、输出设备种类多，操作简单。
- 可扩展。目前在世界范围内得到广泛应用的 EAN 码是国际标准的商品编码系统，横向、纵向发展余地都很大，现已成为商品流通业、生产自动管理，特别是 EDI 电子数据交换和国际贸易的一个重要基础，并将发挥巨大作用。

另外，条形码标签易于制作，对设备和材料没有特殊要求，识别设备操作容易，不需要特殊培训，且设备也相对便宜。

2．二维码

（1）起源与含义

一维条形码虽然提高了资料收集与资料处理的速度，但由于受到资料容量的限制，一维条形码仅能标识商品，而不能描述商品，因此相当依赖计算机网络和资料库。在没有资料库或不便连接网络的地方，一维条形码很难派上用场。也因此，储存量较高的二维条形码被提出了。

二维条形码最早发明于日本，它是用某种特定的几何图形按一定规律在平面（二维方向上）分布的黑白相间的图形记录数据符号信息的。在代码编制上巧妙地利用构成计算机内部逻辑基础的“0”、“1”比特流的概念，使用若干个与二进制相对应的几何形体来表示文字数值信息，通过图像输入设备或光电扫描设备自动识读以实现信息自动处理。它能够在横向和纵向两个方位同时表达信息，因此能在很小的面积内表达大量的信息。

目前最常用的是矩阵式二维码，它是在一个矩形空间通过黑、白像素在矩阵中的不同分布进行编码。在矩阵相应元素位置上，用点（方点、圆点或其他形状）的出现表示二进制“1”，点的不出现表示二进制的“0”，点的排列组合确定了矩阵式二维条码所代表的意义。矩阵式二维条码是建立在计算机图像处理技术、组合编码原理等基础上的一种新型图形符号自动识读处理码制。表 2 － 4 为条形码和二维码的比较。

（2）特点与优势

① 高密度编码，信息容量大。可容纳多达 1850 个大写字母，或 2710 个数字，或 1108 字节，或 500 多个汉字，比普通条码信息容量约高几十倍。

② 编码范围广。该条码可以把图片、声音、文字、签字、指纹等可以数字化的信息进行编码，用条码表示出来；可以表示多种语言文字；可表示图像数据。

③ 容错能力强，具有纠错功能。这使得二维条码因穿孔、污损等引起局部损坏时，照样可以正确得到识读，损毁面积达 50%仍可恢复信息。

④ 译码可靠性高。它比普通条码译码错误率百万分之二要低得多，误码率不超过千万分之一。

⑤ 可引入加密措施。保密性好，防伪性好。

⑥ 成本低。易制作，持久耐用。

表 2-4 条形码和二维码的比较

类型 项目	一维条形码	二维码
资料密度与容量	密度低，容量小	密度高，容量大
错误侦测及自我纠正能力	可以进行错误侦测，但没有纠正错误的能力	有错误检验及错误纠正功能，并可根据实际应用设置不同的安全等级
垂直方向的资料	不可存储资料，垂直方向的高度是为了识读方便，并弥补印刷缺陷或局部损坏	携带资料，可对有印刷缺陷或局部损坏等错误进行纠正或恢复资料
主要用途	主要用于对物品的标识	用于物品的描述
资料库与网络依赖性	多数场合需要依赖资料库，以及通信网络的存在	可以不依赖资料库及通信网络的存在而单独应用
识读设备	可用线型扫描器识读，如光笔、线型 CCD、镭射枪	对于堆叠式可用线型扫描器多次扫描，或用图像扫描仪识读。矩阵式则仅能用图像扫描仪识读

这下黄小明清楚了火车票上二维码可以储存时间、车次、座位号、个人身份等大量信息，比以前的条形码记录的信息多得多。黄小明发现二维码在身边的应用越来越多，就连同学们的微信号都是互相用二维码共享的。

三、相关知识

1．数制

数制主要是指数的进位和计算方式。在不同的数制中，数的进位与计算方式各不一样。

（1）十进制

在十进制中，每一位可以用 0~9 是个数码中的任一个来表示，十进制是以 10 为基数的进制。

十进制的规则是：在任何一位上，当满十时向高位进一，即“逢十进一”，借位时为“借一当十”。

十进制的数码为：0，1，2，3，4，5，6，7，8，9。

（2）二进制

二进制是计算机中常用的一种数制。在这种数制中，每一位可以用 0、1 两个数中的任一个来表示。二进制是以 2 为基数的进制。

二进制的规则是：在任何一位上，当满二时向高位进一，即“逢二进一”，借位时为“借一当二”。

二进制的数码为 0，1。

表示方法：$(1100.1)_2$、1011.01B，其中 B 为后缀，表示二进制。

（3）八进制

八进制常用于 12 位或 36 位的计算机系统，由于此类计算机比较少，因此八进制应用范围很小。

八进制的数码为 0，1，2，3，4，5，6，7，规则为逢八进一。

表示方法：$(37.4)_8$、65.2O，其中 O 为后缀，表示八进制。

（4）十六进制

在电子计算机中，有时为了避免二进制位数太多这个缺点，在某些场合还要用到十六进制数。十六进制是以 16 为基数的进位制。

十六进制的规则是：在任何一位上，当满十六时向高位进一，即“逢十六进一”，借位时为“借一当十六”。

十六进制的数码为 0，1，2，3，4，5，6，7，8，9，A，B，C，D，E，F。

表示方法：73B.CH、$(5A8C.4)_{16}$，其中 H 为后缀，表示十六进制。

以十进制数 0~15 为例，进制数的对应关系如表 2-5 所示。

表 2-5 进制数的对应关系

十进制数	二进制数	八进制数	十六进制数
0	0000	0	0
1	0001	1	1
2	0010	2	2
3	0011	3	3
4	0100	4	4
5	0101	5	5
6	0110	6	6
7	0111	7	7
8	1000	10	8
9	1001	11	9
10	1010	12	A
11	1011	13	B
12	1100	14	C
13	1101	15	D
14	1110	16	E
15	1111	17	F

2．计数单位

计算机采用二进制计数，常用单位如下所述。

位（bit）：位是计算机的最小计数单位，一位表示两种状态，即“0”或“1”。

字节（Byte）：每 8 个位组成一字节，用字母 B 表示，字节是计算机中表示存储容量大小的基本单位。此外，表示容量的单位还有 KB、MB、GB、TB 等。

$1KB=2^{10}B=1024B$

$1MB=2^{20}B=1024KB$

$1GB=2^{30}B=1024MB$

$1TB=2^{40}B=1024GB$

3．进制转换

（1）二进制、八进制、十六进制转换为十进制

方法：按位权展开求和。位权指每一位数所具有的权，如十进制数 782，“7”的位权是 2^{10}，十六进制数 5CA，“C”的位权是 16。

练习 1：将二进制数 1101 转换为十进制数。

$(1101)_2=1\times2^3+1\times2^2+0\times2^1+1\times2^0=8+4+0+1=(13)_{10}$

练习 2：将十六进制数 2AF 转换为十进制数。

$(2AF)_{16}=2\times16^2+10\times16^1+15\times16^0=(687)_{10}$

将十进制数转换为二、八、十六进制

方法：整数部分除基数取余数，小数部分乘基数取整数。

练习：将十进制数 26.8 转换为二进制数（精确到小数点后 3 位）。

整数部分：26÷2=13 余 0

13÷2=6 余 1

6÷2=3 余 0

3÷2=1 余 1

1÷2=0 余 1，最高位

最低位小数部分：0.8×2=1.6 取整数 1，最高位

0.6×2=1.2 取整数 1

0.2×2=0.4 取整数 0，最低位

26.8=11010.110

（2）ASCII 码与汉字编码

计算机中所有文字信息都是由二进制数编码表示的，为使不同品牌机型的计算机都能使用标准化的信息交换码，计算机对中、西文字采用了一些常见的编码来表示。

① ASCII 码。

ASCII 码（American Standard Code for Information Interchange）是美国国家标准局特别制定的美国信息交换标准码，并将它作为数据传输的标准码。ASCII 码使用 7bit 来表示英文字母、数字 0~9 及其他符号，可表示 128 个不同的文字与符号，为目前各计算机系统中使用最普遍，也最广泛的英文标准码。常用的 7bitASCII 码编码见表 2-6。

例如，计算机要传送数值 123，是将 123 每位上的数字转化为其相应的 ASCII 码，然后传送。

表 2-6　常用 7bit ASCII 码编码

ASCII 值	控制字符	ASCII 值	控制字符	ASCII 值	控制字符	ASCII 值	控制字符
0	NUT	32	(space)	64	@	96	、
1	SOH	33	!	65	A	97	a
2	STX	34	“	66	B	98	b
3	ETX	35	#	67	C	99	c
4	EOT	36	$	68	D	100	d
5	ENQ	37	%	69	E	101	e
6	ACK	38	&	70	F	102	f
7	BEL	39	‘	71	G	103	g
8	BS	40	(	72	H	104	h
9	HT	41	)	73	I	105	i
10	LF	42	*	74	J	106	j
11	VT	43	+	75	K	107	k
12	FF	44	,	76	L	108	l
13	CR	45	−	77	M	109	m
14	SO	46	.	78	N	110	n
15	SI	47	/	79	O	111	o
16	DLE	48	0	80	P	112	p
17	DCI	49	1	81	Q	113	q
18	DC2	50	2	82	R	114	r
19	DC3	51	3	83	S	115	s
20	DC4	52	4	84	T	116	t
21	NAK	53	5	85	U	117	u
22	SYN	54	6	86	V	118	v
23	TB	55	7	87	W	119	w
24	CAN	56	8	88	X	120	x
25	EM	57	9	89	Y	121	y
26	SUB	58	:	90	Z	122	z
27	ESC	59	;	91	[	123	{
28	FS	60	<	92	\	124	|
29	GS	61	=	93	]	125	}
30	RS	62	>	94	^	126	~
31	US	63	?	95	—	127	DEL

查表可知，a 的 ASCII 码值为 97，b 为 98，A 的码值为 65，而 0 的码值是 32，所以 ASCII 码值大小的规律为：a~z > A > Z > 0~9 > 空格 > 控制符。

② 汉字编码。

a. 输入码（外码）。

汉字输入码（外码）是为了通过键盘字符把汉字输入计算机而设计的一种编码。英文字符只有 26 个，所以输入码和机内码一致。汉字输入方案有成百上千个，大致可分为以下 4 种类型。

- 音码：如全拼、双拼、微软拼音等。
- 形码：如五笔字码、郑码、表形码等。
- 音形码：如智能 ABC、自然码等。
- 数字码：如区位码、电报码等。

b. 内码。

汉字机内码（内码，汉字存储码）的作用是统一了各种不同的汉字输入码在计算机内部的表示。为了将汉字的各种输入码在计算机内部统一起来，就有了专用于计算机内部存储汉字使用的汉字机内码，用以将输入时使用的多种汉字输入码统一转换成汉字机内码进行存储，以方便计算机内的汉字处理。

汉字内码也有各种不同的编码方式，如简体的 GB2312、繁体的 BIG5、GB13000、Unicode 等。GB2312 80（又称为国标码）中共有 7445 个字符符号：汉字符号 6763 个，一级汉字 3755 个（按汉语拼音字母顺序排列），二级汉字 3008 个（按部首笔画顺序排列），非汉字符号 682 个。国际码规定，每个汉字（包括非汉字的一些符号）都由 2B 的代码表示。为了不与 7bit ASCII 码发生冲突，把国标码每字节的最高位由 0 改为 1，其余不变的编码作为汉字字符的机内码。

c. 输出码。

输出码（汉字字形码）用于汉字的显示和打印，是汉字字形的数字化信息。汉字的内码是数字代码来表示汉字，但是为了输出时让人们看到汉字，就必须输出汉字的字形。在汉字系统中，一般采用点阵来表示字形。16 × 16 点阵字形的字要使用 32B（16 × 16/8=32）存储，24 × 24 点阵字形的字要使用 72B（24 × 24/8=72）存储。表现汉字时使用的点阵越大，则汉字字形的质量也越好，当然，每个汉字点阵所需的存储量也越大。

四、任务小结

在这个任务中，黄小明通过对火车票上的二维码的了解，熟悉了条形码和二维码。在相关知识里，我们更是学会了各种进制之间的转换方法，认识了 ASCII 码和汉字编码，算是对计算机的信息存储和编码有了一定了解。不知大家学了这次任务的内容掌握了多少知识，试试下面的测试吧！

五、随堂练习

1. 将如下十进制数值分别转换成二进制、八进制和十六进制。

   26；110；121；225；468

2. 将如下二进制、八进制和十六进制的数值均转换成十进制。

   二进制：1100；1000100；1110110；11010001

八进制：11；175；377；505

十六进制：13；56；9f；16e

项目小结

本项目主要是通过学习如何动手组装一台计算机，并为计算机安装操作系统和常用软件，帮助同学们熟悉计算机的各部分硬件，并能熟练掌握安装操作系统和常用软件的技能。随后通过诊断计算机常见故障的任务练习，帮助同学们掌握诊断计算机故障的能力，这些知识在日常使用电脑的过程中都非常实用，希望大家能够在实践中不断实践和巩固所学知识，真正地做到学以致用。

项目练习

一、选择题

1. 下列十进制数与二进制数转换结果正确的是（　　）。

   A. $(8)_{10}=(110)_2$　　B. $(4)_{10}=(1000)_2$

   C. $(10)_{10}=(1100)_2$　　D. $(9)_{10}=(1001)_2$

2. 操作系统是一种（　　）。

   A. 系统软件　　B. 操作规范

   C. 编译系统　　D. 应用软件

3. 操作系统的作用是（　　）。

   A. 把源程序翻译成目标程序　　B. 进行数据处理

   C. 控制和管理系统资源的使用　　D. 实现软硬件的转换

4. 从软件分类来看，Windows 属于（　　）。

   A. 应用软件　　B. 系统软件

   C. 支撑软件　　D. 数据处理软件

5. 个人计算机简称为 PC，这种计算机属于（　　）。

   A. 微型计算机　　B. 小型计算机

   C. 超级计算机　　D. 巨型计算机

6. 计算机存储数据的最小单位是二进制的（　　）。

   A. 位（比特）　　B. 字节

   C. 字长　　D. 千字节

7. 一字节包括（　　）个二进制位。

   A. 8　　B. 16

   C. 32　　D. 64

8. 1MB 等于（　　）字节。

   A. 100000　　B. 1024000

   C. 1000000　　D. 1048576

9. 下列数据中，有可能是八进制数的是（ ）。

A. 488　　B. 317

C. 597　　D. 189

10. 与十进制 36.875 等值的二进制数是（ ）。

A. 110100.011　　B. 100100.111

C. 100110.111　　D. 100101.101

11. 磁盘属于（ ）。

A. 输入设备　　B. 输出设备

C. 内存储器　　D. 外存储器

12. 计算机采用二进制最主要的理由是（ ）。

A. 存储信息量大　　B. 符合习惯

C. 结构简单运算方便　　D. 数据输入、输出方便

13. 在不同进制的 4 个数中，最小的一个数是（ ）。

A. (1101100)2　　B. (65)10

C. (70)8　　D. (A7)16

14. 1GB 等于（ ）。

A. 1024×1024B　　B. 1024MB

C. 1024M 二进制位　　D. 1000MB

15. MIPS 常用来描述计算机的运算速度，其含义是（ ）。

A. 每秒钟处理百万个字符　　B. 每分钟处理百万个字符

C. 每秒钟执行百万条指令　　D. 每分钟执行百万条指令

16. 在计算机系统中，任何外部设备都必须通过（ ）才能和主机相连。

A. 存储器　　B. 接口适配器

C. 电缆　　D. CPU

17. 在同一台计算机中，内存比外存（ ）。

A. 存储容量大　　B. 存取速度快

C. 存取周期长　　D. 存取速度慢

18. 计算机的存储系统一般是指（ ）。

A. ROM 和 RAM　　B. 硬盘和软盘

C. 内存和外存　　D. 硬盘和 RAM

19. 与十六进制数 26.E 等值的二进制数是（ ）。

A. 110100.011　　B. 100100.111

C. 100110.111　　D. 100101.101

20. 把光盘上的数据送入计算机中称为（ ）。

A. 打印　　B. 写盘

C. 输出　　D. 读盘

二、操作题

1. 将如下十进制数值分别转换成二进制、八进制和十六进制。

   36；89；111；175；286

2. 将“学校主页 www.aepu.com.cn”字符串转化为二维码。
3. 分别尝试用搜索引擎和360软件管家来下载安装“美图秀秀”软件。
4. 尝试着将一台台式机拆开，重新组装起来后重装一次系统，并连到局域网中。

PART 3 项目三 使用Windows 7操作系统

本项目主要介绍一些操作系统的基础知识。通过对操作系统的常用操作介绍，帮助大家熟练掌握 Windows 系统操作和控制、系统设置、软件安装和删除、文件操作等相关知识，从而全面认识和熟练使用操作系统。

项目目标

1. 认识和了解操作系统的用途。
2. 熟练掌握如何操作和控制 Windows 桌面、文件及磁盘。
3. 了解和掌握更改系统设置、安装和删除软件的方法。
4. 熟练掌握文件操作方法。

任务一 操作系统初识

一、情境设计

自从黄小明成为机房管理员后，他对机房计算机的维护充满好奇，同时管理员的工作对他的操作系统应用和软件应用能力也提出了要求。他暗自下定决心，要从计算机基础学起，在软件方面也努力成为计算机高手。

随着 Windows XP 系统即将退出市场，黄小明决定使用 Windows 7 操作系统。之前听说 Windows 7 的界面设置更加人性化，黄小明想一探究竟。

二、任务实现

1. 熟悉 Windows 7 系统的特点

Windows 7 基于应用服务的设计，在个性化、视听娱乐优化和用户易用性的提升上做了很大改进，具有实用、美观、高速、安全和兼容等特点，为用户创造了更加良好的多媒体使用体验。

Windows 7 给我们提供了诸多新技术，如简化窗口，使桌面更加美观；新增“播放到”功能，多媒体娱乐功能强大。同时，对于兼容性问题，微软也在 Windows 7 上给大家提供了相应的解决方式，利用虚拟化技术，支持 Windows XP 的程序直接移植到 Windows 7 上。

总之，Windows 7 继承和集合了 Windows XP 与 Vista 的优点于一身，它对电脑硬件的要求低于 Vista 但高于 XP。

2．个性化桌面

Windows 7 简化了窗口工作方式，使用户的桌面更加美观，如图 3-1 所示。同时用户可以更加轻松地完成更多操作。

图 3-1 Windows 7 桌面

（1）处理窗口的新方法

Windows 7 提供了 3 种简单却强大的桌面新功能，通过晃动、桌面透视和鼠标拖曳操作来调整窗口，以帮助用户在复杂的桌面中快速理清头绪。如通过桌面透视功能能使打开的窗口变得透明，以便用户看到桌面上的内容。

① 在“计算机”上单击鼠标右键，找到“高级系统设置”页面，如图 3-2 所示。

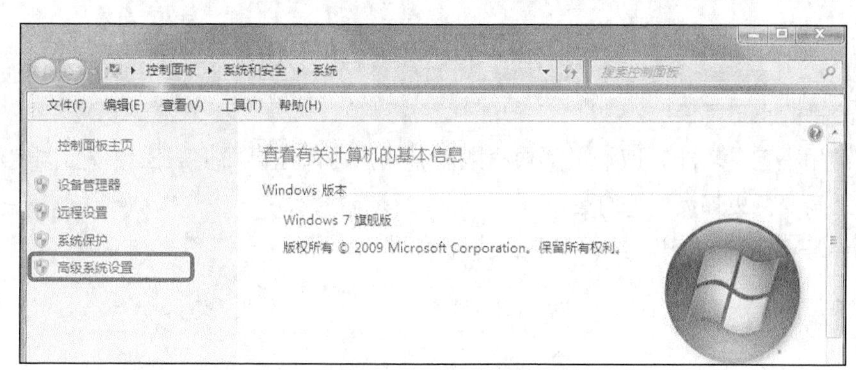

图 3-2 “计算机”——“高级系统设置”

② 在“系统属性”对话框里进入“高级”选项卡，再选择“性能”→“设置”命令选项，如图 3-3 所示。

③ 如图 3-4 所示，在“视觉效果”选项卡里选择“启用 Aero Peek”复选项，单击“确定”按钮。

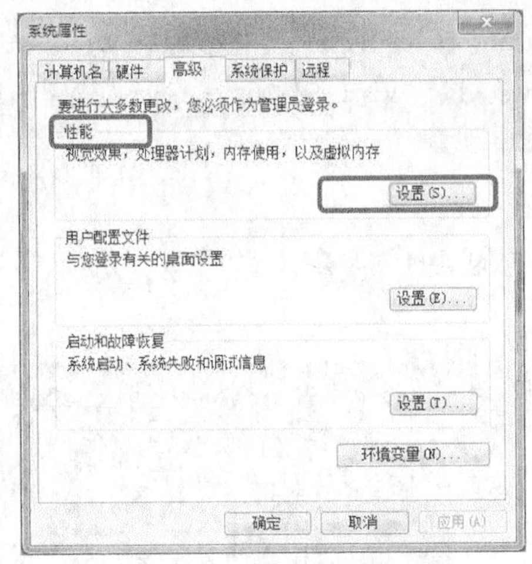

图 3-3 “系统属性”对话框

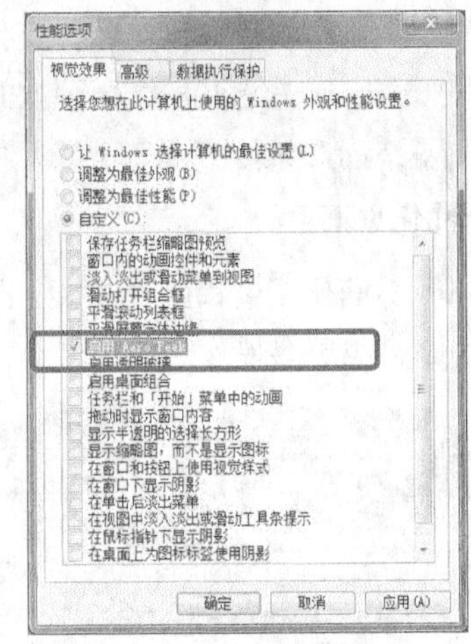

图 3-4 “性能选项”对话框

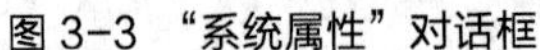

（2）美轮美奂的新墙纸

用户可以尝试新的桌面幻灯片放映功能切换显示不同的墙纸，从而让系统桌面变得更加丰富多彩，如图 3-5 所示。

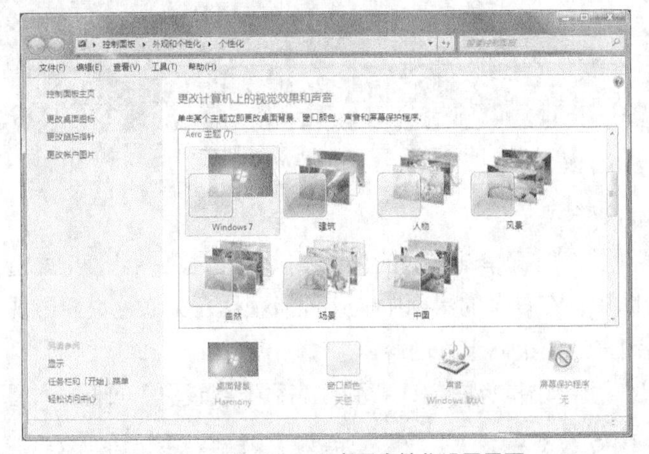

图 3-5 Windows 7 桌面个性化设置界面

（3）改进的小工具

引入常用小工具功能，取消了其边栏限制，用户可以在桌面上的任意位置固定小工具，从而让小工具变得更加灵活、有趣。

① 桌面单击鼠标右键，找到“小工具”，如图 3-6 所示。

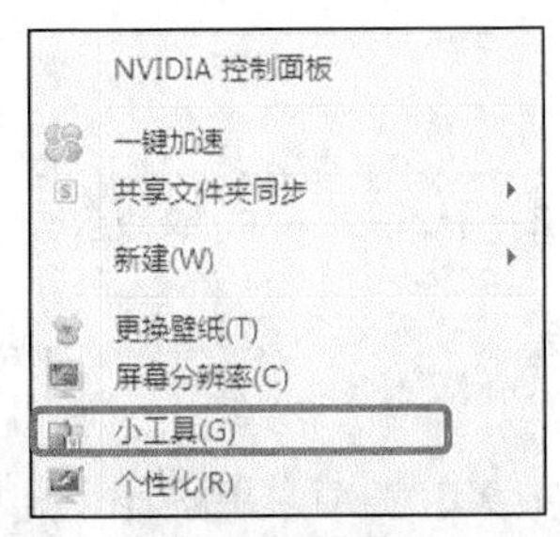

图 3-6 Windows 7 桌面右键选项对话框 ——“小工具”

② 打开小工具，如图 3-7 所示。

图 3-7 小工具列表

③ 双击添加到桌面，鼠标拖动可以改变位置，如图 3-8 所示。

图 3-8 小工具设置示例

3．全新的任务栏

在 Windows 7 操作系统中，任务栏的位置并没有改变，但它更便于用户在窗口之间进行切换和查看，功能也更加强大。默认情况下，任务栏采用大图标方案，并且具有强烈的玻璃质感。

“显示桌面”图标被放置到了任务栏的最右侧，并成为一块单独区域，当鼠标指针指向该区域时，所有打开的窗口都会透明化，这样可以快速查看桌面内容。单击该图标则会最小化所有窗口，并切换到桌面，如图 3-9 所示。

图 3-9 任务栏—“显示桌面”按钮

在 Window 7 中，用户可以将常用程序“锁定”到任务栏的任意位置以便使用，通过单击和拖曳操作即可重新安排任务栏图标的位置，如图 3-10 所示。

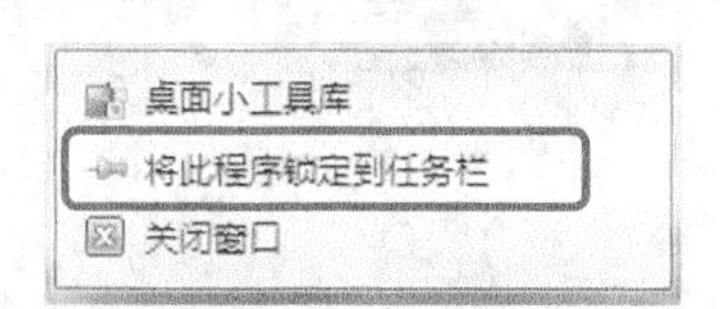

图 3-10 “将此程序锁定到任务栏”选项对话框

Windows 7 的资源管理器增加了预览窗格，如图 3-11 所示。而在 Windows XP 上只可以通过大图标、缩略图等方式查看，在 Windows 7 上则有预览功能，而且还可以随时关闭。

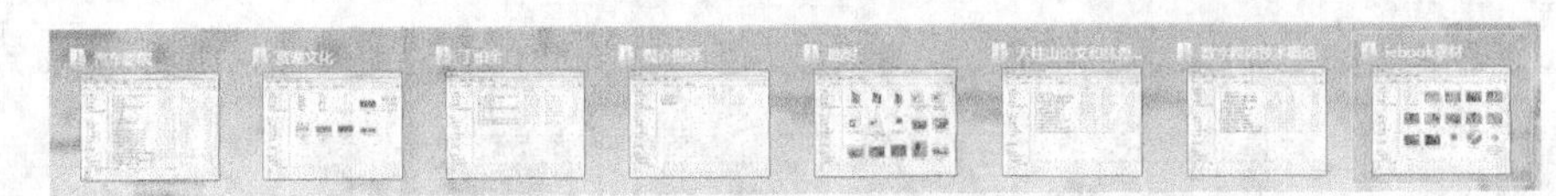

图 3-11　预览功能效果图

4．直观的文件预览功能

用户可以选择需要预览的文件，单击右上方“显示预览”按钮，即可预览文件内容，而不需要打开文件，如图 3-12 所示。

图 3-12　文件预览功能效果图

5．先进的多媒体娱乐功能

通过 Windows 7 中新增的“播放到”功能，可以轻松地在家中的其他联网电脑、电视或立体声设备上播放音乐和视频。“播放到”功能适用于运行 Windows 7 的其他电脑及带有“与 Windows 7 兼容”徽标的设备。

另外，利用 Windows 7 的“远程媒体流”功能，用户可以通过 Internet 轻松访问 Windows Media Player 12 的媒体库，如图 3-13 所示。这样即使不在家中仍可欣赏家中电脑的音乐、视频和图片。

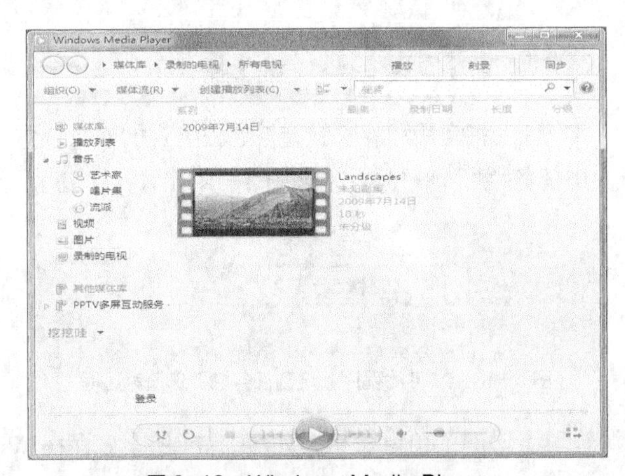

图 3-13　Windows Media Player

值得注意的是，如果要使用“远程媒体流”功能，必须两台电脑都运行 Windows 7 操作系统。

6．自定义通知区域图标

在 Windows 7 中，单击任务栏通知区域最左侧的“显示隐藏的图标”按钮，在打开的面板中单击“自定义”按钮，即可在打开的“通知区域图标”窗口中根据自己的需求对是否“显示图标和通知”进行设置，方便管理程序，如图 3-14 所示。

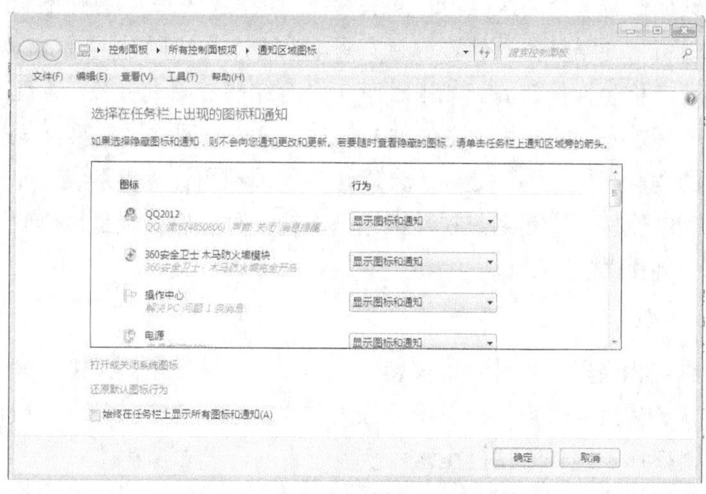

图 3-14 “通知区域图标”设置对话框

7．Windows 7 库

Windows 7 引入库的概念，让你对计算机文件管理更加方便，比如音乐、图片文件、文档文件等，结合库一起使用会非常高效。尽管有人认为 Windows 7 库只是个“快捷方式”集合，但并不否认 Windows 7 库设计理念还是非常好的，对长期使用 Windows 7 的用户来说，库的设计绝对可以让用户感觉到便利。

8．家庭组

家庭组的概念也是从 Windows 7 引入的，主要是面向家庭用户组网，支持多种类型的访问模式和加密方式。

三、相关知识

1．操作系统

计算机操作系统是能够合理地管理计算机的硬件和软件资源，并且为用户提供操作界面的一组软件的集合。

如果计算机没有操作系统，会是什么情况呢？“天啦！天下大乱了！我们必须使用机器编程使用计算机。”你要玩游戏吗？好的，自己使用机器语言编写一个游戏程序（这好比要使用电视机看电视节目，就要亲自去调节电视机的频率器件，将频率对准所要看的电视台的频率，这样的电视机想必大家不会去买吧！）然后再享受你的成果吧！这还罢了，更要命的是，机器语言几乎是专家的专利，让不懂计算机原理的人去使用这样的计算机？难度可想而知。

在这样的背景下面，操作系统诞生了。

操作系统的作用简单来说是，它能为我们管理CPU、内存、外部设备、文件、作业。可以看出，操作系统是与硬件息息相关的，所以操作系统是在硬件基础上的第一层软件。没有操作系统的计算机就是裸机。所有的应用软件和其他的系统软件都必须基于操作系统之上。正是因为操作系统与硬件息息相关，所以只要新出一套硬件系统，就必然会有一个新的操作系统出现。

我们知道，计算机是一个高速运转的复杂系统：它有CPU、内存储器、外存储器、各种各样的输入输出设备，通常称为硬件资源；它可能有多个用户同时运行他们各自的程序，共享着大量数据，通常称为软件资源。如果没有一个对这些资源进行统一管理的软件，计算机不可能协调一致、高效率地完成用户交给它的任务，这个管理软件就叫操作系统。

从资源管理的角度，操作系统是为了合理、方便地利用计算机系统，而对其硬件资源和软件资源进行管理的软件。它是系统软件中最基本的一种软件，也是每个使用计算机的人员必须学会使用的一种软件。

2．操作系统类型

操作系统的种类相当多，各种设备安装的操作系统可从简单到复杂，分为智能卡操作系统、实时操作系统、传感器节点操作系统、嵌入式操作系统、个人计算机操作系统、多处理器操作系统、网络操作系统和大型机操作系统。

（1）按应用领域划分

操作系统按应用领域划分主要有3种：桌面操作系统、服务器操作系统和嵌入式操作系统。

桌面操作系统主要用于个人计算机上。

服务器操作系统一般指的是安装在大型计算机、服务器上的操作系统，一般对安全性和稳定性有更高要求，比如Web服务器、应用服务器和数据库服务器等。同时，服务器操作系统也可以安装在个人电脑上。相比桌面操作系统，在一个具体的网络中，服务器操作系统要承担额外的管理、配置、稳定、安全等功能，处于每个网络中的心脏部位。

嵌入式操作系统是应用在嵌入式系统的操作系统。嵌入式系统广泛应用在生活的各个方面，涵盖范围从便携设备到大型固定设施，如数码相机、手机、平板电脑、家用电器、医疗设备、交通灯、航空电子设备和工厂控制设备等，越来越多嵌入式系统安装有实时操作系统。

（2）按任务处理类型划分

操作系统按任务处理类型可以划分为3类，即批处理操作系统、分时操作系统和实时操作系统。

批处理操作系统的设计目标是为了最大限度地发挥计算机资源的效率；在这种操作系统环境下，用户要把程序、数据和作业说明一次提交给系统操作员，输入计算机，在处理过程中与外部不再交互。

分时操作系统的设计目标是使多个用户可以通过各自的终端互不干扰地同时使用同一台计算机交互进行操作，就好像他自己独占了该台计算机一样。利用分时技术的一种联机的多用户交互式操作系统，每个用户可以通过自己的终端向系统发出各种操作控制命令，完成作业的运行。分时是指把处理机的运行时间分成很短的时间片，按时间片轮流把处理机分配给各联机作业使用。

实时操作系统是指使计算机能及时响应外部事件的请求在规定的严格时间内完成对该事件的处理，并控制所有实时设备和实时任务协调一致地工作的操作系统。实时操作系统要追求的目标是：对外部请求在严格时间范围内做出反应，有高可靠性和完整性。其主要特点是资源的分配和调度首先要考虑实时性，然后才是效率。此外，实时操作系统应有较强的容错能力。

随着计算机网络的出现，为计算机网络配置的网络操作系统的主要功能是把网络中各台计算机配置的各自的操作系统有机地联合起来，提供网络内各台计算机之间的通信和网络资源共享。而在微型机上使用的单用户操作系统的主要功能是设备管理和文件管理，一次只能支持运行一个用户程序，独占系统全部资源，多用户操作系统则可以支持多个用户分时使用。

3．常用操作系统

目前常见的操作系统有 MS-DOS 系统、Windows 系统、Unix 系统、Linux 系统、FreeBSD 系统、Mac OS 系统，如表 3-1 所示。

表 3-1　常用操作系统

操作系统	简　　介	设 计 者	出现年月	系统特性
MS-DOS 系统	DOS 系统是 1981 年由微软公司为 IBM 个人电脑开发的，即 MS-DOS。它是一个单用户单任务的操作系统。在 1985 年到 1995 年间 DOS 占据操作系统的统治地位	Tim Paterson	1981 年	文件管理方便 外设支持良好 小巧灵活 应用程序众多
Windows	Windows 是一个为个人电脑和服务器用户设计的操作系统。它的第一个版本由微软公司发行于 1985 年，并最终获得了世界个人电脑操作系统软件的垄断地位。所有最近的 Windows 都是完全独立的操作系统	微软	1985 年	界面图形化 支持多用户、多任务 网络支持良好 出色的多媒体功能 硬件支持良好 众多的应用程序
UNIX	UNIX 是一种分时计算机操作系统，1969 在 AT&T Bell 实验室诞生。从此以后其优越性不可阻挡地占领网络。大部分重要网络环节都是 UNIX 构造	AT&T Bell 实验室	1969 年	优良的网络和系统管理 高安全性 可连接性 Ignite/UX

续表

操作系统	简介	设计者	出现年月	系统特性
Linux	简单地说，Linux 是 Unix 克隆的操作系统，在源代码上兼容绝大部分 Unix 标准，是一个支持多用户、多进程、多线程、实时性较好的且稳定的操作系统	Linus Torvalds	1991 年	完全免费 完全兼容 posix1.0 标准 支持多用户、多任务 良好的界面 丰富的网络功能 可靠的安全、稳定性能 多进程、多线程、实时性较好 支持多种平台
FreeBSD	FreeBSD 是由许多人参与开发和维护的一种先进的 BSD UNIX 操作系统。突出的特点 FreeBSD 提供先进的联网、负载能力，卓越的安全和兼容性	加州大学伯克利分校	1993 年	支持多任务功能 多用户系统 强大的网络功能 Unix 兼容性强 高效的虚拟存储器管理 方便的开发功能
Mac OS	Mac OS 是一套运行于苹果 Macintosh 系列电脑上的操作系统。Mac OS 是首个在商用领域成功的图形用户界面。现行的最新的系统版本是 Mac OS X 10.3.x 版	比尔·阿特金森、杰夫·拉斯金和安迪·赫茨菲尔德	1984 年	支持多平台兼容模式 优良的安全和服务扩展功能 内存占用少 多种开发工具

四、任务小结

通过本此任务的学习，黄小明知道了计算机操作系统能合理地管理计算机的硬件和软件资源，并且为用户提供操作界面的一组软件的集合。操作系统的种类相当多，其基本类型又可以划分为 3 类，即批处理操作系统、分时操作系统和实时操作系统。黄小明还了解了 Windows 7 系统的特色 ，知道了 Windows 7 操作系统在个性化、视听娱乐的优化和用户易用性的提升上有很大改进，具有实用、美观、高速、安全、兼容等特点，为用户创造了更加良好的多媒体使用体验。就这样，小明对计算机有了一个基础的了解，下一步就是具体的操作学习了，他已经跃跃欲试了。

五、随堂练习

尝试设置一下 Windows 7 操作系统的个性化桌面，并全面体验 Windows 7 的新功能。

任务二　操作和控制 Windows 桌面、文件及磁盘

一、情境设计

了解了计算机操作系统的基础知识之后，黄小明迫不及待地想进入实操练习。但是老师

告诉他，做事要循序渐进，基础是关键，你就从如何开机关机学起吧。

黄小明看了老师给自己安排的学习计划，看似简单，却都暗藏玄机。他明确了这一阶段将要学习的重点，从认识 Windows 操作桌面开始，熟悉操作窗口的功能和用法；学会正确的开关机方式，养成良好的使用习惯；熟悉“开始”菜单和任务栏的使用方法，学会调整桌面设置，为高效使用电脑打下基础。

放下学习计划表，小明开始了一步一步的学习过程。

二、任务实现

1．认识 Windows 桌面

桌面元素一目了然，包括图标和壁纸。图标就是一些应用程序的快捷方式，比如 QQ 或者一些游戏，如“英雄联盟”等。可以快速地打开一个你想打开的东西，比如你看桌面上有个“英雄联盟”的图标，实际上这个游戏是在“计算机”的一个盘符下面存放的，并且目录可能有好几级，如果每次玩都要打开目标文件就会很麻烦，如图 3-15 所示。

用户可以根据自己的喜好选择桌面图标，但有几个图标是系统默认显示的，事实上也是最常用到的，如图 3-16 所示的计算机图标和回收站图标。

图 3-15 “快捷方式”图标

“快捷方式”图标：快捷方式的图标下面有一个小箭头，它是指向程序的一个快捷图标，程序一般放在专门的文件夹里头。

图 3-16 “计算机”图标和“回收站”图标

“计算机”图标：用户通过该图标可以实现对计算机硬盘驱动器、文件夹和文件的管理，在“计算机”里，用户可以访问连接到计算机的硬盘驱动器、照相机、扫描仪和其他硬件，以及有关信息。

“回收站”图标：回收站中暂时存放着用户已经删除的文件或文件夹等一些信息，当用户还没有清空回收站时，可以从中还原删除的文件或文件夹。

2．认识操作窗口

（1）窗口的组成与操作

Windows 7 的窗口由标题栏、菜单栏等几部分组成，如图 3-17 所示。

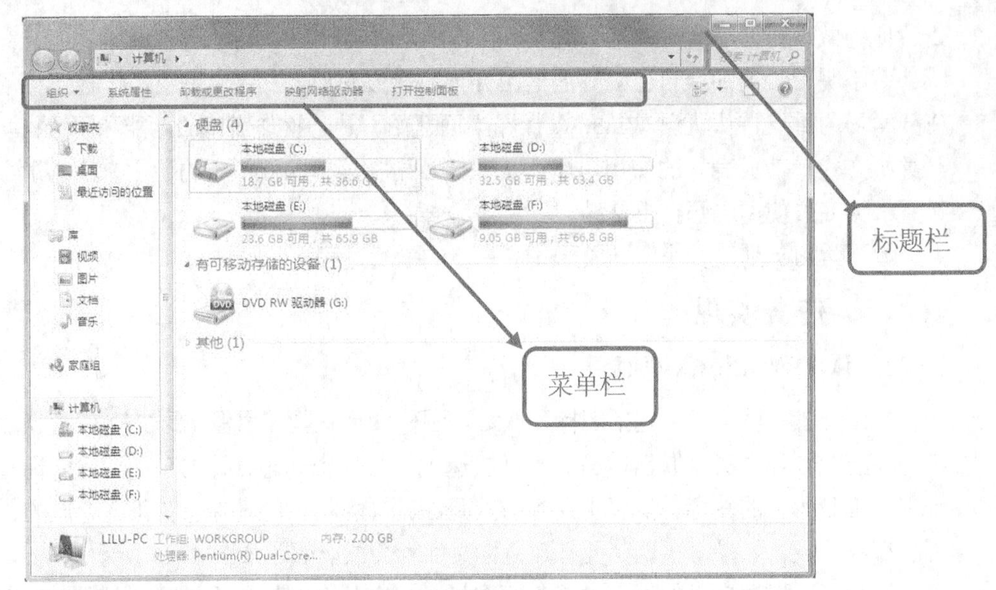

图 3-17　标准窗口

标题栏：位于窗口的最上部，它标明了当前窗口的名称，右侧有“最小化”“最大化”或“还原”以及“关闭”按钮。

菜单栏：在标题栏的下面，它提供了用户在操作过程中要用到的各种命令。

（2）对话框

如图 3-18 所示，对话框的组成和窗口相似，都有标题栏，但对话框要比窗口更简洁、更直观、更侧重于与用户的交流，它一般包含有标题栏、选项卡与标签、文本框、列表框、命令按钮、单选按钮和复选框等几个部分。

标题栏：位于对话框的最上方，系统默认的是深蓝色，上面左侧标明了该对话框的名称，右侧有“关闭”按钮或“帮助”按钮。

命令按钮：在对话框中有带文字的按钮，常用的有“确定”“应用”“取消”等。

列表框：在选项组下列出多个选项，用户可以从中选取，但是不能更改。

选项卡和标签：系统中很多对话框都由多个选项卡构成，选项卡上写明了标签，以便于进行区分。用户可以通过各个选项卡之间的切换来查看不同的内容。

3．关闭、注销和重启计算机

（1）Windows 7 的启动

Windows 7 作为 Windows 系列较新的操作系统，不但继承了以前版本的优点，而且还在登录界面和功能方面有了较大的改进。启动 Windows 7 系统的具体步骤如下所述。

STEP 1 按下机箱正面的电源开关“Power”，即可启动计算机，系统对计算机硬件进行自检后，就会进入 Windows 7 登录界面，如图 3-19 所示。

STEP 2 在该界面中单击用户图标，弹出“输入密码”文本框。

STEP 3 在“输入密码”文本框中输入正确的密码，按回车键，即可进入个人设置、网络设置等加载的提示界面，片刻之后，即可进入 Windows 7 操作系统，如图 3-1 所示。

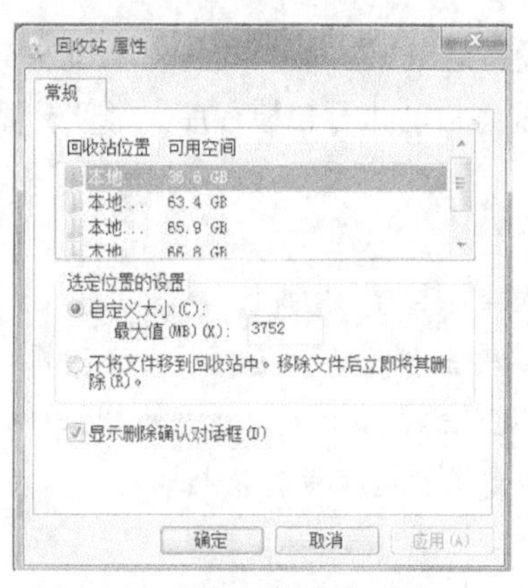

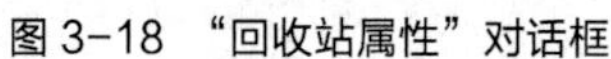
图 3-18 “回收站属性”对话框

图 3-19 Windows 7 登录界面

提示：如果用户没有设置登录密码，则在登录时单击用户图标，系统会自动跳过输入密码界面，直接进入 Windows 7 的工作界面。

（2）注销 Windows 7

Windows 7 是一个支持多用户的操作系统，为了便于不同的用户快速登录计算机，Windows 7 提供了注销的功能。用户不需要重新启动计算机就可以实现多用户登录，不仅快捷方便，而且减少了对硬件的损耗。

注销 Windows 7 的具体操作步骤如下。

STEP 1 单击“开始”按钮，弹出“开始”菜单。

STEP 2 单击“开始”按钮后，单击右下角的小三角图标后，弹出“注销”等菜单选项，如图 3-20 所示。

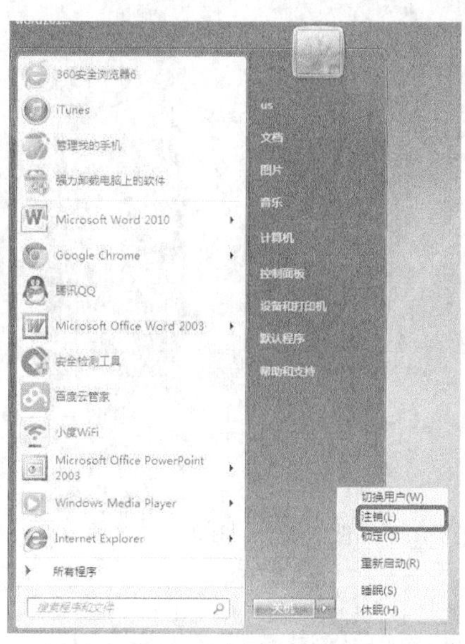

图 3-20 注销 Windows 对话框

STEP 3 单击“注销”按钮，系统将保存设置并关闭当前登录用户。

（3）关闭计算机

用户在结束计算机操作之前，一定要先退出 Windows 7 操作系统，然后再关闭计算机。

否则将丢失或破坏正在运行的文件和程序。如果用户在没有退出 Windows 7 操作系统的情况下直接关机，系统将认为是非法关机，下次开机时，系统将自动执行自检程序。关闭计算机的具体操作步骤如下。

STEP 1 保存已经打开的文件和应用程序。

STEP 2 单击“开始”按钮，在弹出的“开始”菜单中单击“关机”按钮。

提示：单击“重新启动”按钮，可重新启动计算机；单击“睡眠”按钮，可使计算机进入睡眠状态，此时并没有退出 Windows 7，而是转入低能耗状态，节省能源；单击“休眠”按钮后，用户不仅能够较快进入工作状态，而且还能完全避免关机时的电源消耗。

4．使用 Windows“开始”菜单和任务栏

（1）“开始”菜单

俗话说，好的开端是成功的一半。几乎所有的 Windows 7 操作，都是从图 3-21 所示的“开始”菜单开始。包括启动应用程序、访问网上邻居、浏览网页、收发电子邮件、查看帮助文档等。Windows 7 的“开始”菜单在很大程度上得到了改进和加强，把最近经常使用的应用程序添加到快速启动栏内，而隐藏了那些使用频率较低的应用程序，从而简化了用户的操作过程。Windows 7 默认“开始”菜单的样式很适合用户轻松访问本地计算机的所有项目，它分为上下两部分，即在分隔线上方显示的程序和在分隔线下方的程序，在分隔线上方显示的程序固定保留在列表中（如 Internet、电子邮件等），而下方的程序则是最常使用的程序列表，如 msn、word、命令提示符等，所有的这些程序都可以通过鼠标单击来启动。

Windows 7 的“开始”菜单采用了双列形式代替原来的单列形式。

图 3-21 “开始”菜单

“开始”菜单的命令功能如下所述。

① 顶端用户信息：当前的用户名称。

② 最近打开的应用程序：总共列有用户最近打开的应用程序的图标。

③ 所有程序：可执行程序的所有清单。

④ 文档：Windows 7 的文档目录。

⑤ 我最近的文档：显示最近打开过的 15 个文档清单。

⑥ 图片：Windows 7 的“图片”目录。

⑦ 音乐：Windows 7 的“音乐”目录。

⑧ 游戏：Windows 7 的“游戏”目录。

⑨ 计算机：打开“计算机”窗口。

⑩ 控制面板：打开“控制面板”窗口。

⑪ 打印机和传真机：打开“打印机和传真”窗口。

⑫ 帮助和支持：获得 Windows 7 系统的帮助信息。

⑬ 搜索：在本地计算机或者 Internet 上查找文件或文件夹。

⑭ 运行：通过输入命令来运行程序、打开文档或浏览网上资源。

⑮ 关闭系统：注销系统、待机、关闭计算机或重新启动计算机。

（2）任务栏

任务栏就是桌面底部的长条区域，位于“开始”按钮的右侧。在 Windows 系统中，任务栏是一个非常重要的工具，专门用来管理当前正在运行的应用程序（这些正在运行的程序被称为任务）。Windows 7 是一个多任务操作系统，用户可以同时运行多个应用程序，每一个运行的任务，都会占据任务栏上的一个区域。在任务栏上右击，即可在快捷菜单中选择相应命令进行管理，包括最大化、最小化、还原和关闭等。单击任务栏中的某个应用程序，即可将其显示为当前程序窗口。

在任务栏的空白区域按住鼠标左键不放，拖动鼠标，这时任务栏会跟着鼠标在屏幕上移动，当新的位置出现时．在屏幕的边上会出现一个阴影边框，释放鼠标后，任务栏就会显示在新的位置（屏幕的左边、右边和顶部）。

要改变任务栏的大小非常简单，只要把鼠标移动到任务栏的边沿，当鼠标变成双向箭头时，按下鼠标左键拖动，就可以改变任务栏的大小了。

隐藏任务栏不仅可以节约屏幕空间，而且能够使当前正在操作的窗口或对话框以最大面积显示，隐藏任务栏的步骤如下。

STEP 1 在任务栏的空白区域上右击，然后从弹出的快捷菜单中选择“属性”命令，如图 3-22 所示。

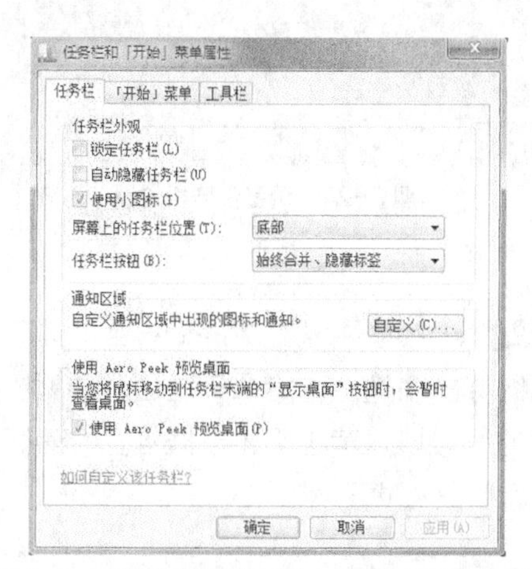

图 3-22 “任务栏和「开始」菜单属性”对话框

STEP 2 在“任务栏”选项卡中选中“自动隐藏任务栏”复选项，如图 3-23 所示。

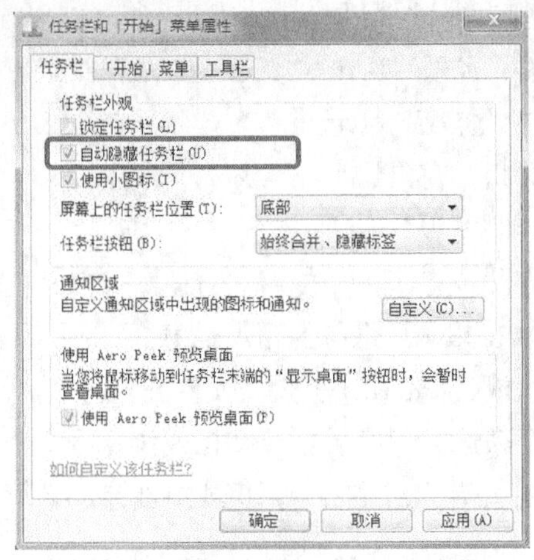

图 3-23 “自动隐藏任务栏”设置对话框

STEP 3 单击“确定”按钮，即可实现对任务栏的隐藏。隐藏任务栏之后，能够看到的任务栏就只有一条边线，只有将鼠标指针指向这条线时，隐藏的任务栏才能够显示出来。

如果选中该选项卡中的“锁定任务栏”复选项，则任务栏不仅无法移动，也不能改变大小，更不能自动隐藏。

任务栏不仅可以隐藏，也可以根据自己的喜好任意改变位置，鼠标拖动即可完成，前提是解除“锁定任务栏”，并且选择“屏幕上的任务栏位置”，如图 3-24 所示。

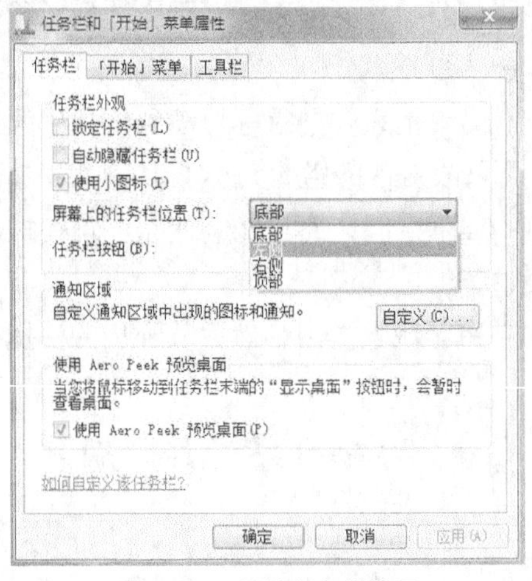

图 3-24 调整任务栏位置

三、任务小结

在本次任务中，黄小明更加深入地了解了 Windows 操作系统的特性，学会了一些基本的桌面任务操作，明确了桌面图标的用途，弄清了标题栏、菜单栏、工具栏、任务栏的用途和用法，并养成了正确开关机的好习惯。黄小明还根据自己的喜好重新设置了自己电脑桌面任务栏的位置和常用快捷方式，收获可真不小。

四、随堂练习

1. 尝试如下操作：启动和退出 Windows 7 系统。
2. 熟悉“开始”菜单，并尝试其中各种功能的操作。
3. 熟悉任务栏的各种属性，尝试操作设置任务栏中的各种功能。

任务三 更改系统设置、安装和删除软件

一、情景设置

在进一步的学习过程中，黄小明发现系统默认设置和自己的使用习惯有很大的出入，包括显示外观、键盘和鼠标。而且有些应用程序很少能派上用场，有些急需使用的应用又找不到，学习添加和删除应用程序是摆在小明面前的一个新问题；同时，现在已经进入了信息化时代，仅仅使用键盘和鼠标不能满足生活学习需要，掌握打印机安装迫在眉睫。

那么，控制面板如何操作？怎样安装和设置打印机？如何进行系统优化和软件安装？带着这些问题，小明开始了新一轮的学习。

二、任务实现

1．控制面板设置

（1）更改显示外观

更改显示外观就是更改桌面、消息框、活动窗口和非活动窗口等的颜色、大小、字体等。默认状态下，系统使用的是“Windows 标准”的颜色、大小、字体等设置。用户也可以根据自己的喜好设计这些项目的显示方案。

更改显示外观的方法：在“控制面板”中单击查看方式“大图标”，单击“显示”图标，选择“外观”选项卡。

在显示界面有：调整分辨率，调整亮度，校准颜色，更改显示器设置，连接到投影仪，调整 ClearType 文本和设置自定义文本大小等选项。

（2）键盘和鼠标调整

鼠标和键盘是操作计算机时使用最频繁的设备，几乎所有的操作都要用到鼠标和键盘。在安装 Windows 7，时系统已自动对鼠标和键盘进行设置，但这种默认的设置可能不符合用户的使用习惯，用户可以按个人的喜好对鼠标和键盘进行设置。

① 调整鼠标。

调整鼠标的方法：在“控制面板”中双击“外观和主题”图标，单击左侧“鼠标指针”，打开“鼠际属性”对活框，如图 3-25 所示。

在“鼠标键”选项卡中，系统默认左键为主要键。但是有人习惯使用左手操作鼠标，这时就需要设置鼠标的左右键功能。方法很简单，只需在“鼠标属性”中，单击“鼠标键”按钮，勾选“切换主要和次要的按钮”复选项即可，如图 3-25 所示。

在“指针”选项卡中，“方案”下拉列表中提供了多种鼠标指针的显示方案，用户可以选择一种喜欢的鼠标指针方案；在“指针选项”选项卡中，在“移动”选项组中可拖动滑块调整鼠标指针的移动速度。在“可见性”选项组中，若选中“显示指针轨迹”复选项，则在移

动鼠标指针时会显示指针的移动轨迹。

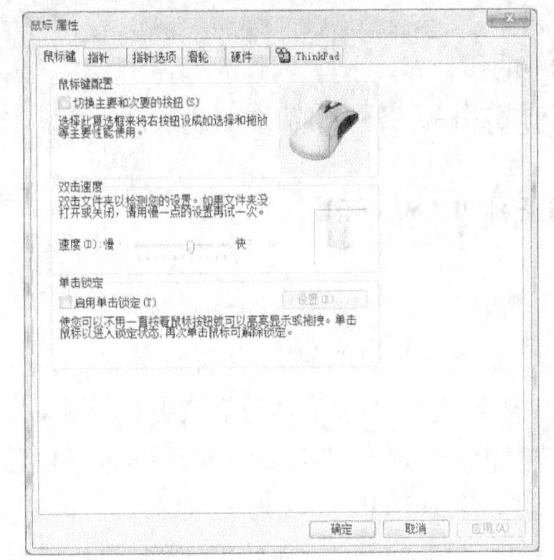

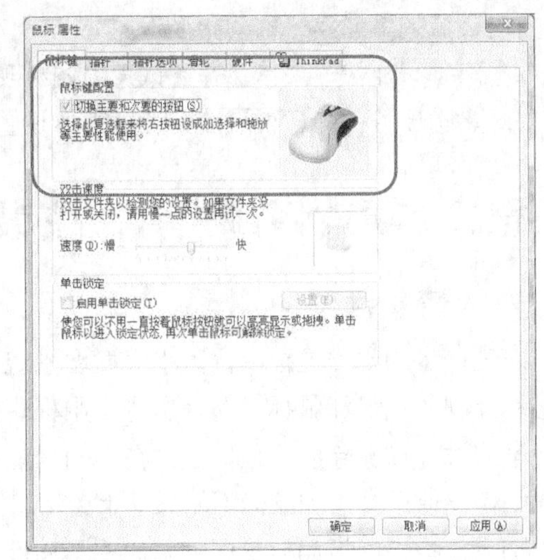

图 3-25　鼠标属性和调整鼠标键

② 调整键盘。

在“控制面板”中双击“键盘”图标，打开“键盘属性”对话框。

在“速度”选项卡的“字符重复”选项组中，拖动“重复延迟”滑块。可调整在键盘上按住一个键需要多长时间才开始重复输入该键，拖动“重复率”滑块，可调整输入重复字符的速率，在“光标闪烁频率”选项组中，拖动滑块，可调整光标的闪烁频率。

在“硬件”选项卡中显示了所用键盘的硬件信息，如设备的名称、类型、制造商、位置及设备状态等。

（3）设置日期和时间

更改日期和时间的方法是：在“控制面板”中双击“日期和时间”图标，打开“日期和时间属性”对话框，选择“时间和日期”选项卡，如图 3-26 所示。

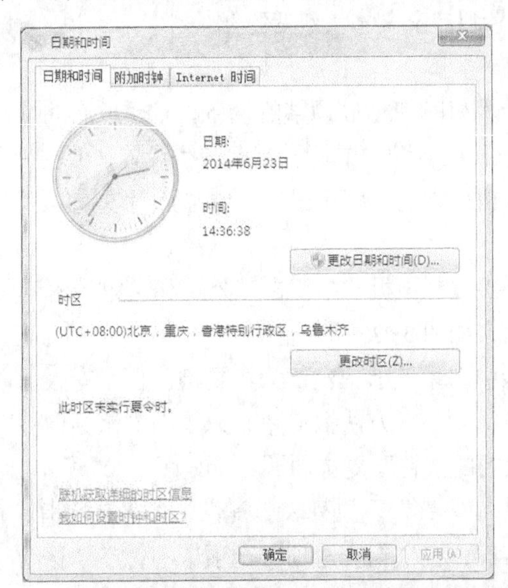

图 3-26　“时间和日期”选项卡

在“日期和时间”选项组中的“更改日期和时间”框中可调节准确的年份、日期和星期，以及准备的时分秒。

要想免去自己调节时钟的麻烦，可以设置与网络时间同步，只需打开“Internet 时间”选项卡，在“更改设置”中勾选“与 Internet 时间服务器同步”复选项即可，如图 3-27 所示。

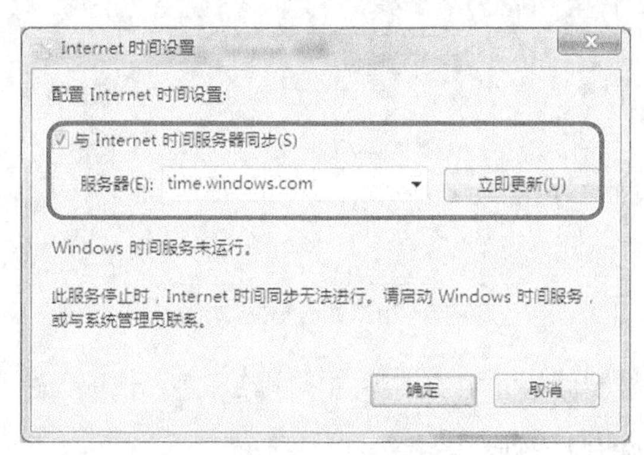

图 3-27 同步设定

（4）添加／删除硬件

用户使用计算机的过程中，会因为工作和学习的需要而添加各种新硬件。安装新硬件包括两个步骤：第一步将要添加的硬件与计算机连接，第二步进行硬件驱动程序安装。

何谓驱动程序?计算机有些硬件设备不是一连接到计算机上就能用，而需要一种与计算机进行沟通的语言，即需要软件配合，“软硬兼施”才能使硬件正常工作，更好地发挥硬件性能，这种程序就叫做“驱动程序”，它通常由硬件生产商提供。

Windows 7 提供了强大的“即插即用”功能，它自带了许多计算机常用硬件的驱动程序，并且都通过了微软公司的兼容测试，能确保和 Windows 7 系统兼容。

当用户在自己的计算机上连接了新的硬件设备后，Windows 7 系统会自动检测到“即插即用”的硬件设备并安装其驱动程序，而且以默认值设置这些硬件设备，对于一些非“即插即用”的硬件驱动程序需要用户进行手动的安装。

当用户所使用硬件的驱动程序不在 Windows 7 系统的硬件列表中，可以从磁盘进行安装。

Windows 7 操作系统功能强大，但内置的一些有限的应用程序却远远满足不了实际需求。因此，用户还需要安装自身需要的应用程序，对于不再需要的应用程序，也应及时删除。

a. 安装应用程序。

正规的软件在程序安装目录下有一个名为 setup. exe 的可执行文件，运行这个文件，按照屏幕上的提示步骤操作，即可完成程序的安装。

在 Windows 7 中没有完全安装的 Windows 组件，则可以通过“控制面板”中“程序”中的“打开或关闭 Windows 功能”，如图 3-28 所示。

b. 删除应用程序。

如果某些应用程序长时间内不再使用且硬盘空间有限，可以考虑删除此程序。

很多应用程序在计算机中安装后，“程序”菜单中的子菜单中都有该软件的卸载程序，选中该应用程序的卸载程序，即可从计算机中删除应用程序。

图 3-28 Windows 功能

用户也可以使用“控制面板”中的“添加／删除程序”选项，进行应用程序的卸载。

2．安装打印机、设置打印机共享

随着时代的进步，键盘、显示器等传统的输入输出设备已经不能够满足广大用户的需求，例如打印文档、输入图片，于是，打印机等外设应运而生。下面我们就来学习打印机的安装和设置方法。

（1）安装和连接打印机

打印机的型号非常多，但用户使用的大多是 USB 接口的。USB 接口打印机的优点是可以即插即用、速度快。也就是说，当把打印机连接到计算机的 USB 接口时，计算机会自动发现并安装该打印机，且能够正常使用。另外，USB 接口的打印机可以在计算机开机的情况下随时拔下来或插进去，而不会损坏计算机，其他接口的打印机（如并口打印机和串口打印机）则不能这样做。

打印机的安装分为两个部分，即硬件的连接和驱动的安装。相对而言，硬件的连接比较简单（正确连接 USB 端口），而驱动的安装稍微复杂一些。不过，安装打印机驱动程序是“傻瓜化”操作，所以很容易安装。

（2）驱动程序的安装

是不是将打印机与计算机连接在一起后，就能开始打印了呢？显然不是，因为这个时候计算机还不“认识”打印机，也还不能指挥打印机。只有在安装了打印机驱动程序之后，计算机跟打印机才能真正达成一体，才能够把计算机中的文档或图片打印出来。

打印机驱动程序的安装方式一般有两种，一是打印机随机提供了安装程序，只需将光盘放入计算机光驱中，光盘即自动运行，根据提示操作即可开始安装打印机驱动程序，二是手动添加打印机驱动程序。

下面以惠普 HP1020 激光打印机为例，简单介绍即插即用打印机本地安装和网络安装的方法。

（3）本地打印机安装方法

STEP 1 首先把随机配送光盘放进光驱，如果要安装打印机的电脑没有光驱的话，也可以直接把文件拷到 U 盘，再放到该电脑上即可。

STEP 2 如果由光盘启动的话，系统会自动运行安装引导界面，如图 3-29 所示。如果是拷贝文件，则需要找到 launcher.exe 文件，双击运行。

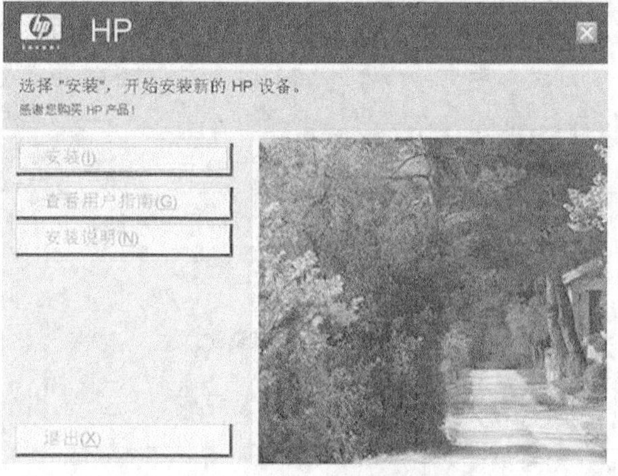

图 3-29 自动运行的安装引导界面

STEP 3 系统会提示是安装一台打印机还是修复本机程序，如果是新的打印机，则先添加选项，如果修复程序，则点“修复”复选项，如图 3-30 所示。

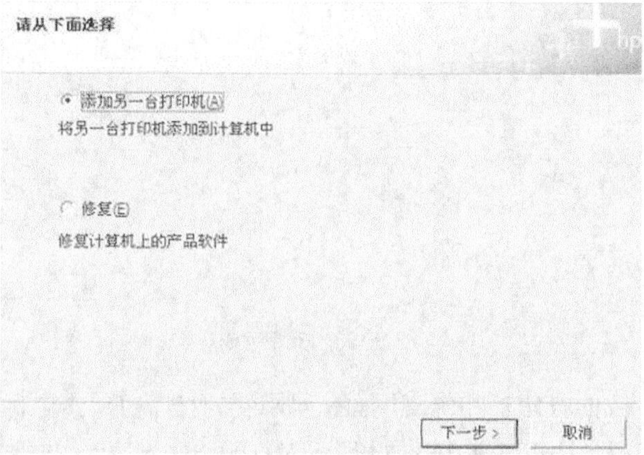

请从下面选择

添加另一台打印机(A)

将另一台打印机添加到计算机中

修复(E)

修复计算机上的产品软件

下一步 >　取消

图 3-30 添加打印机或修复打印机程序

STEP 4 接着系统会提示你把打印机插上电源，并连接到电脑，如图 3-31 所示。

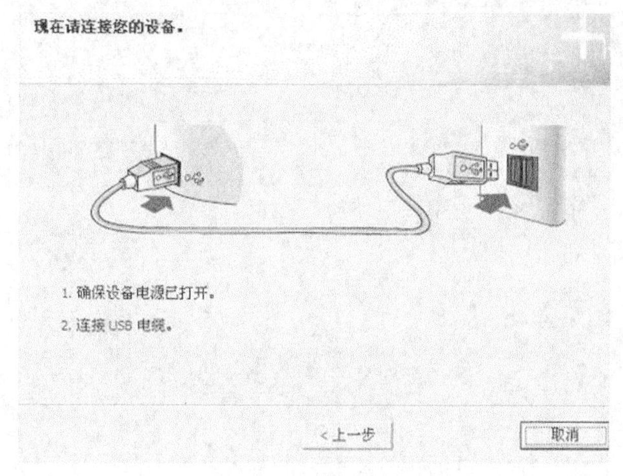

图 3-31 连接打印机

STEP 5 此时把打印机和电脑连上，并打开开关即可，然后系统即会在本机上安装驱动，如图 3–32 所示。

图 3–32 安装驱动

STEP 6 如图 3–33 所示，安装完后提示安装完成。

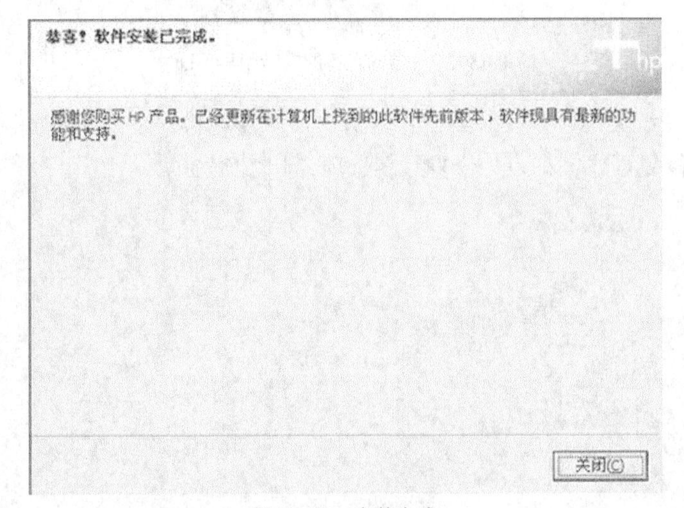

图 3–33 安装完成

STEP 7 进到我的打印机和传真里面，对刚装的打印机单击鼠标右键选择“属性”选项，单击“打印测试页”按钮，如图 3–34 所示。打印出来则表示你的打印机安装成功了。

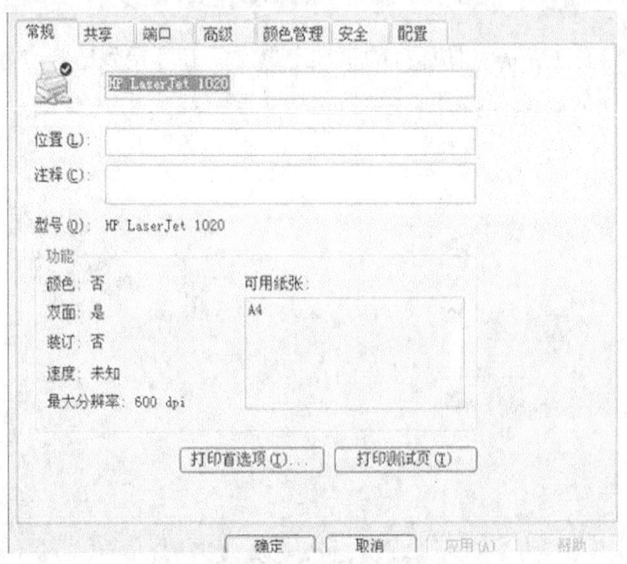

图 3–34 打印测试页

（4）网络打印机安装方法

网络打印机安装相对于本地打印机来说简单多了，无须使用驱动盘，也无须连接打印机，只要你的机器能连上共享打印机即可，前提是本机上打印机已设定网络共享，如图 3-35 所示。

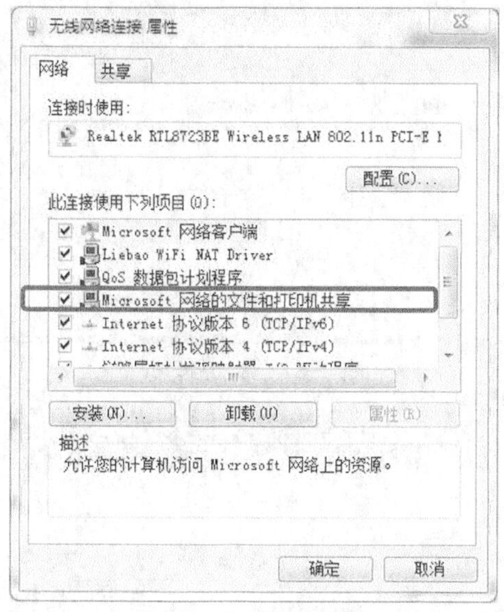

图 3-35　打印机的网络共享协议

STEP 1 如图 3-36 所示，打开控制面板，选择打印机与传真，单击 “添加打印机” 按钮。

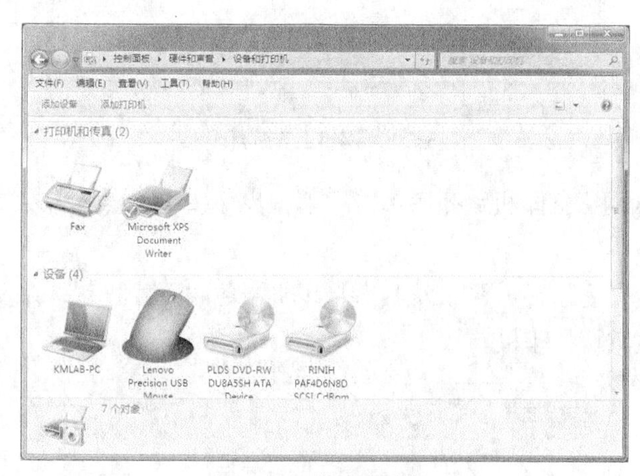

图 3-36　添加打印机

STEP 2 弹出添加打印机向导窗口，直接单击“下一步”按钮。

STEP 3 提示要安装的打印机选项，选择“网络打印机”后单击“下一步”按钮，如图 3-37 所示。

STEP 4 如图 3-38 所示，弹出网络打印机的查找方式，这里说一下最简单的局域网内查找打印机。

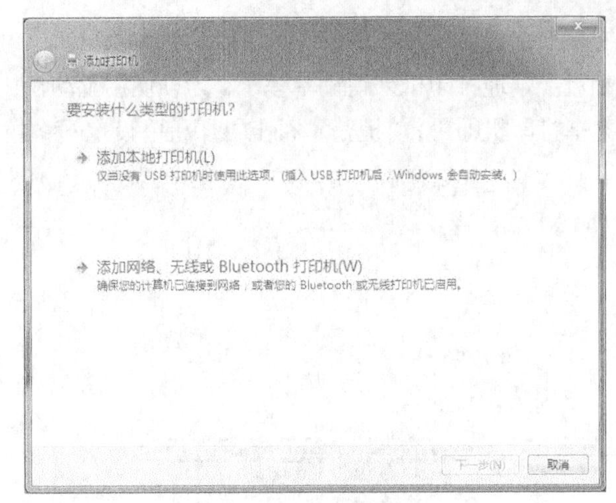

图 3-37　添加打印机

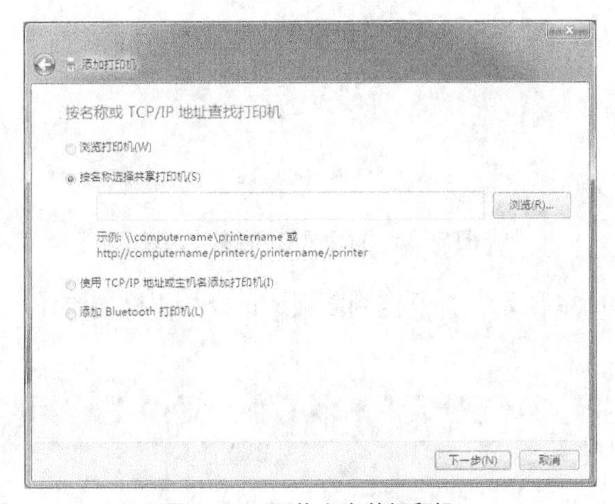

图 3-38　网络上安装打印机

STEP 5 输入网络打印机路径后单击“下一步”按钮，会弹出安装打印机提示，如图 3-39 所示。

STEP 6 选择“是”后，系统从共享打印机服务端下载驱动，并安装到本地，安装完后会提示是否设置成默认打印机。

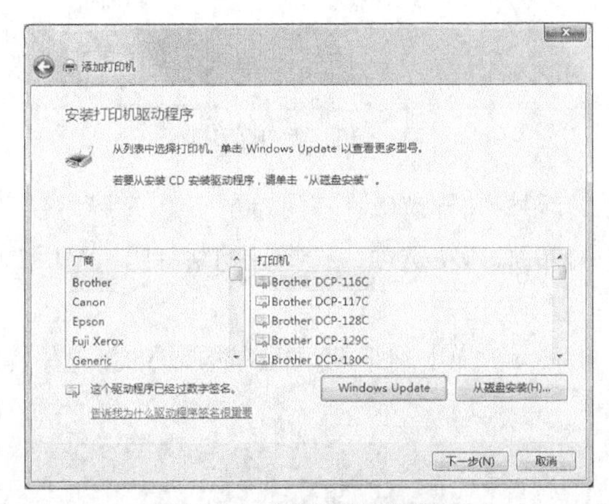

图 3-39　安装打印驱动程序

STEP 7 直接单击“下一步”按钮后完成网络打印机安装。

3．安装软件

常用软件安装步骤（以下载软件迅雷为例）如下所述。

STEP 1 下载迅雷应用程序安装包。

STEP 2 双击迅雷应用程序安装包，单击“运行”按钮，并选择“接受”安装协议，如图 3-40 所示。

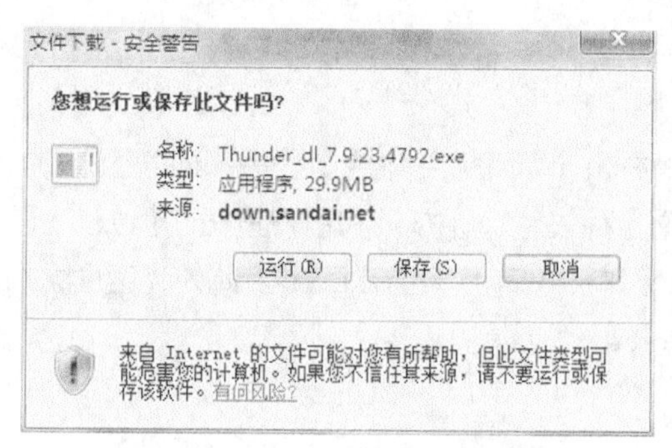

图 3-40 弹出的程序安装安全警告

STEP 3 如图 3-41 所示，看到“完成”后单击“完成”按钮。

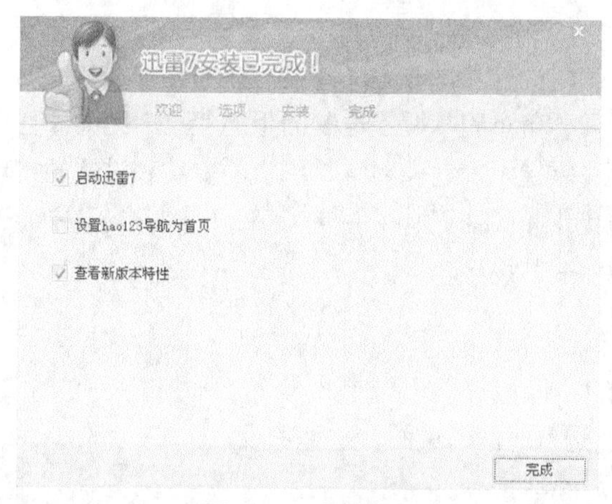

图 3-41 安装完成

关于软件安装，还有两点需要注意：一是在选择安装路径时，最好用一个盘存放安装的软件，并将不同的软件放在不同的文件夹中，以方便管理，避免冲突。二是软件安装过程中，界面会提示安装附加软件，需要根据自己情况进行选择，决不能一直“下一步”，而忽略了这些选项的存在。

另外，值得注意的是，同类软件选择一款安装即可，否则有害无益，原因是其很可能发生冲突而造成系统运行的不正常，而造成不正常之后又是很难解决的。

三、相关知识

1．控制面板

控制面板是计算机用户进行系统设置的工具。在 Windows 7 中进行的外观设计、硬件和软件设置等管理工作都在控制面板中进行，用户可以使用控制面板小的工具调整系统显示的时间、日期、数字的格式，可以定义任务计划以使系统按照预先设定好的时间自动执行常用的应用程序等。

2．msconfig

msconfig 即系统配置实用程序，在“开始”菜单里的“运行”中输入，然后确认就可以找到程序开启或者禁用，可以帮助电脑禁止不需要运行的程序，这样可以加快电脑的运行速度。

3．组策略

组策略是管理员为用户和计算机定义并控制程序、网络资源及操作系统行为的主要工具。通过使用组策略可以设置各种软件、计算机和用户策略。例如，可使用“组策略”从桌面删除图标、自定义“开始”菜单，并简化“控制面板”。此外，还可添加在计算机上运行的脚本，甚至可配置 Internet Explorer。

4．注册表

注册表是 Windows 操作系统中的一个核心数据库，其中存放着各种参数，直接控制着 Windows 的启动、硬件驱动程序的装载，以及一些 Windows 应用程序的运行，从而在整个系统中起着核心作用。

四、任务小结

经过这一阶段的学习，黄小明掌握了控制面板的使用，比如如何更改显示，调整键盘和鼠标，设置时间和日期；掌握了本地和网络打印机的安装和设置的技巧，初步对 msconfig、组策略、注册表等系统优化相关知识有了一定了解；同时，经过安装迅雷软件的实战练习，掌握了常用软件的下载和安装技巧。

五、随堂练习

1. 尝试安装一次打印机。
2. 打开控制面板，进行时间、桌面、主体等设置。

任务四　使用各种文件操作

一、情境设计

随着学习的深入，黄小明发现自己电脑乱七八糟的程序文件很多，有时为了找一个亟需使用的文件翻遍了整个磁盘都找不到，这让小明又急又恨，心想如果一开始使用电脑时就给文件归类，也就不至于到要用某个文件时束手无策，掌握文件操作就显得尤为重要了。

那么，什么是资源管理器？它有哪些作用？如何浏览、选定、创建文件和文件夹？如何移动、复制、重命名和删除文件和文件夹？如何设置文件和文件夹的属性？如何设置文件打开方式？将是本任务的学习重点。

二、任务实现

1．使用 Windows 资源管理器

（1）资源管理器的打开方式

文件是计算机中存储信息的载体，文件夹则是文件的载体，对计算机的所有管理工作是通过对文件和文件夹进行操作来实现的。以下是几种打开资源管理器的方法。

① 单击“开始”菜单上的“Windows 资源管理器”图标，即可打开资源管理器窗口，如图 3-42 所示。

图 3-42　资源管理器菜单

② 双击桌面“计算机”图标，即可打开资源管理器窗口。

如图 3-43 所示，资源管理器包括文件夹窗格和文件夹内容窗格，左侧的文件夹窗格以树形目录显示本地文件夹和网络驱动器，右侧的文件夹内容窗格则显示左侧打开文件夹的内容。

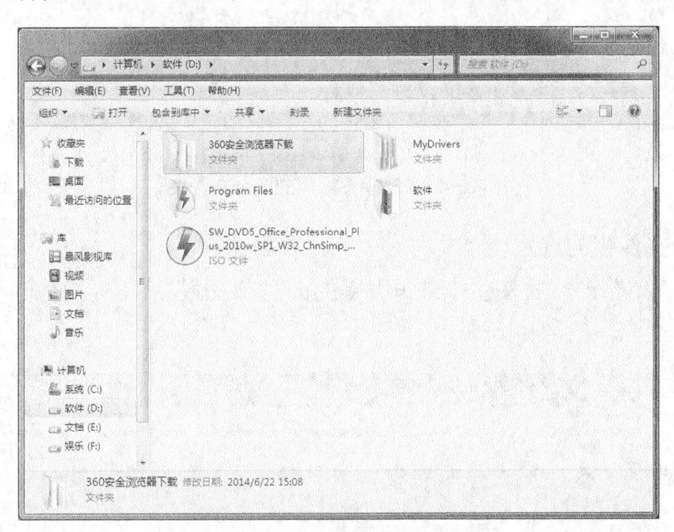

图 3-43　打开后的资源管理器

（2）关闭资源管理器

退出资源管理器可以通过以下几种方式实现。

- 在标题栏的右侧单击“关闭”按钮。
- 双击标题栏左侧的控制图标。
- 单击“文件”菜单，然后从下拉菜单中选择“关闭”命令。

2．管理文件和文件夹

（1）选定文件和文件夹

在日常操作中，经常要进行多个文件的复制、移动、删除等工作，首先要选定文件或文件夹。

① 选定单个文件夹。

相对于其他操作而言最为简单，单击文件夹即可。

② 不相邻的多个文件夹的选定。

在资源管理器中找到要选定的文件，单击第一个文件，按住【Ctrl】键，同时单击其他需要选定的文件，全部选定后释放【Ctrl】键即可。如有误选的，按住【Ctrl】键的同时再单击要取消的文件即可，如图 3-44 所示。

图 3-44　选择不相邻的多个文件夹

③ 相邻多个文件夹的选定。

先单击第一个文件，然后按住［Shift］键的同时单击最后一个文件，这两个文件之间的全部文件将被选定，如图 3-45 所示。

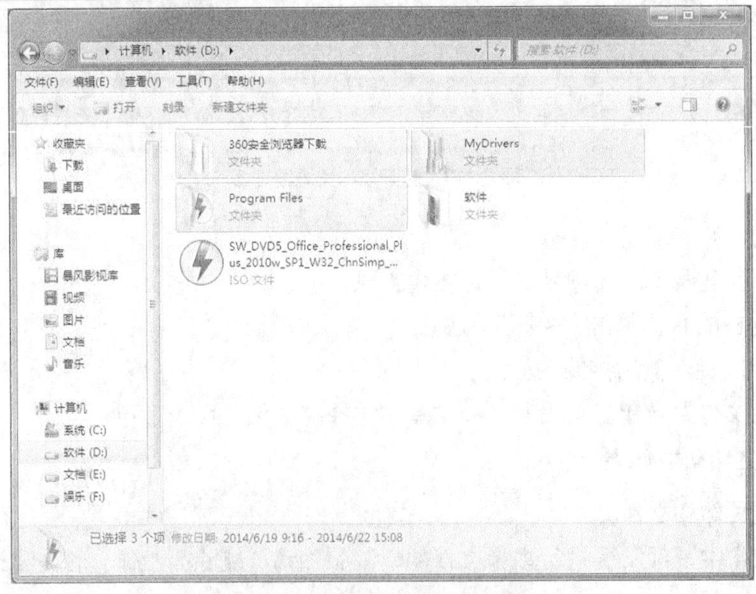

图 3-45　选定相邻多个文件夹

④ 全部文件夹的选定。

如果要将一个文件夹内的内容全部选定，首先打开该文件夹，然后单击“编辑”菜单，从下拉菜单中选择“全选”命令即可。全部选择的快捷键是［Ctrl+A］，这也可以选定打开文件夹内的全部文件，如图 3-46 所示。

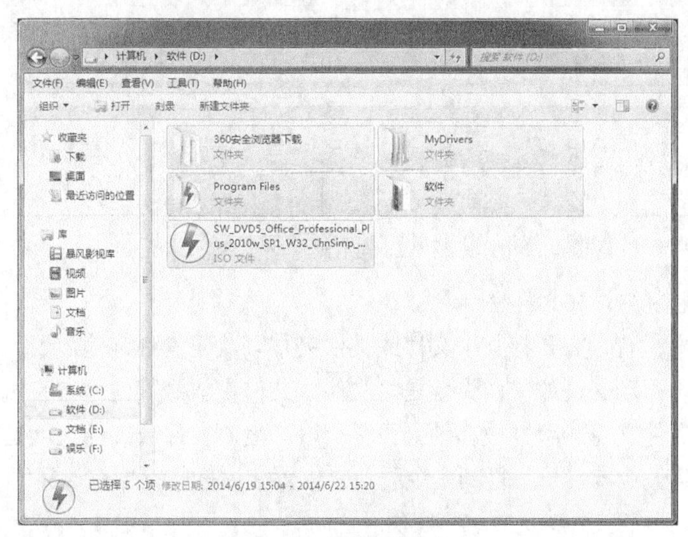

图 3-46　选择所有文件夹

（2）创建文件夹

可以创建新的文件夹来存放具有相同类型或相近形式的文件，创建新文件夹可执行下列操作步骤。

STEP 1 双击“计算机”图标，打开“计算机”窗口。

STEP 2 双击要新建文件夹的磁盘，打开该磁盘。

STEP 3 空白处单击鼠标右键，选择“新建”→“文件夹”命令，即可新建一个文件夹，如图 3-47 所示。

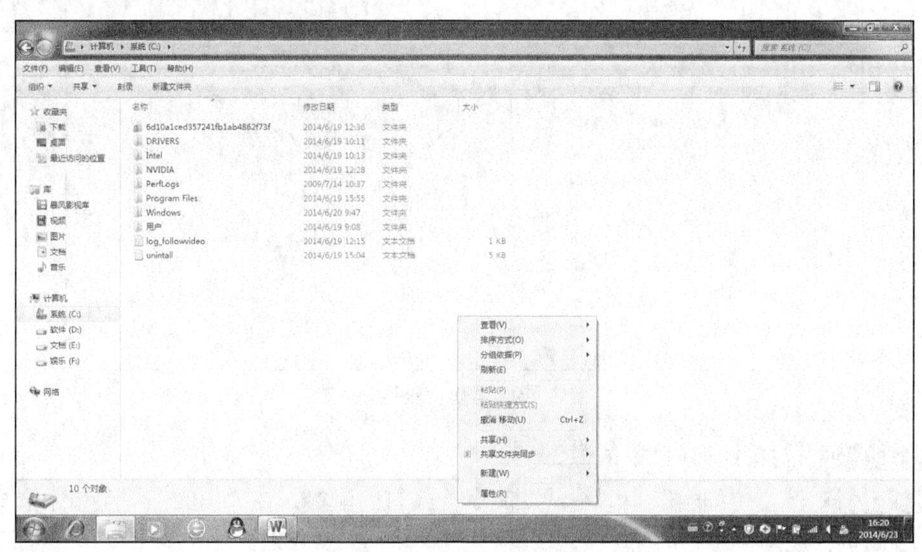

图 3-47　使用“新建”菜单命令

STEP 4 在新建的文件夹名称文本框中输入文件夹的名称“下载程序”，按 [Enter] 键或单击窗口的其他位置即可，如图 3-48 所示。

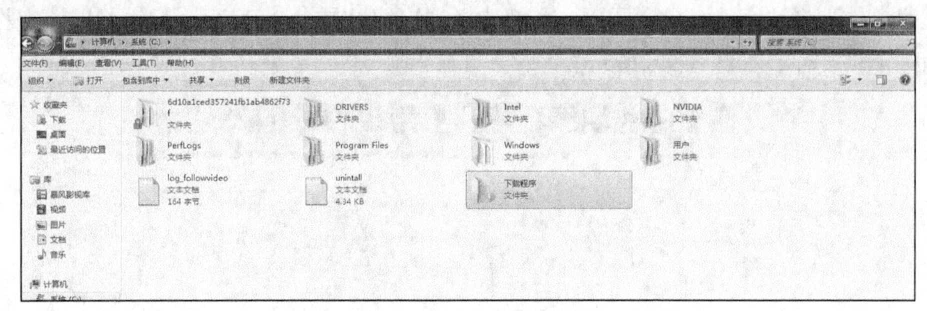

图 3-48　重命名后的文件夹

（3）移动、复制文件和文件夹

在实际应用中，有时需要将某个文件或文件夹移动或复制到其他位置，这时就需要用到移动或复制命令。移动文件或文件夹就是将文件或文件夹放到其他地方，执行移动命令后，原位置的文件或文件夹将删除并被移动到目标位置。复制文件或文件夹就是将文件或文件夹复制一份，放到其他位置，执行复制命令后，原位置和目标位置均有该文件或文件夹。

移动和复制文件、文件夹的操作步骤如下。

STEP 1 选择要进行移动或复制的文件或文件夹。

STEP 2 选择“编辑”→“剪切”或“复制”命令，或右击鼠标，在弹出的快捷菜单中选择“剪切”或“复制”命令，如图 3-49 所示。

图 3-49　剪切、复制文件

STEP 3 选择并打开目标位置。

STEP 4 选择“编辑”→“粘贴”命令，或右击鼠标，在弹出的快捷菜单中选择“粘贴”命令即可，如图 3-50 所示。

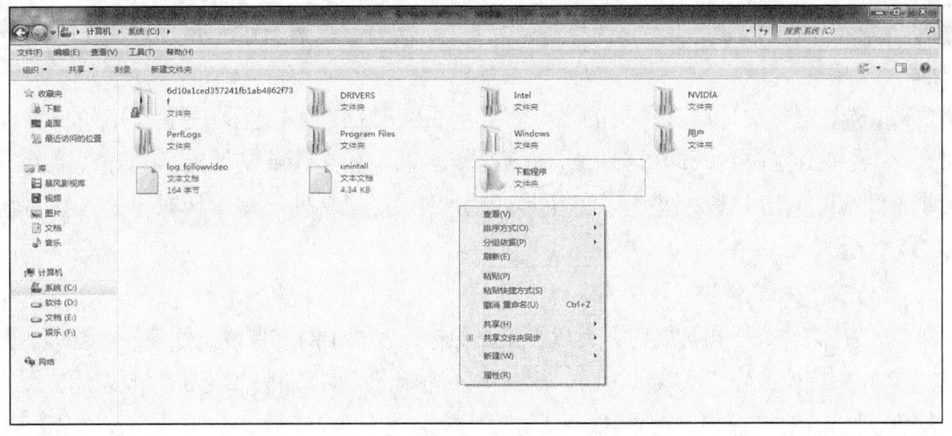

图 3-50　选择粘贴

也可用拖动的方式来移动和复制文件、文件夹，具体操作步骤如下。

STEP 1 打开文件所在的文件夹窗口，并选中要移动的文件和文件夹。

STEP 2 使目的文件夹可见。此时，如果欲移动到的目的位置不可见，可打开另外一个资源管理器窗口。

STEP 3 如果是在不同的驱动器之间移动文件，先按住【Shift】键，再将选定的所有图标拖曳到目的位置，否则只是进行文件的复制；在同一驱动器上移动文件时，直接拖动即可；用拖动的方式来复制文件时，先按住【Ctrl】键，再将选定的文件拖动到目的位置。

STEP 4 当欲移动到的目的驱动器（文件夹）反白显示时，释放鼠标，即可完成对文件夹的移动。

如图 3-51 所示。使用“文件”菜单中的“复制到文件夹”和“移动到文件夹”命令也可以完成上述操作。

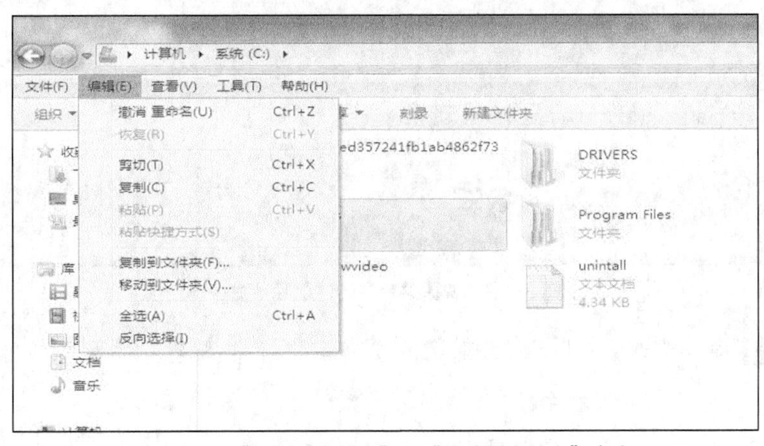

图 3-51　“复制到文件夹”和“移动到文件夹”命令

（4）重命名文件和文件夹

重命名文件或文件夹就是给文件或文件夹重新设置一个新的名称，使其可以更符合用户的要求。重命名文件或文件夹的具体操作步骤如下。

STEP 1 选择要重命名的文件或文件夹。

STEP 2 选择“文件”→“重命名”命令，或单击鼠标右键，在弹出的快捷菜单中选择“重命名”命令。

STEP 3 这时文件或文件夹的名称将处于可编辑状态（蓝色反白显示），用户可直接输入新的名称后单击空白处，即可完成重命名操作。也可在文件或文件夹名称处直接单击两次（两次单击间隙时间应稍长一些，以免使其变为双击），使其处于编辑状态，键入新的名称即可进行重命名操作。

（5）删除文件和文件夹

有的文件或文件夹不再需要时，就可将其删除掉，以利于对文件或文件夹进行管理。删除后的文件或文件夹将被放到“回收站”中，用户可以选择将其彻底删除或还原到原来的位置。

删除文件或文件夹的操作步骤如下。

STEP 1 选定要删除的文件或文件夹。

STEP 2 选择“文件”→“删除”命令。或右击文件（文件夹），在弹出的快捷菜单中选择“删除”命令，如图 3-52 所示。

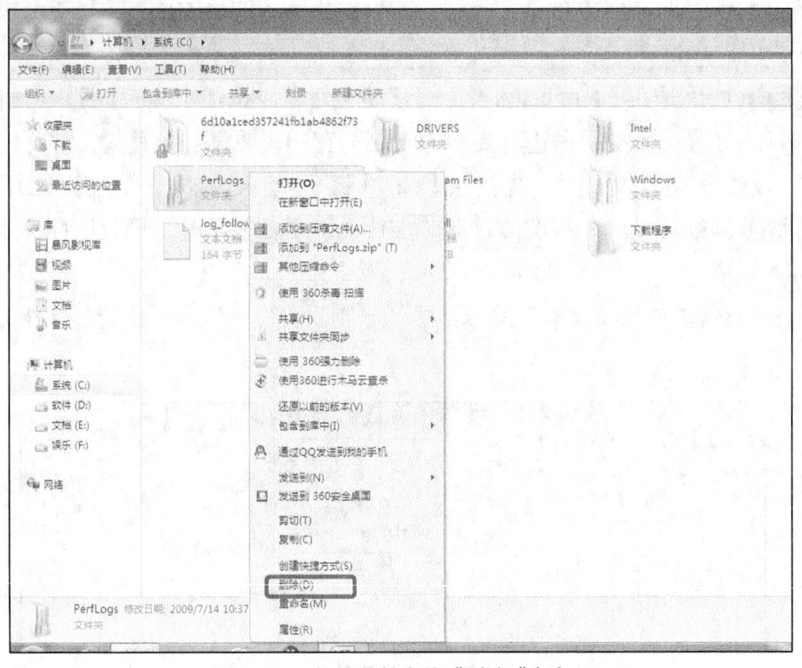

图 3-52　快捷菜单中的“删除“命令

STEP 3 弹出“确认文件删除”对话框或“确认文件夹删除”对话框，如图 3-53 所示。

图 3-53　确认删除对话框

STEP 4 若确认要删除该文件或文件夹，可单击“是”按钮；若不删除该文件或文件夹，可单击“否”按钮。从网络位置、可移动媒体删除的项目或超过“回收站”存储容量的项目将不被放到“回收站”中，而被彻底删除，不能还原。

（6）设置文件和文件夹的属性

① 文件和文件夹的加密。

文件和文件夹对于公用的计算机，任何用户都可以轻松访问其中的数据文件，为避免敏感的数据被其他用户窥视，最简单的办法就是编辑之后发送到自己的电子信箱，然后删除磁盘中的内容。除此之外，更好的方案是利用 Windows 7 的加密文件系统（EFS），该系统具有安全、易用、快速的特点。其安全性表现在其他用户必须借助密码才能访问加密文档，否则无法阅读或复制文件和文件夹中的内容；易用性表现在仅通过鼠标操作就可加密和解密文档，而加密和解密过程对用户完全透明；快速性表现在用户可以像访问普通文档那样打开加密文档，在速度上不会有迟滞表现。具体设置的操作步骤如下。

STEP 1 在 Windows 资源管理器中，右击欲加密的数据文件或文件夹，在弹出的快捷菜单中选择“属性”命令，打开图 3-54 所示的文件夹属性对话框。

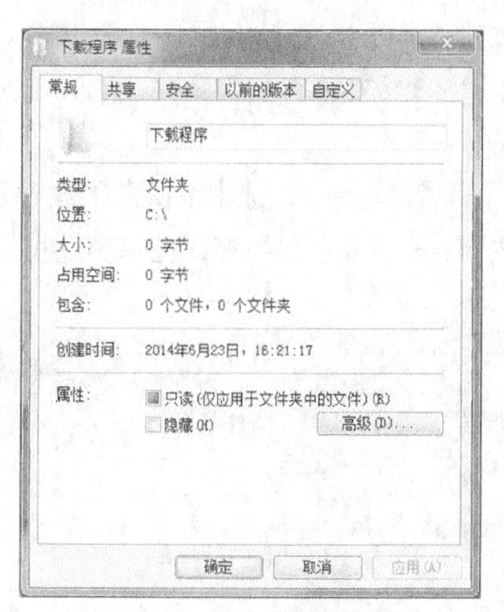

图 3-54 文件夹属性对话框

STEP 2 单击“高级”按钮，弹出图 3-55 所示“高级属性”对话框，选中“加密内容以便保护数据”复选项。

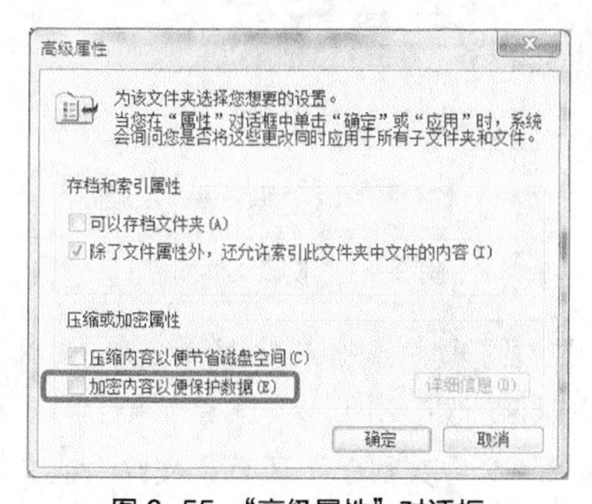

图 3-55 “高级属性”对话框

STEP 3 依次单击“确定”按钮，保存加密设置。

提示：在使用 EFS 时，应注意以下几点。

- 只有 NTFS 卷上的文件或文件夹才能被加密，因此，格式化硬盘时必须采用 NTFS 文件系统。
- 将加密的文件复制或移动到非 NTFS 格式的卷上，该文件将会被解密。
- 被压缩的文件或文件夹不可以加密，当加密一个压缩文件或文件夹时，文件夹将被解压缩。
- 将非加密文件移动到加密文件中时，这些文件将在新文件夹中自动加密。然而，当执行反向操作，即将加密文件夹移动到非加密文件夹时，不能自动解密文件。
- 标记为“系统”属性的文件和位于 SYSTEMROOT 目录结构中的文件无法被加密。
- 被加密的文件夹或文件并不能防止被删除或显示在 Windows 资源管理器中。因此，拥有相应权限的用户可以删除或列出已加密的文件、文件夹。所以，建议结合 NTFS 权限使用 EFS，并将重要的数据文件存储于安全位置。

② 文件和文件夹的隐藏。

所有人都不想别人看见或随意修改、删除自已的私密文件。于是各种隐藏文件和文件夹的软件也就应运而生，其实只要修改文件的系统属性就能轻松实现文件的简单隐藏。具体操作步骤如下。

STEP 1 在 Windows 资源管理器中，选中欲隐藏的文件夹。

STEP 2 右击欲加密的数据文件或文件夹，在弹出的快捷菜单中选择“属性”命令，出现文件属性对话框。

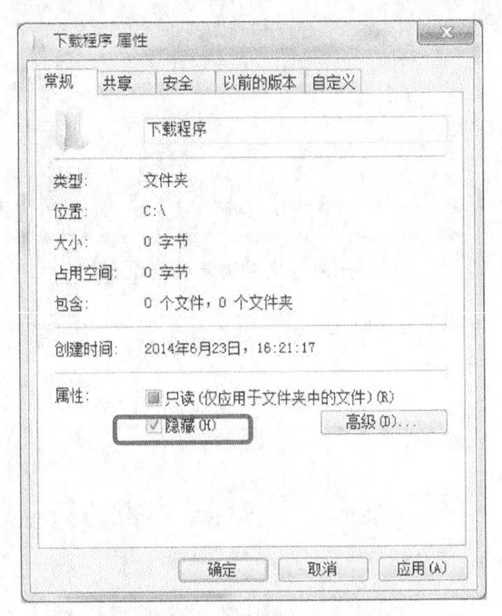

图 3-56 设置文件属性

STEP 3 勾选“隐藏”复选项，如图 3-56 所示。单击“确定”按钮，弹出图 3-57 所示对话框。该对话框中有“仅将更改应用于该文件夹”和“将更改应用于该文件夹、子文件夹和文件”两个单选项，如果该文件夹目录下还有子文件夹或文件，建议选中“将更改应用于该文件夹、子文件夹和文件”单选项。

STEP 4 单击"确定"按钮，完成对文件夹隐藏的设置。

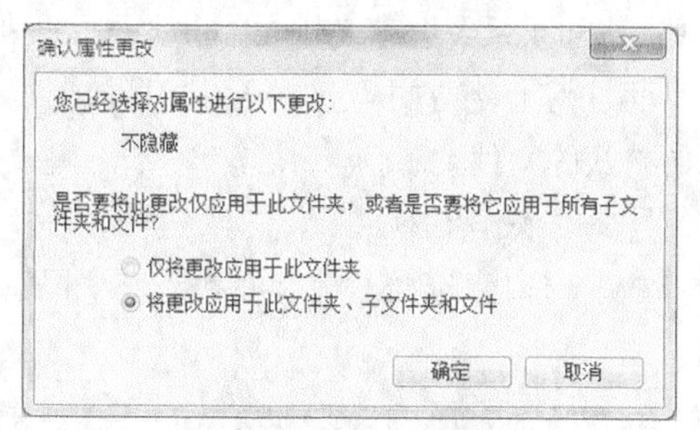

图 3-57　确认属性更改

隐藏的文件和文件夹将显示为淡色。通常情况，系统默认隐藏的文件是不能被更改或删除的程序或系统文件。如果要显示其他的隐藏文件，可取消选择"文件夹选项"对话框中的"隐藏受系统保护的操作系统文件（推荐）"复选项。如果用户知道隐藏文件成文件夹的名称，可以通过"搜索"功能找到该隐藏文件。

（7）设置文件打开方式

当 Windows 7 不确定要用什么程序来打开文件时，会提示用户通过"打开方式"命令选择一个替代程序，使用这种方式即可达到临时更换一种文件关联的目的。

设置图片文件的打开方式的操作步骤如下。

STEP 1 选中需要打开的图片文件，右击该文件，通常隐藏的"打开方式"命令将显示在快捷菜单中，选择其中的"选择程序"命令，即可打开对话框。

STEP 2 从"程序"列表框中选中"画图"选项，单击"确定"按钮后，系统将以"画图"程序打开图片。如果列表中没有可以临时使用的应用程序，单击"浏览"按钮寻找。

如果只是临时更改打开方式，则无须选中"始终使用选择的程序打开这种文件"复选项，否则将会彻底改变文件的关联。一旦错误选中了"始终使用选择的程序打开这种文件"复选项，可以通过"文件夹选项"更改，方法是在图 3-58 所示"文件夹选项"对话框中进行设置，在其中不仅可以删除文件的关联，还可以新建关联。

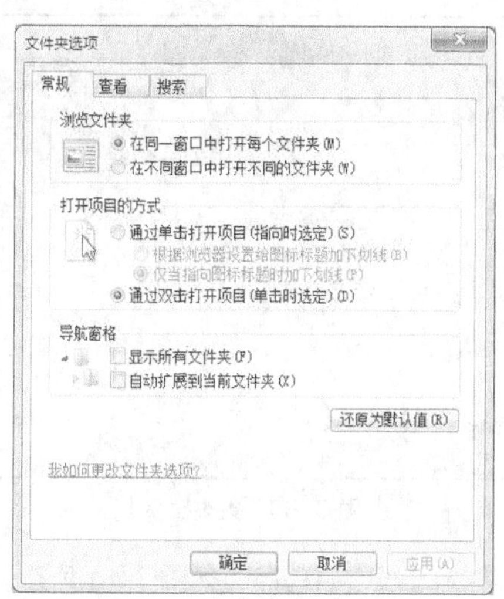

图 3-58　"文件夹选项"对话框

下面以设置 WMV 格式的视频文件为例，说明如何新建一个新的文件关联。通常当用户双击 WMV 视频文件时，Windows 7 系统会自动用 Windows Media player 打开文件并播放。但是它占有的系统内存较大，而且网上免费的第三方开发的播放器很多，功能也比它多，完全可以使用它们来播放 WMV 格式的文件。

要修改一个文件关联，具体的操作步骤如下。

STEP 3 打开“计算机”窗口，选择“控制面板”→“程序”→“默认程序”→“设置关联”，如图 3-59 所示。

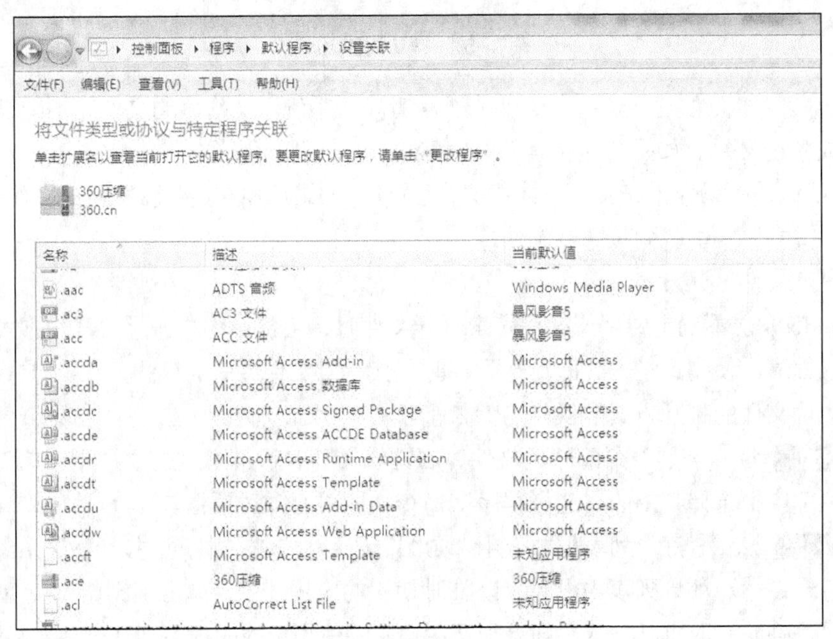

图 3-59 “设置关联”对话框

STEP 4 在“名称”选项卡中找到“WMV”，然后单击“更改程序”按钮，如图 3-60 所示。

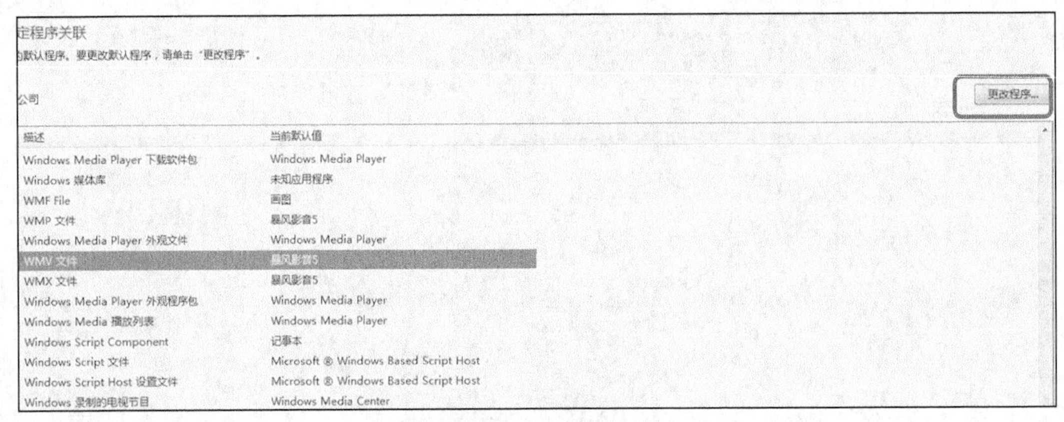

图 3-60 更改程序

STEP 5 在打开方式中选择相应的程序，如图 3-61 所示。

图 3-61　选择程序

即更改成功，以后系统都会始终使用选择的程序打开这种文件。

三、相关知识

1. 认识文件

文件是一组逻辑上相互关联的信息的集合，用户在管理信息时通常以文件为单位。文件可以是一篇文稿、一批数据、一张照片、一首歌曲，也可以是一个程序。

为了区别和使用文件，必须给文件起一个名字，叫文件名。文件名通常由主文件名和扩展名组成，中间以“.”连接，如 myfile.doc，扩展名常用来表示文件的数据类型和性质。下面是几种常见扩展名所代表的文件类型。

.com：命令文件。

.exe：可执行文件，应用程序文件。

.bat：自动批处理文件。

.sys：系统文件。

.ini：系统配置文件。

.txt：文本文件，内容由 ASCII 码组成文件。

.htm：网页文件。

.zip：压缩文件。

.jpg：jpg 格式的图像文件，一般数码相机中的照片就使用这种格式。

在 Windows 7 操作系统中，文件名最长可达 255 个字符，扩展名可以超过 3 个字符，一个文件名中还可以包含多个“.”分隔符，其中最后一个分隔符“.”后面的内容是扩展名。如 a.r.mvde.doc 是一个正确的文件名，其扩展名为 doc。此外，文件名中还可以包含汉字和空格，但不能包含 n、?、\、★、‘、)等字符。文件名中也不区分字母的大小写，例如文件 zuoye.doc 和 ZUOYE.DOC 表示的是同一个文件。

用户可以在文件名、扩展名中使用通配符“?”和“*”，达到一次指定一批文件，然后对它们进行删除、移动等操作，其中“?”表示任意一个字符，“*”表示任意长度的任意字符。下面通过例子进行说明。

. m 表示任意长度的任意字符。

. a? . com：主文件名第一个字符为“a”、主文件名为 2 个字符、扩展名为 com 的所有文件。例如， az.com、ax.com、aa.com 等文件，但不包括文件 aam.com、aai.com、amc.com 等。

. a*. com：主文件名的第一个字符为“a”，扩展名为 com 的所有文件。例如，a.com、aa.com、aaz.com、aaa.com、aaxi.com、axcvd.com 等。

. ?a*. exe：主文件名第二个字符为“a”，扩展名为 exe 的所有文件。例如 zax.exe、bax.exe、cadkfg.exe 等。

. *. txt：所有扩展名为 txt 的文件。

. *. *：所有文件。

2．浏览文件和文件夹

从资源管理器文件夹窗格中选项前面的节点图标可以看出文件夹的展开、折叠状态。注意用圈线标志的部分，它们分别表示以下两种情况。

“+”号代表该文件夹的子文件夹处于折叠状态，单击该文件夹左侧的“+”，文件夹就可以展开。

“-”号代表该文件夹中的子文件夹已经全部显示，单击文件夹左侧的“-”可以将该文件夹折叠。

如果想查看某一个文件夹，只要单击这个文件夹，右边的窗格中就会显示出该文件夹的所有内容。文件夹左侧没有节点图标，表明该文件夹是最后一层目录，不包含子文件夹。

四、任务小结

文件是计算机中存储信息的载体，文件夹则是文件的载体，对计算机的所有管理工作是通过对文件和文件夹进行操作来实现的。经过本项目的学习，小明熟练掌握了文件的操作方法，并养成了良好的使用文件的习惯，分门别类地建立不同的文件夹，用以管理不同的文件，免去了“大海捞针”式查找文件的麻烦，学习工作效率提高了不少。

五、随堂练习

1. 尝试 3 种以上的方法进行文件的复制。
2. 尝试给自己的个人文件夹分别进行加密和隐藏操作。

项目小结

本项目通过 4 个任务介绍一些使用操作系统的基础知识。通过对使用操作系统的常用操作介绍，帮助大家能熟练掌握 Windows 系统操作和控制、系统设置、软件安装和删除、文件操作等相关知识，从而全面认识和了解如何使用操作系统。这些知识都需要在实际操作中多多练习，才能做到熟能生巧。

项目练习

一、选择题

1. 在 Windows 中，复制当前打开的整个窗口的方法用按（　　）键来实现。

A. Print Screen　　B. Alt+Print Screen

C. Alt+F4　　D. Ctrl+Print Screen

2. 在 Windows 中，剪贴板是指（　　）硬盘上的一块区域。

A. 软盘上的一块区域　　B. 内存中的一块区域

C. 高速缓存中的一块区域　　D. 应用程序窗口中的一个图标

3. 在某个文档窗口中，已经进行了多次剪贴操作，当关闭了该文档窗口后，剪贴板中的内容为（　　）。

A. 第一次剪贴的内容　　B. 最后一次剪贴的内容

C. 所有剪贴的内容　　D. 空白

4. 一个应用程序窗口被最小化后，该应用程序将（　　）。

A. 被终止执行　　B. 暂停执行

C. 在前台执行　　D. 被转入后台执行

5. 当选好文件后，下列操作，（　　）不能删除文件。

A. 在键盘上按【Del】键

B. 用鼠标右键单击该文件夹，打开快捷菜单，然后从中选择“删除”命令

C. 在“文件”菜单中选择“删除”命令

D. 用鼠标右键双击该文件

6. 下列操作中，能在各种中文输入法间切换的是（　　）。

A. 用【Ctrl+Shift】键

B. 用鼠标右键单击输入方式切换按钮

C. 用【Shift+空格】键

D. 用【Alt+Shift】键

7. 选用中文输入法后，可以用（　　）实现全角和半角的切换。

A. 按 Caps Lock 键　　B. 按 Ctrl+圆点键

C. 按 Shift+空格键　　D. 按 Ctrl+空格键

8. 在 Windows 操作中，可按（　　）键取消本次操作。

A. Ctrl　　B. Esc

C. Shift　　D. Alt

9. 借助剪贴板在两个 Windows 应用程序之间传递信息时，在资源文件中选定要移动的信息后，在“编辑”菜单中选择（　　）命令，再将插入点置于目标文件的希望位置，然后从“编辑”菜单中选择“粘贴”命令即可。

A. 清除　　B. 剪切

C. 复制　　D. 粘贴

10. 在对话框中，如果想在选项上向后移动，可以使用快捷键（　　）。

A. Ctrl+Shift　　B. Ctrl+Tab

C. Alt+Tab　　D. Shift+Tab

11. 在 Windows 中，可以通过按快捷键（　　）激活程序中的菜单栏。

A. Shift　　B. Esc　　C. F10　　D. F4

12. 退出当前应用程序的方法是（　　）。

A. 按【Esc】键　　B. 按【Ctrl+Esc】键

C. 按【Alt+Esc】键　　D. 按【Alt+F4】键

13. 显示当前窗口的系统菜单的快捷键是（　　）。

A. Alt+空格键　　B. Ctrl+空格键

C. Shift+空格键　　D. Alt+Esc

14. 操作系统的主要功能包括（　　）。

A. 运算器管理、存储器管理、设备管理、处理器管理

B. 文件管理、处理器管理、设备管理、存储管理

C. 文件管理、设备管理、系统管理、存储管理

D. 管理器管理、设备管理、程序管理、存储管理

15. Windows“任务栏”上存放的是（　　）。

A. 当前窗口的图标　　B. 已启动并正在执行的程序名

C. 所有已打开的窗口的图标　　D. 已经打开的文件名

16. Windows 的“开始”菜单包括 Windows 系统的（　　）。

A. 主要功能　　B. 全部功能

C. 部分功能　　D. 初始化功能

17. 下列操作不属于鼠标操作方式的是（　　）。

A. 单击　　B. 拖放

C. 双击　　D. 按住【Alt】键拖放

18. 下列说法正确的是（　　）。

A. 将鼠标定在窗口的任意位置，按住鼠标左键不放，任意拖动，可以移动窗口

B. 单击窗口右上角的标有一条短横线的按钮，可最大化窗口

C. 单击窗口右上角的标有两个方框的按钮，可最小化窗口

D. 用鼠标拖动窗口的边和角，可任意改变窗口的大小

19. 当桌面上有多个窗口时，这些窗口（　　）。

A. 只能重叠

B. 只能平铺

C. 既能重叠，也能平铺

D. 系统自动设置其平铺或重叠，用户无法改变

20. 要卸除一种中文输入法，可在下列哪个窗口中进行（　　）。

A. 控制面板　　B. 资源管理器

C. 文字处理程序　　D. 计算机

二、操作题

1. 在桌面上新建一个文件夹，并命名为 “项目三操作题”。

搜索 C 盘下第三个字母是 C 的所有文本文件，并将其复制到新建的“项目三操作题”文件夹中。

在“项目三操作题”文件夹下建立名为“百度”的快捷方式，地址指向“www.baidu.com”。

将“百度”快捷方式删除。

在“项目三操作题”文件夹下创建名为 1.txt 的文件，并设置属性为只读。

将“项目三操作题”文件夹下的 1.txt 移动到桌面上，并重命名为 1.bak。

2. 在 D 盘下搜索一幅格式为 jpg 的图片，并将它设置为桌面墙纸。

3. Windows 7 系统中，将任务栏上出现的“音量”图标关闭。

4. 为你的 Windows 7 系统创建一个新的“标准账户”，并设置密码。

PART 4 项目四 使用文字处理软件 Word

本项目将以 Word 2010 版本为例，通过制作简单文档、排版长文档、制作表格、插入图片、图文混排等，展示了使用 Word 编辑文档的方法，使读者熟练掌握 Word 的基本功能和操作方法。

项目目标

1. 认识和了解 Word 2010 软件的界面。
2. 熟悉 Word 2010 功能和基本操作方法。
3. 掌握 Word 文档的创建、打开、输入和保存。
4. 掌握常用文档的编辑、排版和打印的方法。
5. 掌握 Word 文档的图文混排方法。
6. 掌握 Word 长文档的编辑、排版和自动生成目录的方法。
7. 掌握制作及为 Word 表格设置格式的方法。

任务一　初识 Word

一、浏览 Word 的操作界面

Microsoft Word 是微软公司的一个文字处理应用程序。在众多的文字处理程序中，Word 中文版之所以受到业内人士的垂青，是因为它的功能强大，操作简单。Word 主要功能是用来进行输入和编辑各类文档，制作各种表格，插入和处理各种图片或其他 Office 程序创建的文档，创建联机文档，制作 Web 网页和打印各式各样的文档等。

在使用 Word 之前，首先了解 Word 的操作界面，如图 4-1 所示。

二、Word 菜单的基本规则

Word 菜单有下拉菜单和快捷菜单（右键菜单）两种，在 Word 操作界面里单击右键即可弹出快捷菜单。

① 命令名称显示为浅灰色，说明该菜单在当前状态下为“不可用”，如在没有选取对象的情况下，不能使用“剪切”或“复制”命令，如图 4-2 所示。

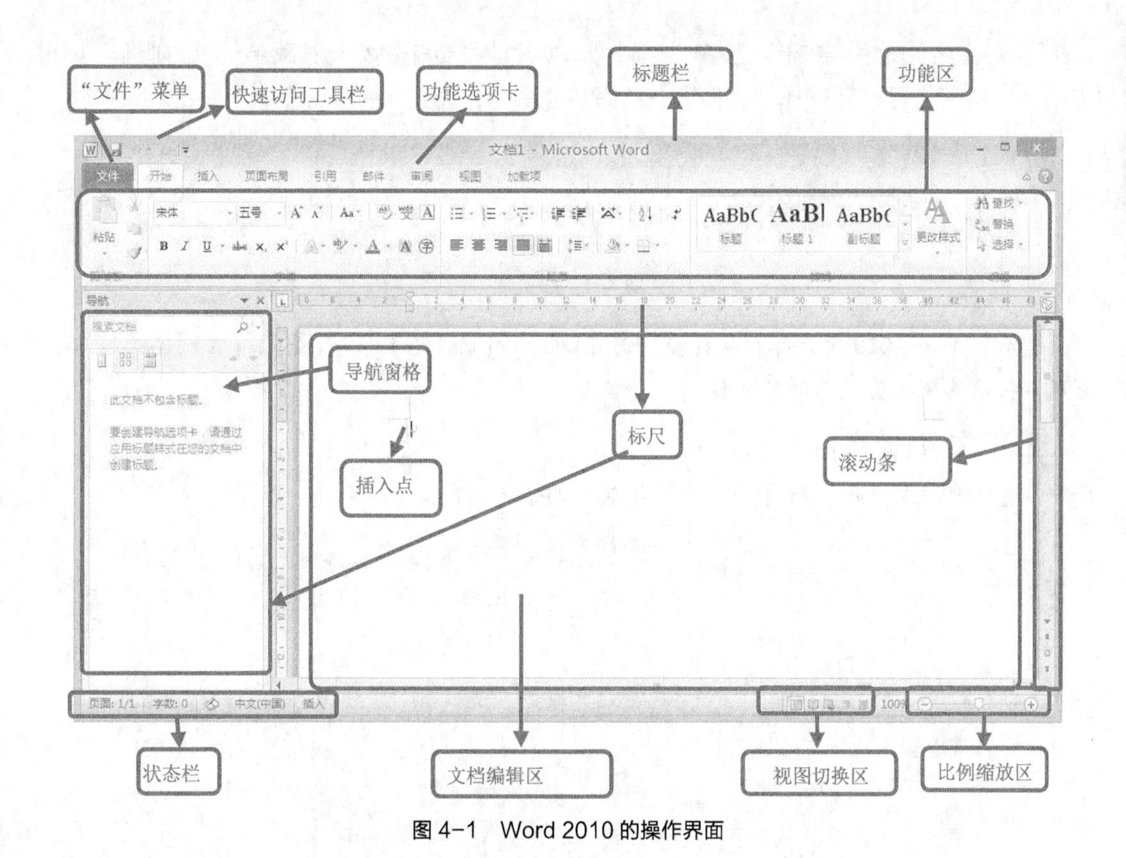

图 4-1 Word 2010 的操作界面

② 命令名称右侧带有省略号（...），说明打开该命令，系统会弹出一个对话框，需要用户提供交互信息，如图 4-3 所示。

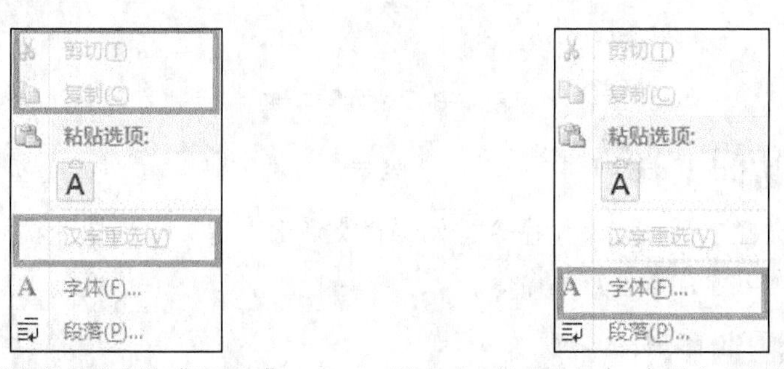

图 4-2 浅灰色的命令为“不可用”

图 4-3 单击带有（...）的命令会弹出对话框

③ 命令名称右侧带有三角号（▶），说明该菜单下还有子菜单，需要用户继续往下选取相应的子菜单，如图 4-4 所示。

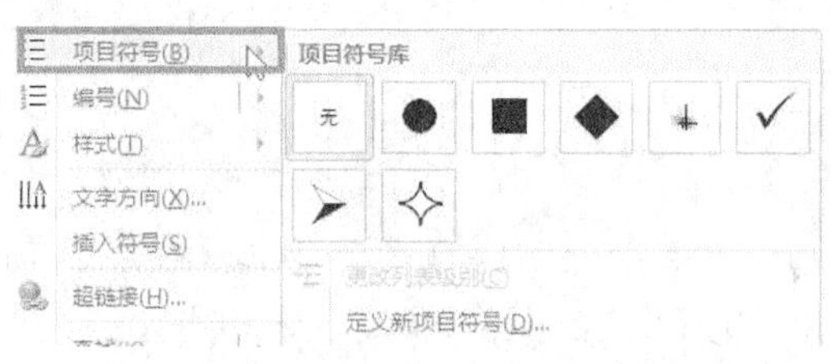

图 4-4 带有三角号（▸）还有子菜单

④ 命令名称的右侧带有快捷键，说明可以使用快捷键来执行与该菜单对应的功能。如用【Ctrl+S】快捷键可代替选择“文件”→“保存”命令，如图 4-5 所示。

图 4-5　快捷键

提示：Word 2010 中未标识快捷键，仍可以利用【Ctrl+S】保存。按住【Alt】键，菜单上会显示相应选项标签菜单的快捷键。

三、文件菜单栏

单击“文件”选项，打开“文件”菜单，如图 4-6 所示。

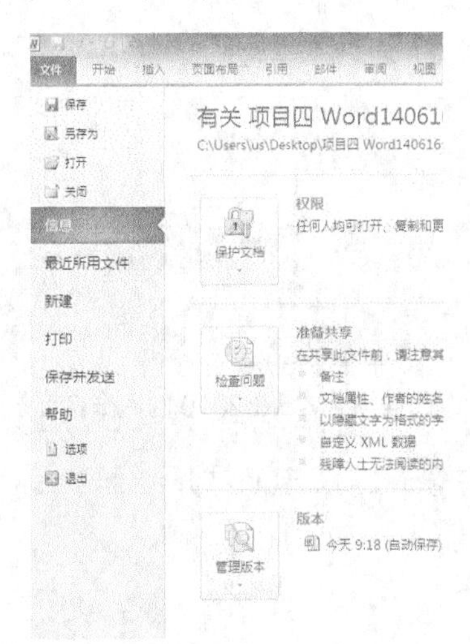

图 4-6　“文件”菜单

四、快速访问工具栏

快速访问工具栏包括一些常用命令，如保存文件命令等；单击快速访问工具栏的最右端的“ ”按钮，可以添加其他常用命令。

五、功能区选项卡

与 Word2003 不同，在 Word2010 窗口上方看起来像菜单的名称，其实是功能区的名称，当单击这些名称时，即可切换到与之相对应的功能区面板。功能区用于放置常用的功能工具按钮，以及下拉菜单等调试工具。每个功能区根据功能的不同，又分为若干个选项组，单击选项组右下角的“对话框启动器”按钮 ，可以打开对话框或任务窗格。每个功能区所拥有的功能如下。

● “开始”功能。

如图 4-7 所示，“开始”功能区中包括剪贴板、字体、段落、样式和编辑 5 个选项组，对应 Word2003 的“编辑”和“段落”菜单部分命令。该功能区主要用于帮助用户对 Word2010 文档进行文字编辑和格式设置，是最常用的功能区。

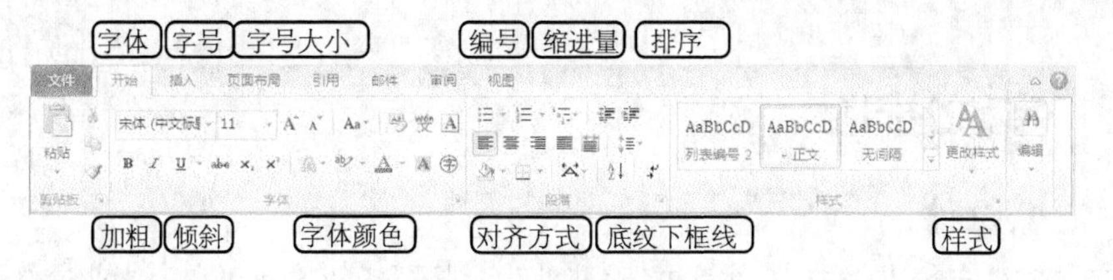

图 4-7 “开始”功能区

● “插入”功能区。

“插入”功能区包括页、表格、插图、链接、页眉和页脚、文本、符号和特殊符号几个组，对应 Word2003 中“插入”菜单的部分命令，主要用于在 Word2010 文档中插入各种元素。

● “页面布局”功能区。

“页面布局”功能区包括主题、页面设置、稿纸、页面背景、段落、排列几个组，对应 Word2003 的“页面设置”菜单命令和“段落”菜单中的部分命令，用于帮助用户设置 Word2010 文档页面样式。

● “引用”功能区。

“引用”功能区包括目录、脚注、引文与书目、题注、索引和引文目录几个组，用于实现在 Word2010 文档中插入目录等比较高级的功能。

● “邮件”功能区。

“邮件”功能区包括创建、开始邮件合并、编写和插入域、预览结果和完成几个组，该功能区的作用比较专一，专门用于在 Word2010 文档中进行邮件合并方面的操作。

● “审阅”功能区。

“审阅”功能区包括校对、语言、中文简繁转换、批注、修订、更改、比较和保护几个组，主要用于对 Word2010 文档进行校对和修订等操作，适用于多人协作处理 Word2010 长文档。

● “视图”功能区。

“视图”功能区包括文档视图、显示、显示比例、窗口和宏几个组，主要用于帮助用户设置 Word2010 操作窗口的视图类型，以方便操作。

● “加载项”功能区。

“加载项”功能区包括菜单命令一个分组，加载项是可以为 Word2010 安装的附加属性，如自定义的工具栏或其他命令扩展。“加载项”功能区则可以在 Word2010 中添加或删除加载项。

六、任务小结

通过上述图文并茂的介绍，初步了解到 Word 的基本功能和操作界面。在接下来的任务中，我们将进入 Word 的世界中探索，在任务实践中使用 Word 制作所需的各种文档，从而逐步掌握 Word2010 的操作方法。

七、随堂练习

1. 启动 Word 2010，进入 Word 2010 操作环境，观察其操作界面。

2. 在快速访问工具栏中添加“新建”命令。

3. 了解每个功能区的工具按钮作用，并尝试单击选项组右下角的“对话框启动器”按钮 打开对话框或任务窗格。

任务二　论文排版

一、情境设计

王小二是安徽电气工程技术学院的一名毕业生，将要毕业的他正在为毕业论文的排版所困扰。他完全搞不明白别人的论文里那些整齐的格式和自动生成的目录是怎样做出来的。下面，我们就来学习一下如何使用 Word 对论文进行排版的操作方法吧。

首先是了解论文的排版要求。

① 排版要求：页面统一采用 A4 纸；页边距为左 3cm，右 2.5cm，上 3cm，下 2.5cm；论文在左侧装订。

② 全文：标准的字符间距，1.5 倍的行间距，页码设置在页脚中，居中排列，页眉为“xx 学院毕业论文”。

③“目录”二字为三号黑体，下空两行为各层次标题及其开始页码，采用四号宋体，页码放在行末，目录内容和页码之间使用虚线分割。摘要和目录页不编入论文页码，摘要和目录用罗马数字单独编页码。

④ 论文题目为二号黑体字，居中打印。论文题目下空一行打印摘要。“摘要”二字为小四号黑体，摘要内容为小四号仿宋体。摘要内容下空一行打印关键词，“关键词”为小四号黑体，其后具体关键词采用小四号仿宋体。关键词之间用分号分隔，最后一个词后不打标点符号。

⑤ 标题：第一层次标题以三号黑体字居加粗中显示，第一层次标题前空一行；第二层次标题以四号黑体字加粗左对齐排列；第三层次标题以小四号黑体字加粗左对齐排列。

⑥ 正文：小四号宋体字。

⑦ 图、表的题名为小四号宋体字。

⑧“参考文献”四字用小四号黑体字，内容用小四号宋体字。

二、任务实现

1．新建文档和保存文档

（1）新建文档

启动 Word 中文版，在菜单栏上选择“文件”→“新建”命令。此时，在 Word 窗口右侧出现“新建文档”任务窗口，将鼠标移到“空白文档”处，单击鼠标左键，如图 4-8 所示。

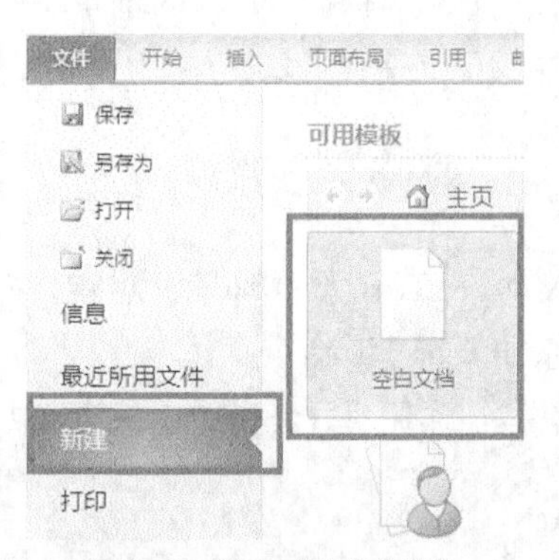

图 4-8　单击“空白文档”

提示：每次启动 Word 中文版，Word 就会自动创建一个基于“普通”模板的新文档，并将其命名为“文档 1”，且显示在标题栏上。

此时，一个新的空白文档就创建成功了，默认的名称为“文档 2”，因为启动 Word 时系统已创建了一个名为“文档 1”的文件。单击右上角的“关闭”按钮，关闭“文档 2”，保留“文档 1”。

（2）保存文档

在编辑好 Word 文档后，一定不要忘记保存 Word 文档。可以利用【Ctrl+S】快捷键保存，也可以单击快速访问工具栏中的“保存”按钮来保存当前编辑的 Word 文档。在编辑文档的过程中随时保存是一个良好的习惯，以后的步骤中，关于保存的操作不再赘述，但是时刻有意识地随时保存是一个良好的习惯。

提示：“文件”菜单中的“保存”命令和“另存为”命令是有区别的。创建一个新文档，第一次保存和另存为是没有什么区别，都是选择一个存放位置和文件名称保存文件。但如果我们打开一个旧文档，保存命令就将文件按照原名保存到上一次指定的存放位置。

思考：编辑后想各自保存新旧版本，那么你可以怎么操作呢？

2．设置页面格式

STEP 1 选择“页面布局”选项卡，从“纸张大小”中选择“A4”类型，如图 4-9 所示。

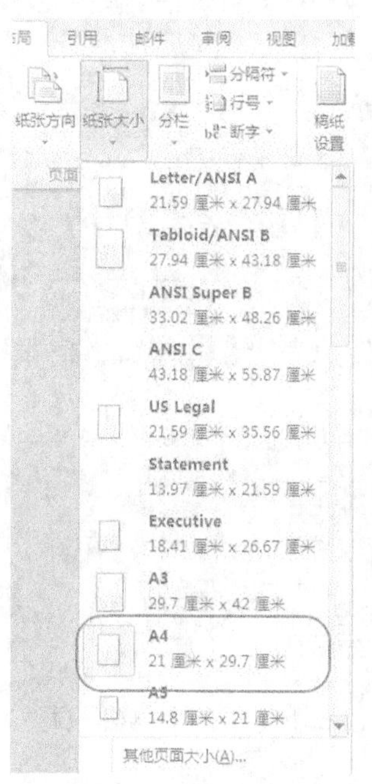

图 4-9 “纸张”设置

STEP 2 进入“页面布局”选项卡，单击“页面设置”对话框启动器按钮，出现“页面设置”对话框，如图 4-10 所示，在“页边距”选项卡中，设置页边距为左 3 厘米，右 2.5 厘米，上 3 厘米，下 2.5 厘米；打印纸方向为“纵向”，设置效果应用于“整篇文档”。

如图 4-11 所示，在“版式”选项卡中设置“页眉”和“页脚”距页边界的距离，页眉 1.5 厘米，页脚 1.75 厘米。

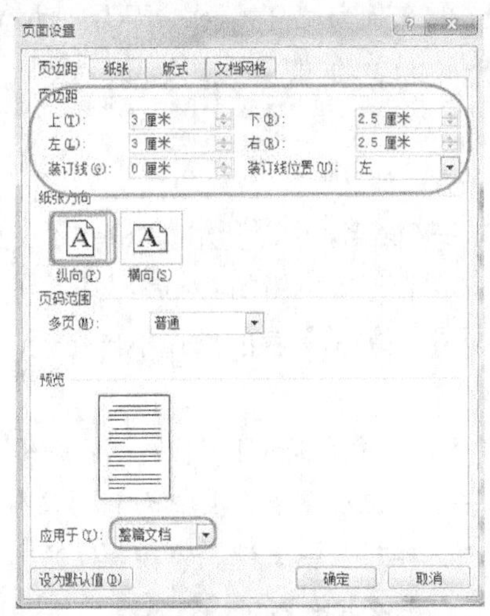

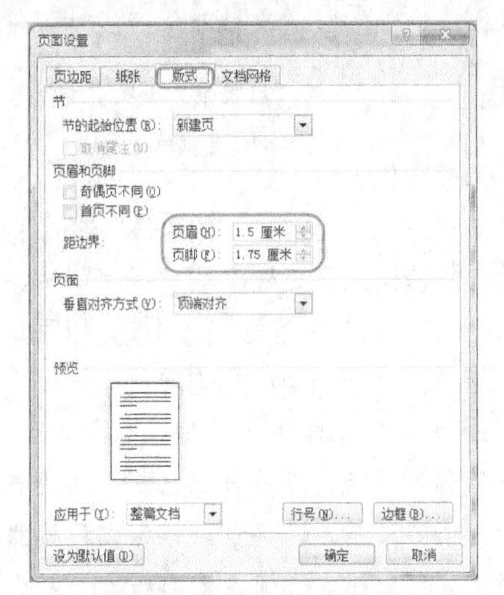

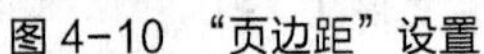

图 4-10 “页边距”设置

图 4-11 “版式”设置

如图 4-12 所示，选择“文档网格”选项卡，选中“指定行和字符网格”单选项，在“字符”设置中，默认为“每行 39”个字符，可以适当减少，如改为“每行 37”个字符。同样，在“行”设置中，默认为“每页 44”行，可以适当减少，如改为“每页 42”行。这样使得文字的排列就更加均匀清晰。

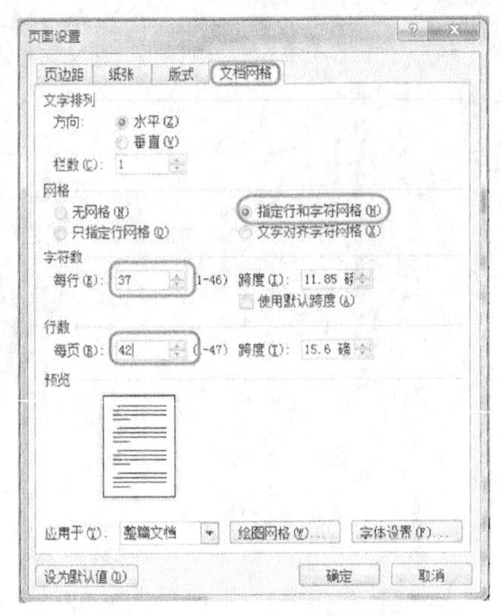

图 4-12 “文档网格”设置

3. 设置样式

Word 的样式是一组字符格式或段落格式的特定集合，可以分为字符样式和段落样式两种。字符样式是只包含字符格式和语言种类的样式，用来控制字符的外观；段落样式是同时包含字符、段落、边框与底纹、制表位、语言、图文框、项目列表符号和编号等格式的样式，用于控制段落的外观。

在 Word 文档编排过程中，使用样式格式化文档的文本，可以简化重复设置文本的字体格式和段落格式的工作，节省文档编排时间，加快编辑速度，同时确保文档中格式的一致性。

从快捷菜单中选择 “样式”命令，在弹出的级联菜单中即可设置或应用样式或格式，如图 4-13 所示；或在“开始”功能区的样式选项组中操作，如图 4-14 所示。

提示：“标题 1”~“标题 9”为标题样式，通常用于各级标题段落。与其他样式最为不同的是，标题样式具有级别，分别对应级别 1~9。这样，就能通过级别，得到文档结构图、大纲和目录。

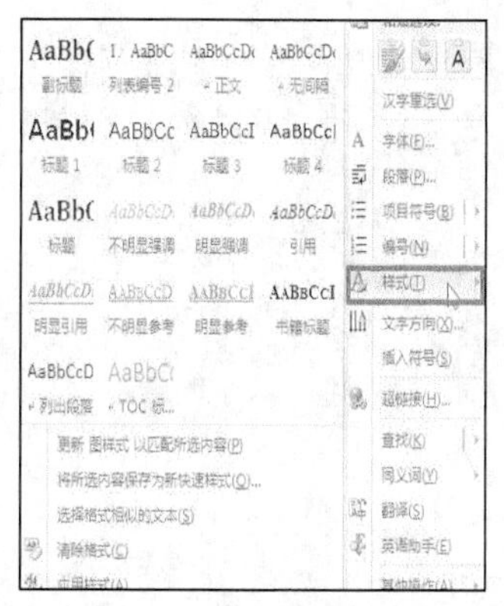

图 4-13 “样式和格式”菜单

如果标题的级别比较多，可新建样式来设置选“标题 1”~“标题 3”以外的标题级别。

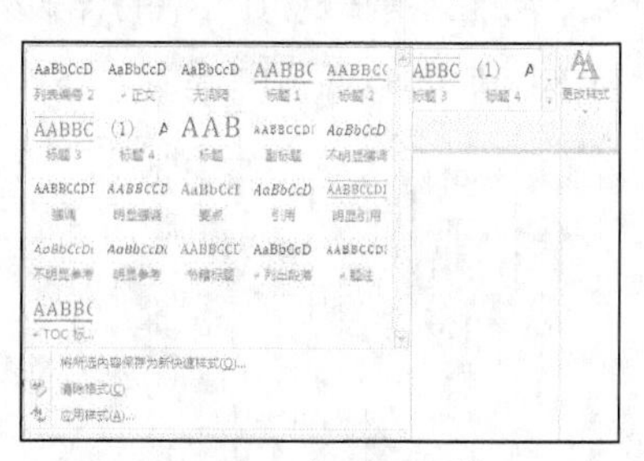

图 4-14 “所有样式”

如图 4-15 所示，单击“开始”→“样式选项组”的对话框启动器，在打开的样式任务窗格中，单击“新建样式”按钮，弹出“新建样式”对话框。设置样式名称为“论文正文”，样式类型为“段落”，样式基于“正文”等样式属性，格式为“小四号宋体字”等。

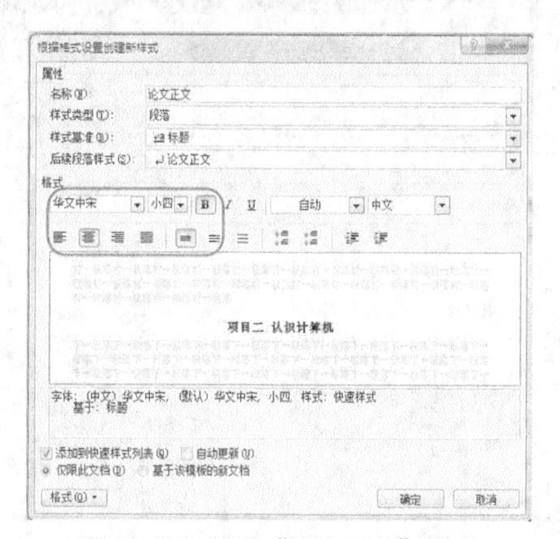

图 4-15 新建“论文正文”样式

单击“根据格式设置创建新样式”对话框左下角的“格式”按钮，弹出“格式”菜单，选择“段落”命令。在打开的“段落”对话框中设置 1.5 倍的行间距和首行缩进 2 个字符，如图 4-16 所示。

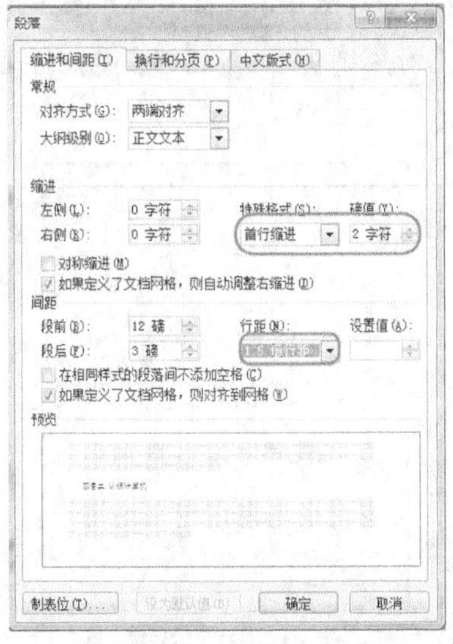

图 4-16 “段落”设置

设置“标题”样式。在“开始”功能区样式选项组中的样式列表中，用右键单击“标题 1”，打开快捷菜单，选择“修改”命令，如图 4-17 所示。

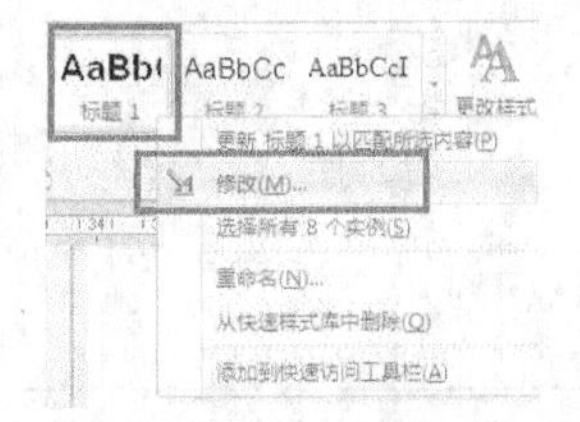

图 4-17 单击“修改”命令

在弹出的“修改样式”对话框中，设置“三号”，“黑体”，“加粗”，“居中”，如图 4-18 所示。

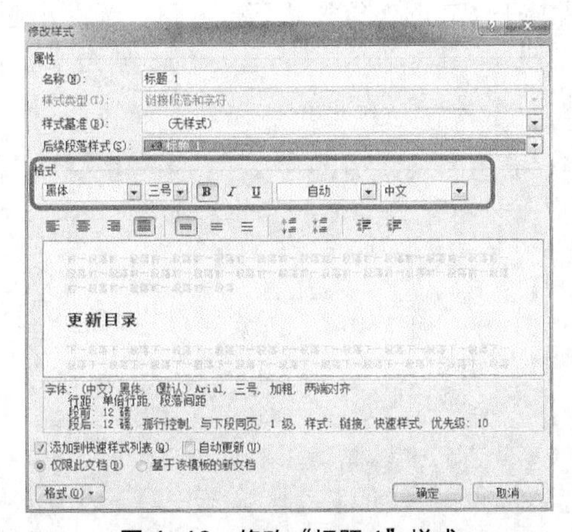

图 4-18 修改“标题 1”样式

用同样的方法设置“标题 2”的样式为“四号”，“黑体”，“加粗”，“左对齐排列”；设置“标题 3”的样式为“小四号”，“黑体”，“加粗”，“左对齐排列”。

4．编辑论文正文

（1）输入文本

如图 4-19 所示，正文编辑区中有一个一闪一闪的小竖线，那就是光标，它所在的位置即为插入点，输入的文字将会从那里出现。现在来输入论文的内容，按【Ctrl+空格】键打开中文输入法，键入文字内容。当输入的文本满一行后，如果还要继续输入文本，Word 就会自动换行到下一行。

当输入完一个段落后，按【Enter】键，标志着一个段落的结束（在末尾处出现一个回车符 ↵ ），而另一个段落开始。

如果输入未满一行就需要换行，可以按【Shift+Enter】快捷键，这种方式称为软回车。只换行并不开始一个新的段落（软回车符位是一个向下的箭头 ↓ ）。

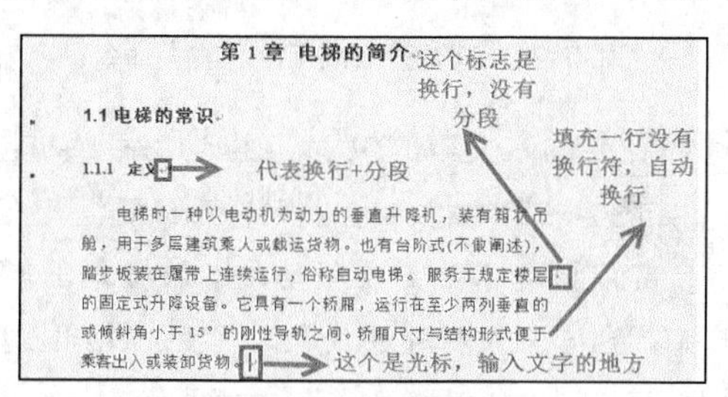

图 4-19 文本输入图示

（2）插入

拖动鼠标，将插入点定位到要插入文本的地方，即可输入所要插入的内容，原有的内容自动按照当前光标的位置往后延续。

（3）改写

要进行改写操作，必须保证文档处于“改写”模式，可以按【Insert】键进行转换，直到状态栏上的“改写”选项由反白变为黑色。当然也可以通过双击状态栏上的“改写”选项进行切换，如图 4-20 所示。

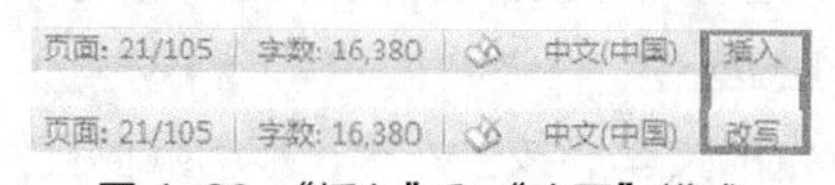

图 4-20 “插入”和“改写”模式

拖动鼠标，将光标插入点定位到要插入文本的地方，输入新内容，可以看到光标后的文本会被输入的新内容覆盖。

提示：通常情况下，我们使用的都是“插入”模式，“改写”模式会将当前内容覆盖。

（4）删除

当删除大量的文本时，应先选定要删除的内容。将鼠标光标移到需要删除的文字前，按住鼠标左键不放，拖动鼠标到最后一个要删除的文字之后，松开鼠标左键，文字被选中。按【Backspace】键、【Delete】键或空格键进行删除。

需要删掉“绪论”两个字，将光标移到“绪论”两字的后面，按 Backspace 键；每按【Backspace】

键一次，就会删除光标前的一个字。

也可将光标移到“绪论”两字的前面，按【Delete】键；每按【Delete】键一次，就会删除光标后的一个字。

（5）移动文本

方法一：剪切并粘贴文本

① 拖动鼠标，选定要剪贴的文本。在“开始”功能区上单击按钮，或在快捷菜单中单击按钮，如图 4-21 所示；也可按【Ctrl+X】快捷键实现剪切功能。此时，可以看到所选定的文本被暂时取消，所选内容即被暂时保留在剪贴板中。

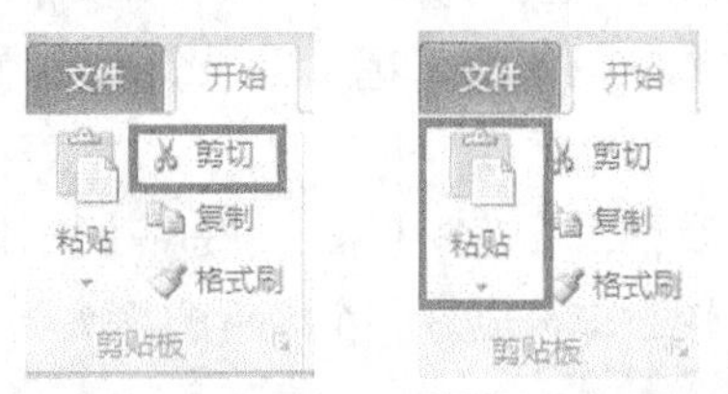

图 4-21 “剪切”命令和“粘贴”命令

② 拖动鼠标，将光标移到要插入文本的位置。在“开始”功能上单击“粘贴”按钮，或在快捷菜单中单击按钮，如图 4-22 所示；也可按【Ctrl+V】快捷键实现“粘贴”功能。

提示：如图 4-22 所示，可以根据需要更改移动文本的格式，单击位于“粘贴”命令按钮下的箭头，出现“粘贴选项”图标，或打开快捷菜单可见“粘贴选项”图标，单击从中可选择“保留源格式”、“合并格式”和“只保留文本”选项。

图 4-22 “粘贴选项”

方法二：鼠标拖曳

① 如果需要将“（3）绿色电梯”副标题移动到上一行去。在“（”前单击鼠标确定插入点，在光标处按住鼠标左键，拖动鼠标至“梯”字后松开鼠标左键，“（3）绿色电梯”呈选中状态，需要进行移动的文本已被选中。

② 将鼠标指针指向被选定的文本，按住左键，拖动鼠标直到鼠标指针虚线移到要插入的文本位置。释放鼠标左键，可以看到选定的文本移到了指定的位置处。

（6）复制文本

复制文本就是将选定的文本从一个位置复制到另一个位置，执行复制文本操作后，原位置的文本仍然存在，同时还会在文档的另一个位置产生与原文本一模一样的内容。

方法一：复制并粘贴文本。

① 选定要复制的文本。在“开始”功能区上单击“复制”按钮，如图 4-23 所示；或在快捷菜单中单击按钮，也可按【Ctrl+C】快捷键实现复制功能。此时，可以看到所选定的文本仍然存在，而此时所选内容已被暂时保留在剪贴板中。

② 拖动鼠标，将鼠标定位到要插入文本的位置。在“开始”功能上单击“粘贴”按钮，

如图 4-23 所示；或在快捷菜单中单击按钮，也可按【Ctrl+V】快捷键实现“粘贴”功能，则选定的内容即会粘贴到指定的位置，完成文本的复制效果。

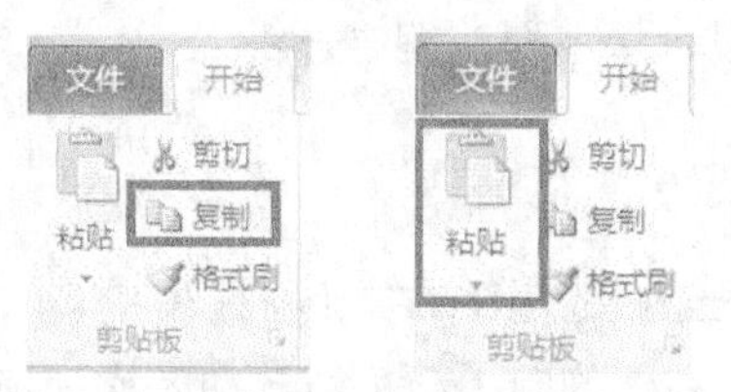

图 4-23 “复制”命令和“粘贴”命令

方法二：鼠标拖曳。

① 如果需要将“(3)绿色电梯”副标题复制到上一行去。在“(”前单击鼠标确定插入点，在光标处按住鼠标左键，拖动鼠标至“梯”字后松开鼠标左键，“(3)绿色电梯”呈选中状态，需要进行复制的文本已被选中。

② 将鼠标指针指向所选定的文本，按住左键，拖动鼠标直到鼠标指针虚线移到要插入文本的位置；然后按住键盘上的【Ctrl】键，再释放鼠标左键，即可以看到选定的文本复制到目标位置处。

5．编排论文格式

(1) 创建项目符号

项目符号或编号可以在录入文本时自动创建，也可以在输入完毕后另行添加。自动添加项目符号的方法如下。

① 输入“●”，再按空格键，然后输入相应内容。

② 按回车键，可以看到 Word 自动以中圆点添加项目符号，随后可输入相应内容，按回车键，自动添加项目符号中圆点，以此类推。

③ 如果后面不再需要添加项目符号或者需要输入其他内容，按【Backspace】键删除项目符号，输入所需的文本内容，然后回车后不再出现项目符号，如图 4-24 所示。

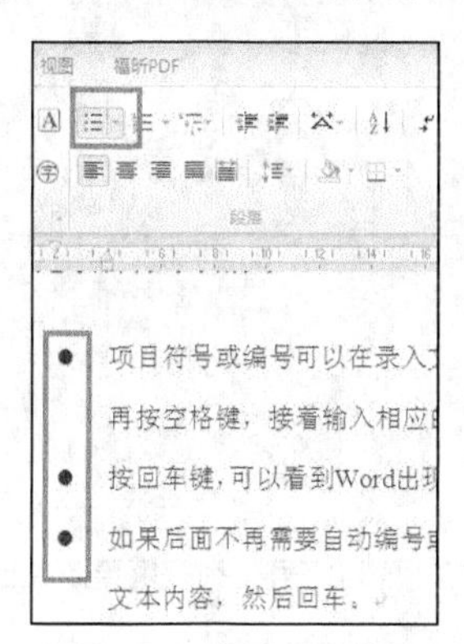

图 4-24 创建项目符号

(2) 创建编号

① 输入“1.”，再按空格键，接着输入相应的内容。

② 按回车键，可以看到 Word 出现自动编号“2.”；输入相应内容后按回车键，Word 出现自动编号“3.”，以此类推，如图 4-25 所示。

③ 如果后面不再需要自动编号或者需要输入其他内容，按【Backspace】键删除编号，输入所需的文本内容，然后回车后不再出现编号。

④ 如果还需自动添加编号，接前面的编号，键入“4.”，再按空格键，输入内容后回车，Word 又开始自动编号。

（3）更改项目符号

如要修改项目符号样式，选中要更改或添加项目符号的段落，在开始功能区的段落选项组上单击“项目符号”图标 右侧的向下箭头；选中要添加项目符号的段落，用右键单击打开快捷菜单，选择项目符号命令，如图 4-26 所示。

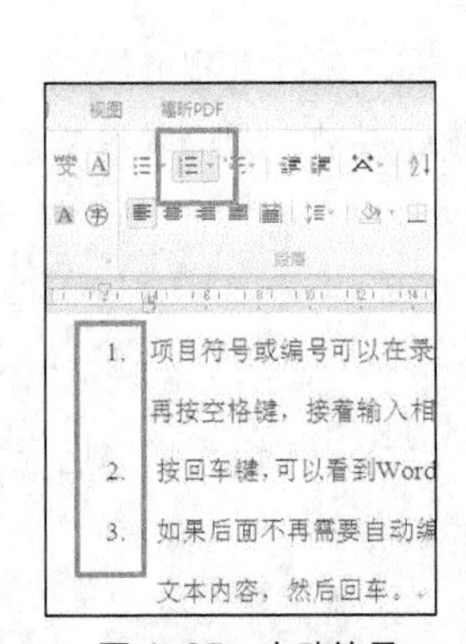

图 4-25　自动编号

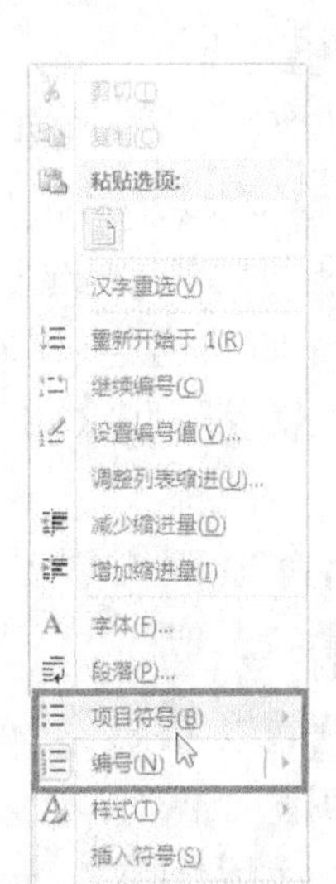

图 4-26　“项目符号和编号”命令

此时，Word 出现“项目符号”列表框。选中想要设定的符号样式，然后单击想要设定的项目符号样式，如图 4-27 所示。修改后的项目符号如图 4-28 所示。

图 4-27 在“项目符号”列表框更改项目符号样式

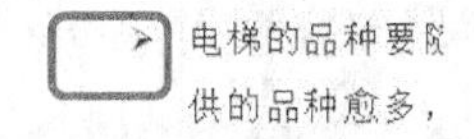

图 4-28　修改后的“项目符号”

如果列表中 6 种标准样式仍无法令你满意，可选择“定义新项目符号”进行设定，如图 4-29 所示。

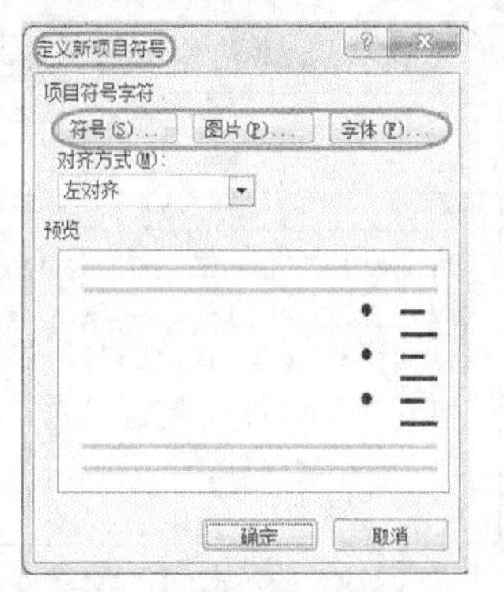

图 4-29 “定义新项目符号”对话框

单击“符号”按钮，出现“符号”对话框，选中合适的符号样式，然后单击“确定”按钮，如图 4-30 所示。

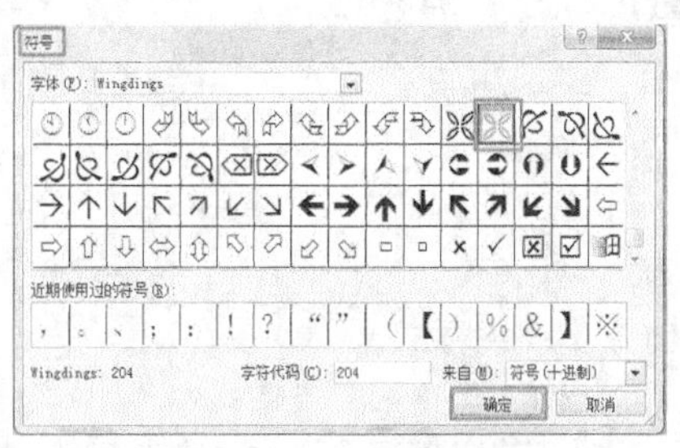

图 4-30 “符号”对话框

这时，所选定的符号样式即被设定为选定段落的项目符号，如图 4-31 所示。

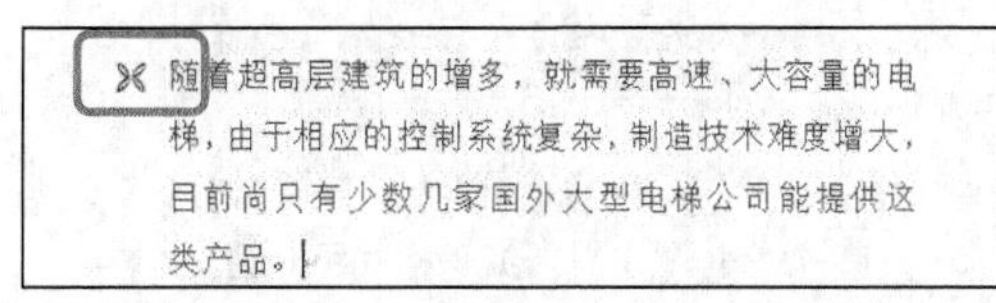

图 4-31 修改后的“项目符号”

（4）更改编号

同样选定要更改或添加编号的段落，单击右键，在出现的右键菜单中选择“编号”命令，如图 4-32 所示。

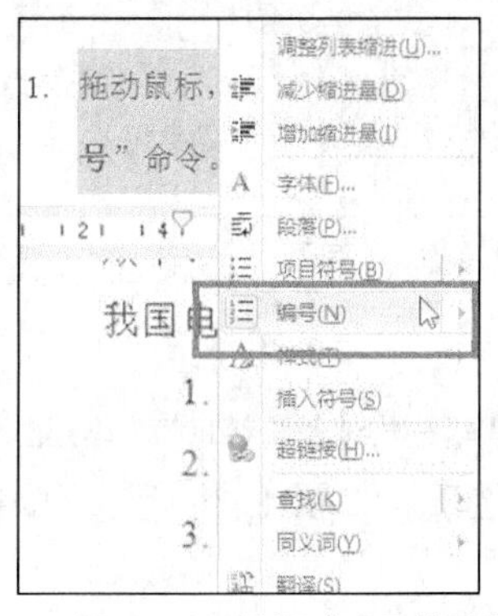

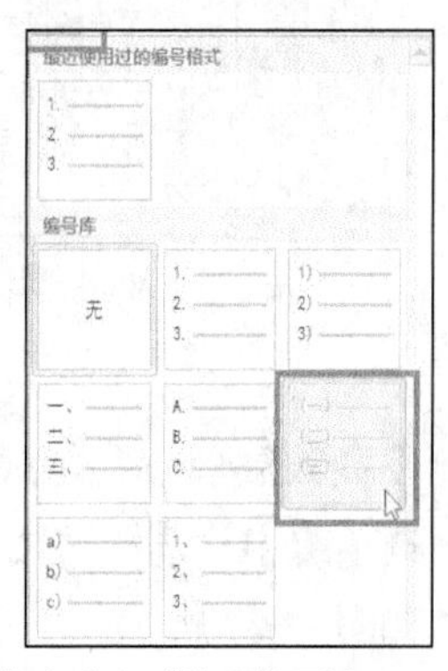

图 4-32 选择“项目符号和编号”命令和“编号”列表

此时，出现“编号格式”库列表框，从中单击想要设定的编号样式，如图 4-32 所示。

此时，设定完成的编号如图 4-33 所示。

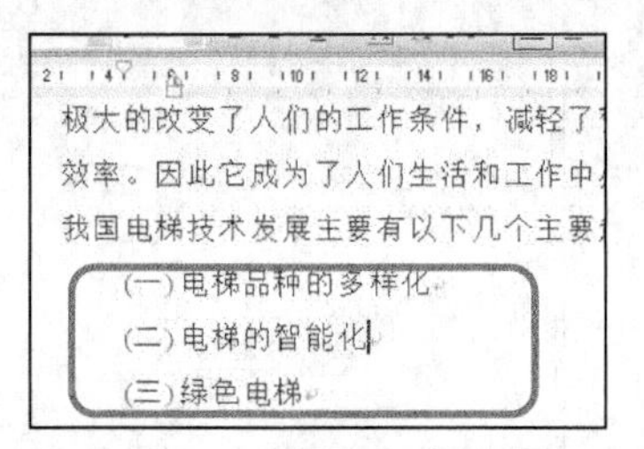

图 4-33　修改后的“编号”

如果要更改其他编号样式，可在“编号”列表框中，选择“定义新编号格式”命令，打开“定义新编号格式”对话框。单击“编号样式”下拉列表框，从中选择“One，Two，Three…”选项，然后单击“确定”按钮，如图 4-34 所示。

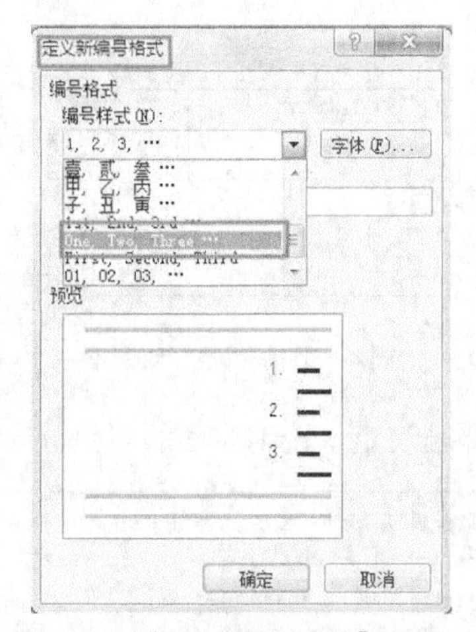

图 4-34　“定义新编号格式”对话框

此时，在文档中可以看到更改后的编号，如图 4-35 所示。

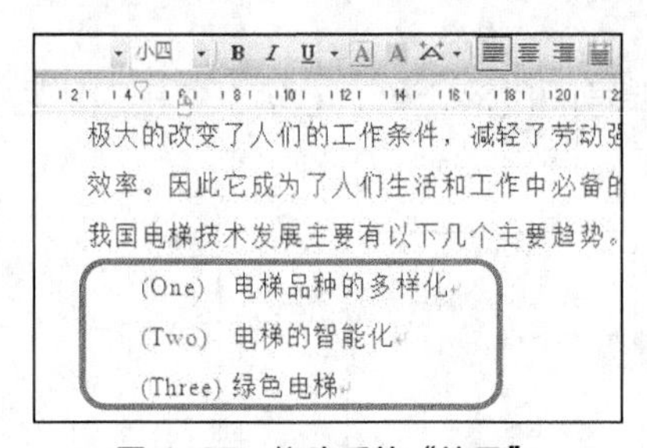

图 4-35　修改后的“编号”

（5）编辑公式

将鼠标指针移到要插入数学公式处，在菜单栏上选择“插入”功能选项，打开“插入”功能区。在“符号”选项组中，选择“公式”选项，如图 4-36 所示，弹出“公式”工具栏，进入公式编辑状态，如图 4-37 所示。

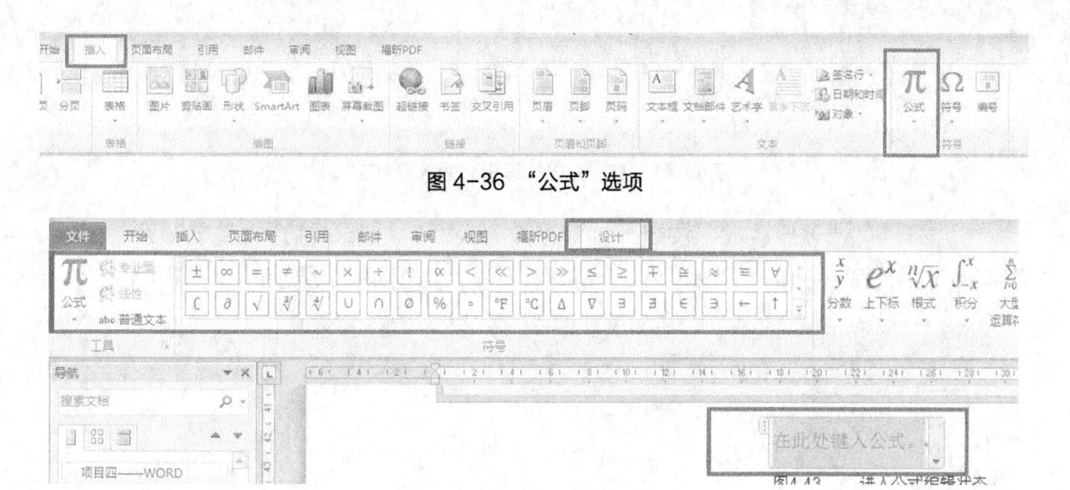

图 4-36 “公式”选项

图 4-37 进入公式编辑状态

这里以输入 $P=\frac{(1-K)QV}{102\eta}$ 或 $P=\frac{(1-K)QV线}{102\eta i}$ 为例。首先，在“公式”编辑框中正常输入“P=”，如图 4-38 所示。

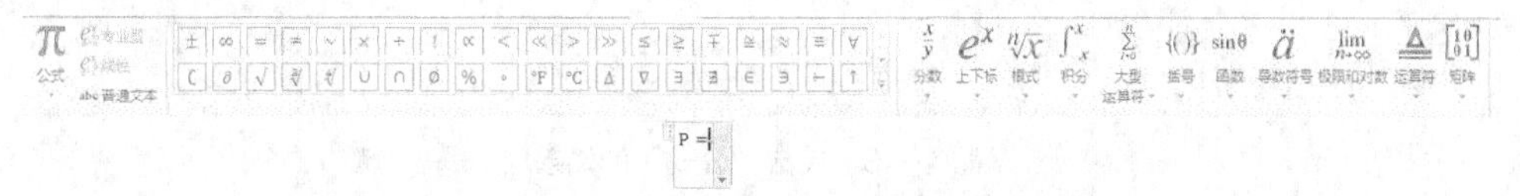

图 4-38 输入“P=”

单击“公式”浮动工具栏上的分数下三角按钮，在出现的分数样式列表框中单击按钮，“公式”编辑框中便会出现“分号”编辑区，如图 4-39 所示。

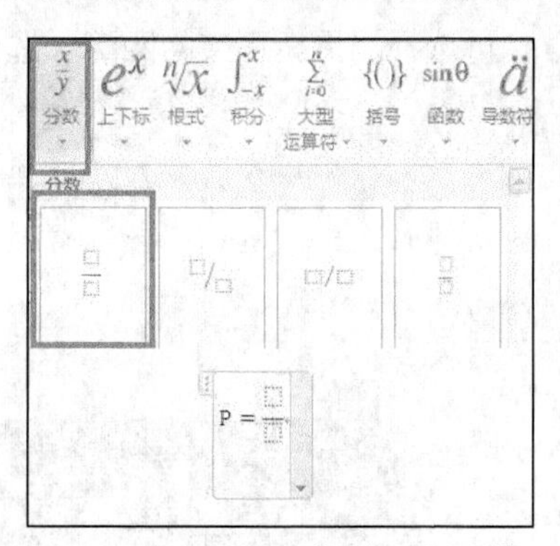

图 4-39 选择插入“分数（竖式）”

如图 4-40 所示，在“分数”编辑区的“分子”部分的虚线框中输入“(1-k)QV”，虚线框的大小会根据所输入文字的多少而改变。

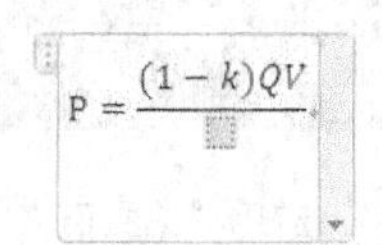

图 4-40 输入“分子”

用鼠标单击“分母”编辑虚线框，将光标移到此处，输入“102”，如图 4-41 所示。

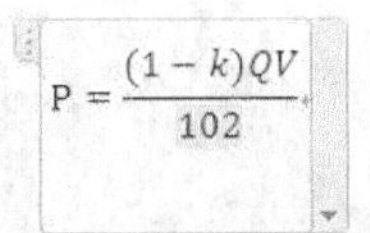

图 4-41　在“分母”编辑区输入“102”

单击“符号”选项组中的 按钮，打开符号列表框，再选择打开希腊字母列表框，从中选择符号 ；会发现在 102 后出现了一个特殊符号 η，如图 4-42 所示。

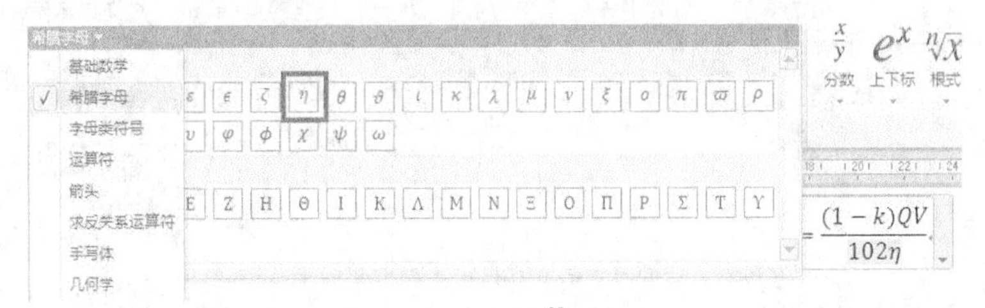

图 4-42　输入“η”符号

如图 4-43 所示，以同样的方法，输入余下的公式，完成后将鼠标移出公式编辑框，在文档编辑区单击即可。

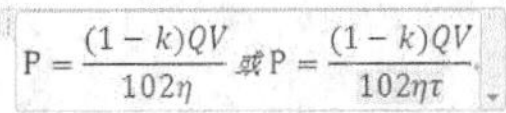

$$P = \frac{(1-k)QV}{102\eta} \text{或} P = \frac{(1-k)QV}{102\eta\tau}$$

图 4-43　完成“公式”的输入

6．应用样式

应用样式与设置样式相同，打开“开始”功能区，在样式选项组中操作。将光标插入在文档的任意一个位置，按【Ctrl+A】快捷键选中全文。在“样式”列表中，单击样式“论文正文”或右击样式“论文正文”，再选择“更新正文与匹配所选内容”选项，如图 4-44 所示。

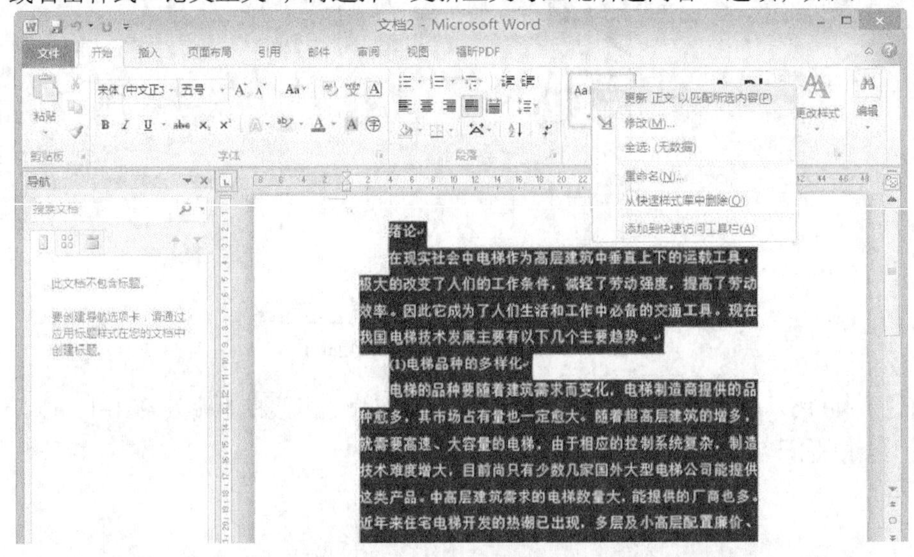

图 4-44　应用“论文正文”样式

选中“绪论”二字，在“样式”列表中，单击样式“标题 1”或右击样式“标题 1”，再选择“更新标题 1 以匹配所选内容”，如图 4-45 所示。

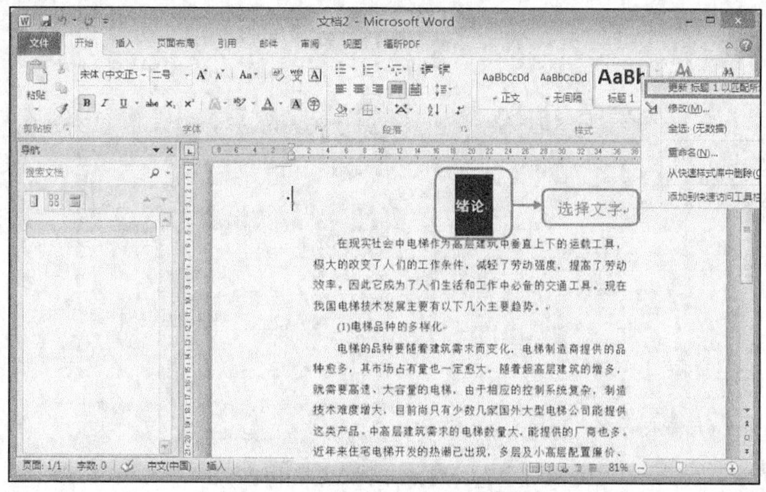

图 4-45　应用“标题 1”样式

选中已经应用“标题 1”样式的“绪论”二字，双击“开始”功能区中的“格式刷”按钮 ，然后将鼠标指针移到其他需要设置一级标题的文本前单击，即可将“标题 1”的格式应用到所有被单击的文本行。

提示：也可以先选中“绪论”等所有其他需要设置一级标题的文本，然后在“样式”列表中，单击样式“标题 1”即可。

使用同样的方法设置整篇论文的二级标题和三级标题。

提示：应用样式之后，如果没有达到预期的格式效果，还可以随时修改样式，而且样式一旦修改就自动应用到原正文或标题上，如图 4-46 所示，修改样式“标题 2”，随之整篇论文中凡是应用样式“标题 2”的文本行格式自动改变为样式“标题 2”所设定的格式。

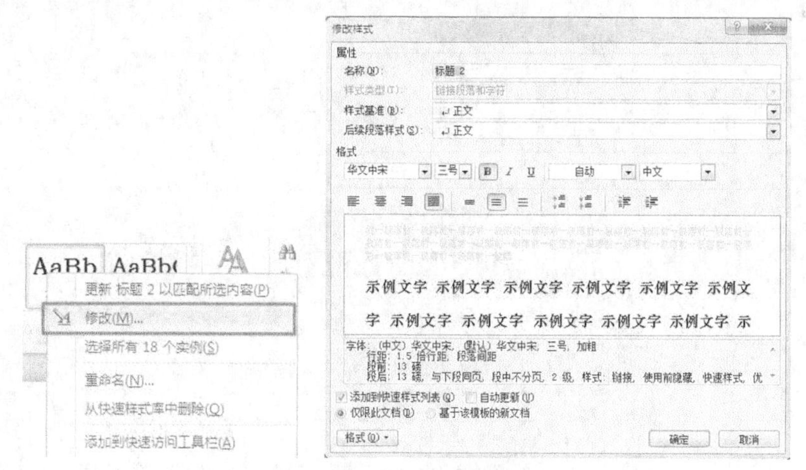

图 4-46　修改二级标题样式

应用样式之后，进入“视图”选项卡，在“视图”功能区勾选“导航窗格”复选项。在导航窗格中可同步浏览当前文档中各级标题，单击其中某一标题，即可使插入点定位到文档相应标题处，方便文档的浏览和编辑，如图 4-47 所示。

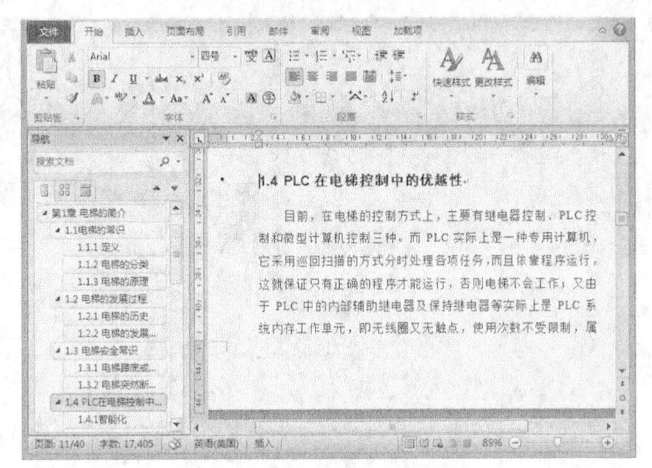

图 4-47　导航窗格浏览文档中的标题

7．生成目录

（1）插入目录

在文档中应用样式之后，可以选择“插入目录”命令自动生成目录。方法如下所述。

STEP 1 先将光标定位到要插入目录的位置，一般为整个文档的第一行。

STEP 2 在菜单栏上选择“引用”选项卡，打开“引用”功能区”，在“目录”选项组中单击“目录”命令，如图 4-48 所示。

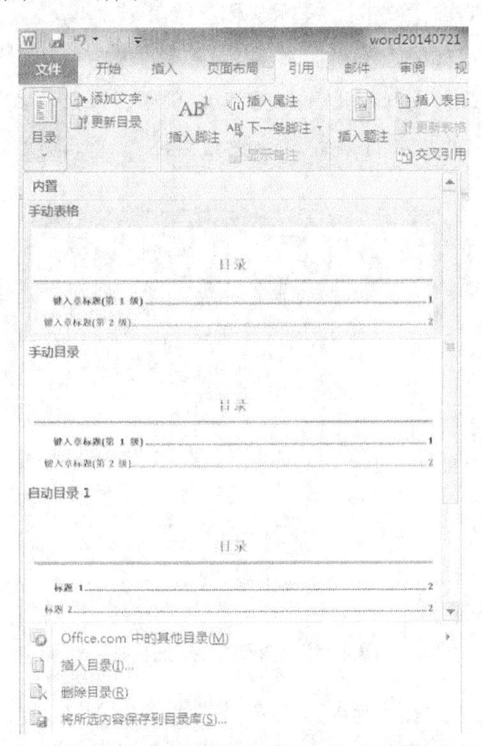

图 4-48　单击“目录”选项组中的“目录”命令

STEP 3 在出现的任务窗格中选择“插入目录”选项，弹出“目录”对话框，如图 4-49 所示。选择“目录”选项卡，接受默认值，并单击“确定”按钮。

提示：目录显示级别默认为“3”，可以根据需要选择“1~9”，分别对应“标题 1”~“标题 9”标题样式。

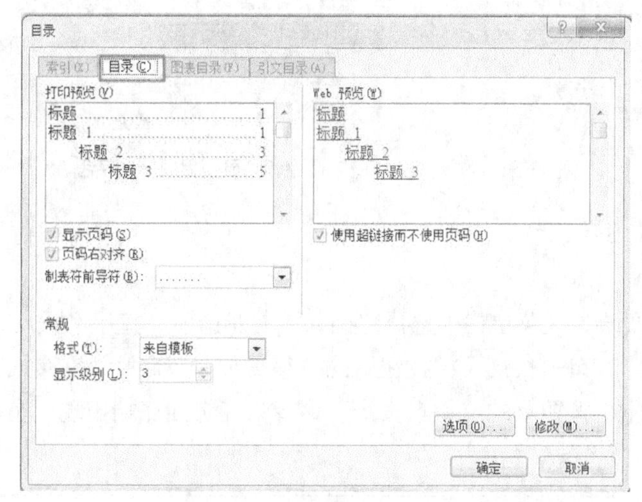

图 4-49　“索引和目录”对话框

如图 4-50 所示，在插入点处即自动生成文档的目录，这样生成的目录具有超链接功能，可以通过按住【Ctrl】键，并用鼠标单击目录中的标题，即可自动链接到文档中相应内容处。

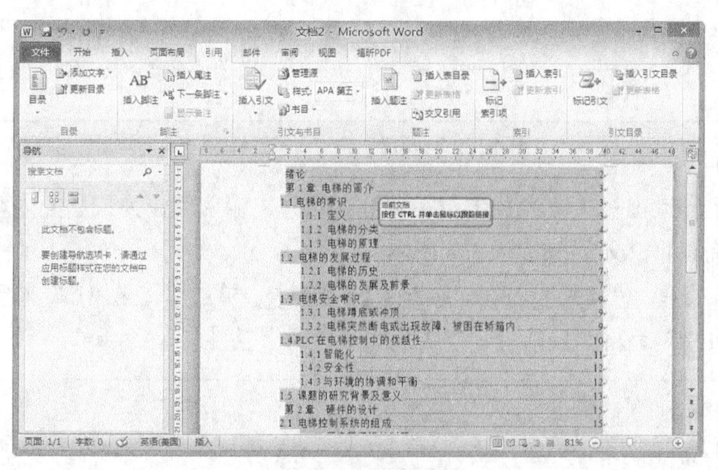

图 4-50　插入目录

（2）更新目录

当目录创建后，如果又对源文档进行了修改，使标题和页码发生了改变，这样就必须更新目录以适应文档的修改。更新目录的方法如下所述。

STEP 1 首先选定目录，在目录中单击鼠标右键，出现快捷菜单。

STEP 2 在快捷菜单中选择“更新域”命令，如图 4-51 所示。

STEP 3 此时弹出“更新目录”对话框，若要更新整个目录，首先选中“更新整个目录”单选项，再单击“确定”按钮。这样目录就会自动根据文档内容的变更来更新整个目录，包括标题及其页码。

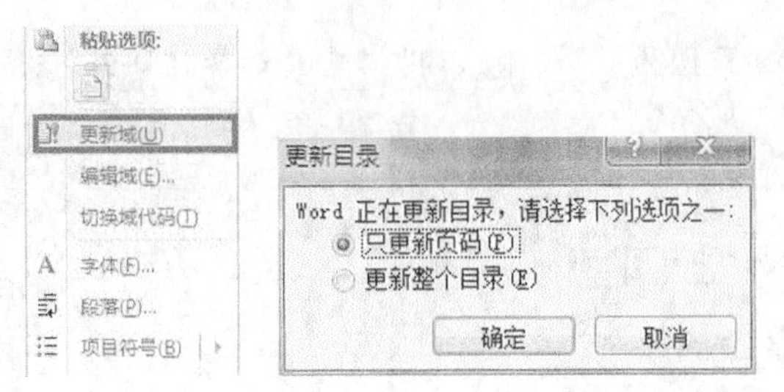

图 4-51　选择“更新域”命令和“更新目录”对话框

8．创建页眉和页脚

（1）创建页眉和页脚

要创建页眉和页脚，从菜单栏上选择“插入”功能选项，打开“插入”功能区，在 “页眉和页脚”选项组中，单击页眉下拉按钮下的“编辑页眉”命令，在页面顶端出现“页眉”编辑区。单击页脚下拉按钮下的“编辑页脚”命令，在页面底端出现“页脚”编辑区，如图 4-52 所示。

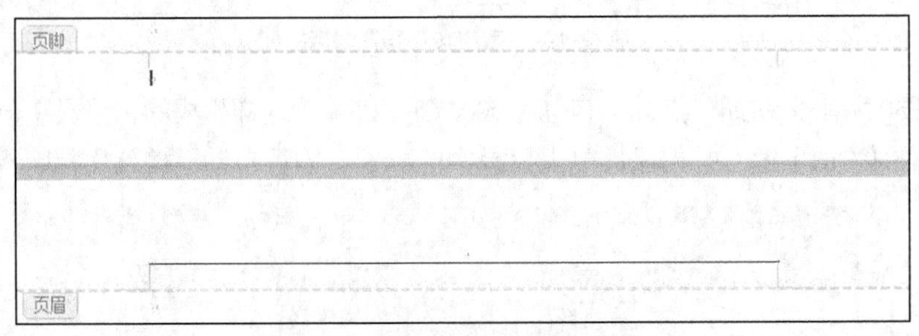

图 4-52 “页眉”和“页脚”编辑区

STEP 1 拖动鼠标，将光标定位在页眉编辑区，输入要作为页眉的内容“安徽电气工程职业技术学院毕业论文”，如图 4-53 所示。

STEP 2 如图 4-54 所示，在“导航”选项组中，单击“转至页脚”按钮。此时，文档自动切换到“页脚”编辑区，并打开“页眉页脚工具”功能区。

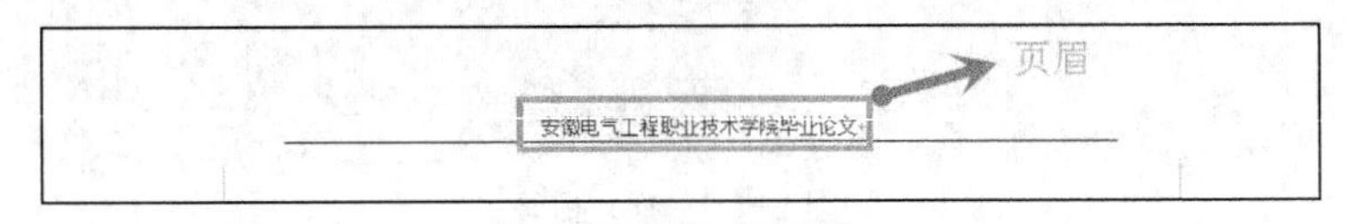

图 4-53 编辑“页眉”

图 4-54 “导航”选项组中页眉页脚切换

STEP 3 单击“插入”选项组中的“文档部件”下拉按钮，单击“自动图文集”选项，从列表中选择“作者、页码、日期”选项。此时，在“页脚”编辑区就可见所插入的作者、页码和日期信息，如图 4-55 所示。

图 4-55 编辑“页脚”

设置完“页眉和页脚”的内容，就可以单击“关闭”按钮来关闭“页眉和页脚”工具栏，如图 4-56 所示。

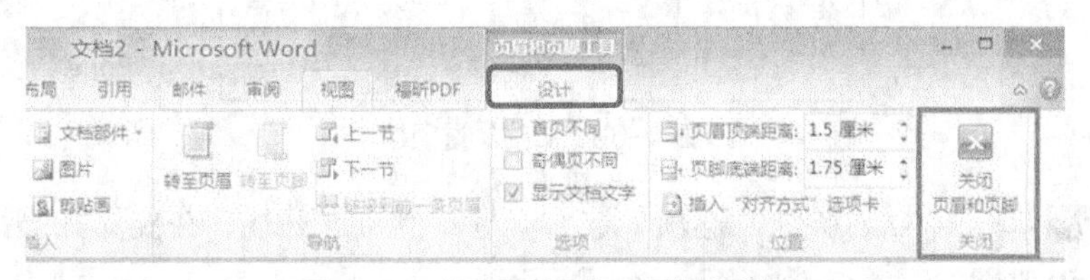

图 4-56 “页眉和页脚工具”功能区

（2）创建独特的首页页眉和页脚

单击菜单栏上的“插入”功能选项，在“页眉和页脚”选项组中单击“页眉”按钮，选择“编辑页眉”命令，如图 4-57 所示。

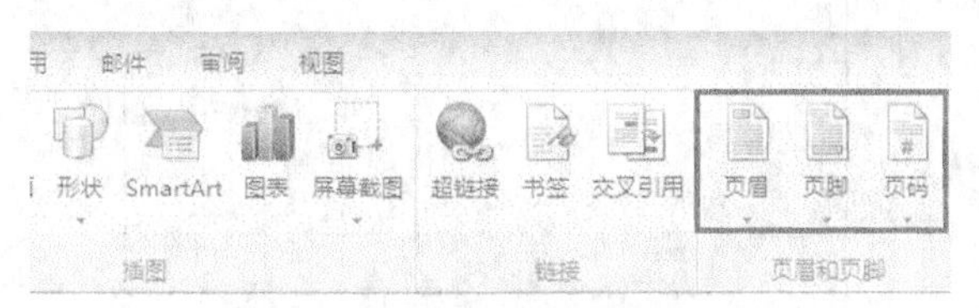

图 4-57 “页眉和页脚”选项组

此时出现“页眉页脚工具”功能区，在其中的选项组中勾选“首页不同”复选项，如图 4-58 所示。

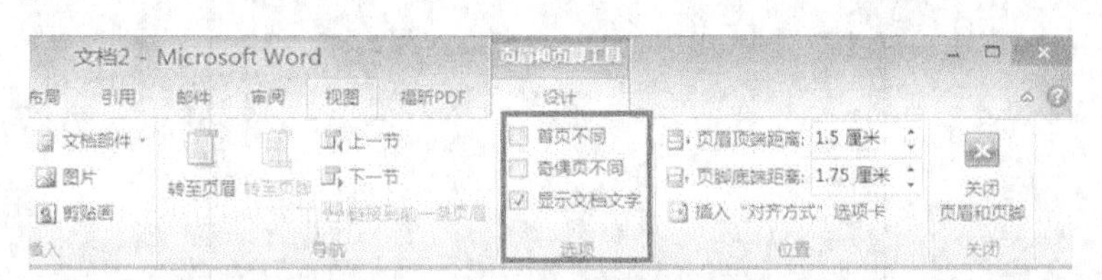

图 4-58 勾选“首页不同”复选项

在页眉编辑区输入与其他页不同的页眉内容，如“王小二——安徽电气工程职业技术学院毕业论文”，如图 4-59 所示，单击“关闭”按钮即可。

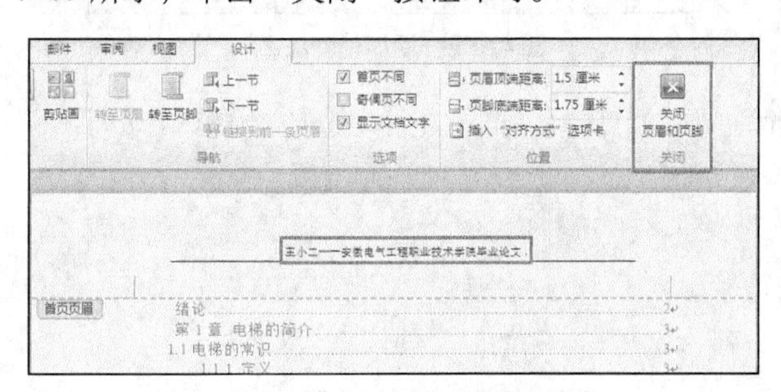

图 4-59 输入不同的“首页页眉”

（3）添加脚注和尾注

STEP 1 先为文档添加脚注，拖动鼠标，将鼠标定位到要插入脚注的位置。在菜单栏上选择“引用”命令，打开“引用”功能区，在 “脚注”选项组中可见 “插入脚注”、“插入尾注”选项，如图 4-60 所示。

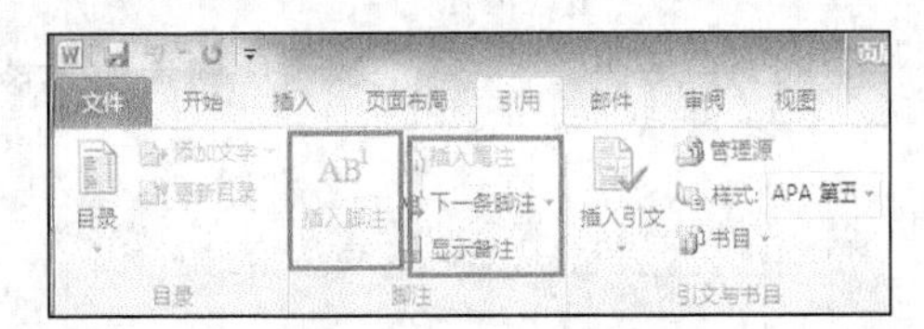

图 4-60“脚注”选项组

STEP 2 单击“插入脚注”选项，这时光标跳到页面底端，在要添加脚注的上方出现一条直线。输入脚注 1 的内容，如图 4-61 所示。

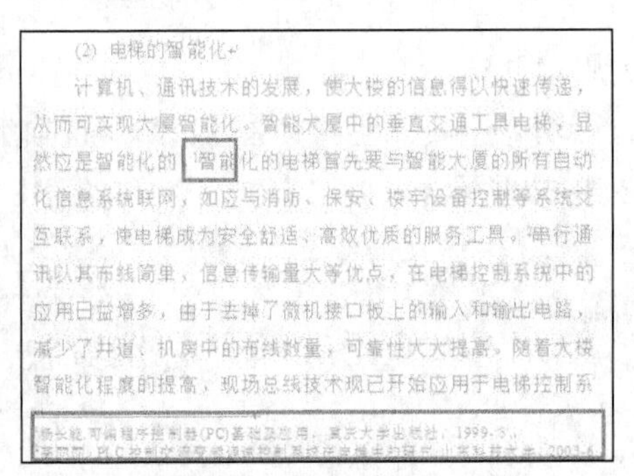

图 4-61　添加“脚注 1”

STEP 3 若要再插入一个脚注，同样先将光标定位到要插入脚注的位置，为文档添加第 2 个脚注，可以看到此时 Word 自动将该脚注编号设为 2，如图 4-62 所示。

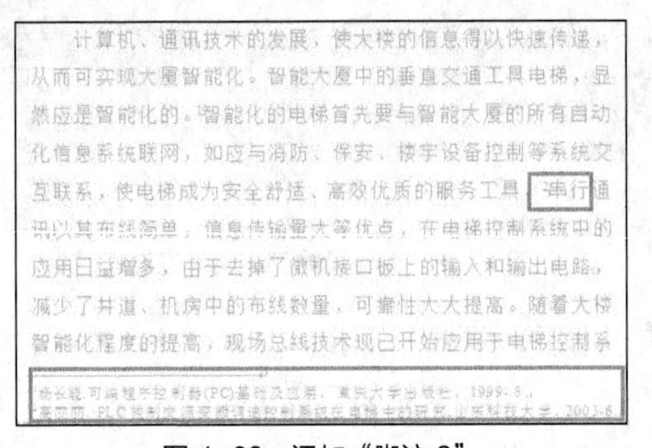

图 4-62　添加“脚注 2”

接下来，为文档添加尾注。选择“插入尾注”选项，如图 4-63 所示，单击即可实现插入。

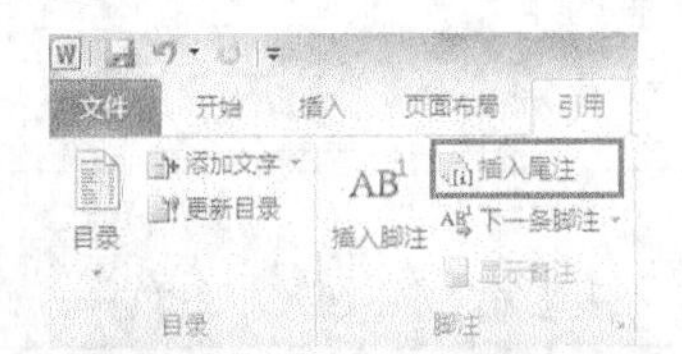

图 4-63“脚注和尾注”对话框

此时，在文档的结尾处出现一条直线，并在其下方出现尾注编号。在该尾注编号处输入内容即可，如图 4-64 所示。

（4）插入分页符

STEP 1 拖动鼠标，将光标定位到需要插入分页符的地方（通常是章节的结尾）。在菜单栏上选择“页面布局”选项卡。在“页面布局”功能区中“页面设置”选项组中，单击 “分隔符”下三角按钮，打开“分隔符”列表框中选中“分页符”选项，如图 4-65 所示。

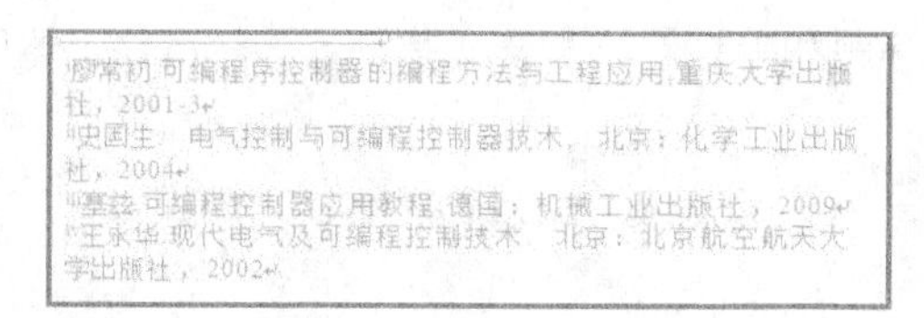
ⅰ廖常初.可编程序控制器的编程方法与工程应用.重庆大学出版社，2001-3
ⅱ史国生．电气控制与可编程控制器技术．北京：化学工业出版社，2004
ⅲ塞兹.可编程控制器应用教程.德国：机械工业出版社，2009
ⅳ王永华.现代电气及可编程控制技术．北京：北京航空航天大学出版社，2002

图 4-64 添加“尾注”

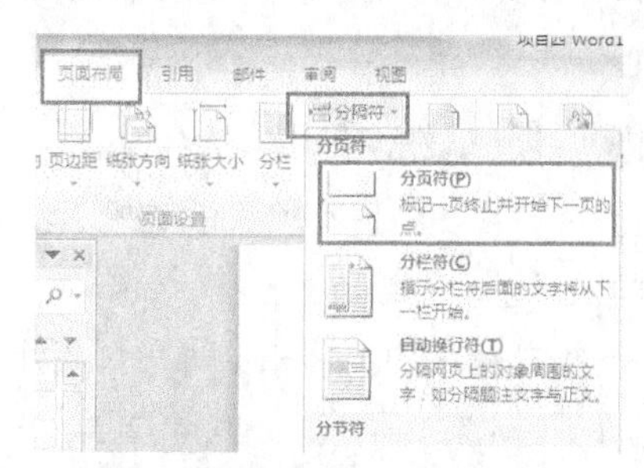

图 4-65 “分隔符”下拉列表框

STEP 2 在页面视图中，插入分页符后，分页符下面的内容就自动移到了下一页。

（5）保存并关闭文档

STEP 1 在“快速访问工具栏”上单击按钮，打开“另存为”对话框，默认的保存文档的目录为“我的文档”，单击“另存为”对话框中的保存位置下拉列表，选择“本地磁盘(F:)”。

STEP 2 如图 4-66 所示，在“另存为”对话框的下方“文件名”一栏输入文件名 “王小二——毕业论文”，“保存类型”一栏系统默认显示为“Word 文档（*.docx）”。单击“保存”按钮即可。

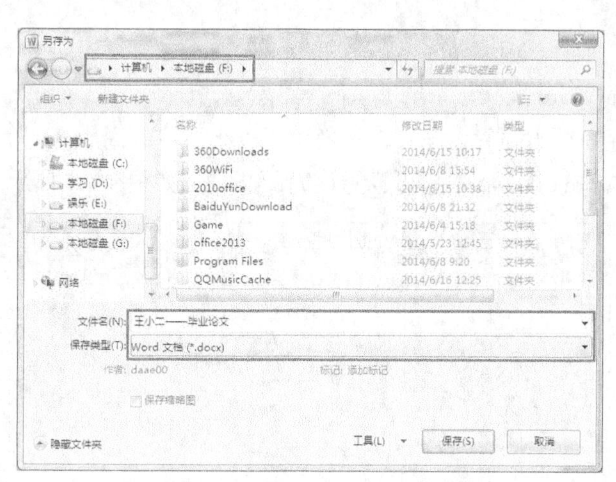

图 4-66 “另存为”对话框保存文件

保存完毕后，Word 窗口“标题栏”上将显示为新的文件名“王小二——毕业论文.docx”。单击击右上角的按钮，即可关闭 Word 文档并退出 Word 程序。

提示：在“另存为”对话框，“保存类型”一栏可以选择其他文件类型，如选择低版本“Word97-2003 文档（*.doc）”，使制作的文档也可以在较低版本的 Word 程序中打开。

三、任务小结

在“论文排版”这份任务中，我们学习了如何输入和编辑论文的正文，还学习了如何设置页面格式，在编写论文正文之前就可以把论文的页面格式设置好，可以为后期的调整省下很多的时间；其次我们学习了如何创建和更改项目符号，文章中有了项目符号，能够使论文变得更加简洁明了，层次分明；接下来我们学习了如何应用样式，如何插入目录，以及插入页眉页脚等操作。这些操作都能够使你的论文更富有格式感，更加富有观看性。你都学会了吗？

四、随堂练习

1. 对一长文档进行格式的编辑，给主标题和副标题添加样式并打开导航窗格，然后在文档前插入目录。

2. 给文档添加页眉和页脚，页眉处显示本人的班级、学号和姓名，页脚处包含“日期”和“页码”。

任务三　制作简历

一、情境设计

王小二的论文经过排版以后内容丰富，格式清晰，得到了老师和同学的一致赞赏。面临毕业的他马上就要加入到庞大的应聘大军中了，如何在大批的应聘者中脱颖而出呢？除了优秀的个人履历之外，简历的制作是每个学生都应掌握的技能，结构明了、内容简洁的简历能够在应聘时为自己抢占先机，下面，我们就来学习一下制作简历的操作方式吧。

二、任务实现

1. 编辑简历

（1）新建和保存 Word 文档

新建文档并保存在“本地磁盘(F:)”，命名为“王小二——简历.doc”，这里文件是以兼容模式保存，这样在 Word 2003 版本也可打开该简历文档，如图 4-67 所示。

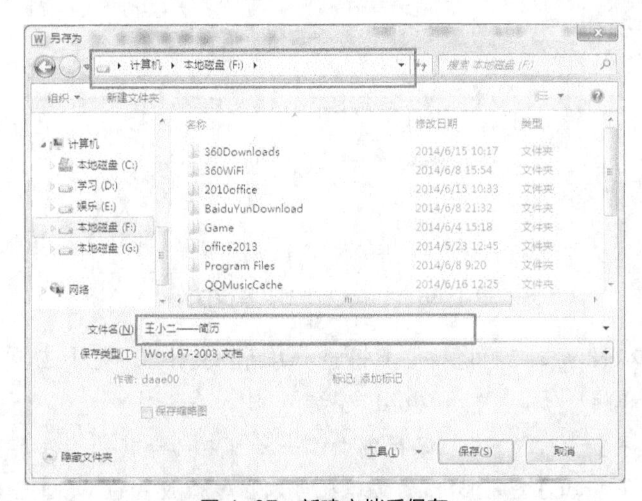

图 4-67　新建文档后保存

（2）设置字体字号

STEP 1 输入简历正文后，选中“简历”两个字，在“开始”功能区，字体选项组调节字号的选项里面选中“初号”，然后单击打开左边的“字体”下拉列表框，从中选择“黑体”，如图 4-68 所示。

图 4-68 设置“字体”和“字号”

STEP 2 使用同样的方法选中正文文字，将字体设置为“宋体”，字的大小设置为“小四”，如图 4-69 所示。

图 4-69 设置正文的“字体”和“字号”

STEP 3 拖曳鼠标选中“姓名:”，按住【Ctrl】键，拖曳鼠标，连续选中“性别:”、“出生日期:”、“求职意向:”、“专业课程:”、“操作技能:”。单击“加粗”按钮B，被选中的文字就会被加粗，如图 4-70 所示。

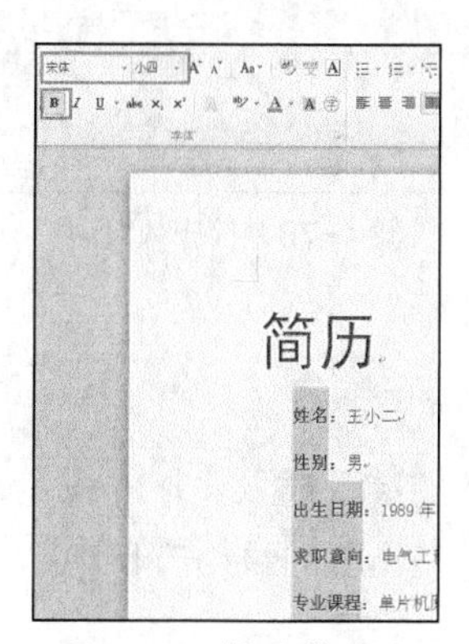

图 4-70 “加粗”命令

（3）段落格式

STEP 1 选中“简历”，单击“段落”选项组中的“居中”按钮，使“简历”居中显示，如图 4-71 所示。

图 4-71 “居中”显示

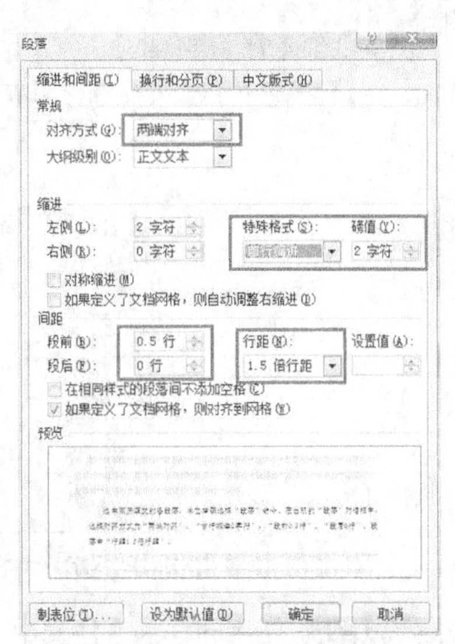

图 4-72“段落”对话框

STEP 2 选中简历正文的各段落，单击 “段落”选项组右下角对话框启动器命令按钮，如图 4-72 所示，在出现的“段落”对话框中，选择对齐方式为“两端对齐”、“首行缩进 2 字符”、“段前 0.5 行”、“段后 0 行”、段落中 “1.5 倍行距”。

STEP 3 单击“确定”按钮，正文格式效果如图 4-73 所示。

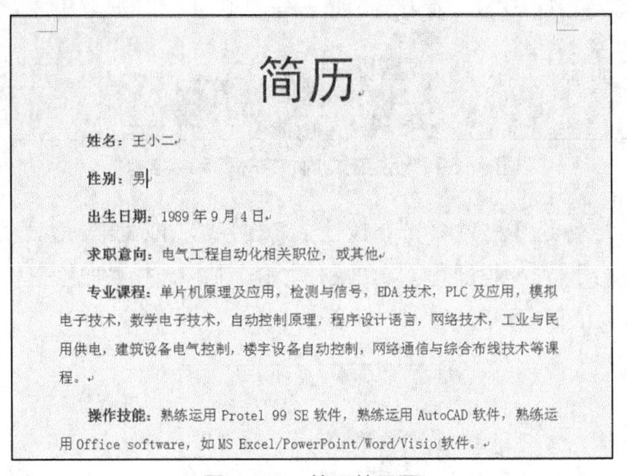

简历

姓名：王小二

性别：男

出生日期：1989 年 9 月 4 日

求职意向：电气工程自动化相关职位，或其他

专业课程：单片机原理及应用，检测与信号，EDA 技术，PLC 及应用，模拟电子技术，数学电子技术，自动控制原理，程序设计语言，网络技术，工业与民用供电，建筑设备电气控制，楼宇设备自动控制，网络通信与综合布线技术等课程。

操作技能：熟练运用 Protel 99 SE 软件，熟练运用 AutoCAD 软件，熟练运用 Office software，如 MS Excel/PowerPoint/Word/Visio 软件。

图 4-73 简历效果图

2．添加表格

（1）制作表格

STEP 1 首先，将光标定位到准备插入表格的位置，打开“插入”功能区，单击“表格”下三角按钮。按住鼠标左键，在出现的表格方框中拖动鼠标，选定所需的行和列数，释放鼠标左键，如图 4-74 所示。

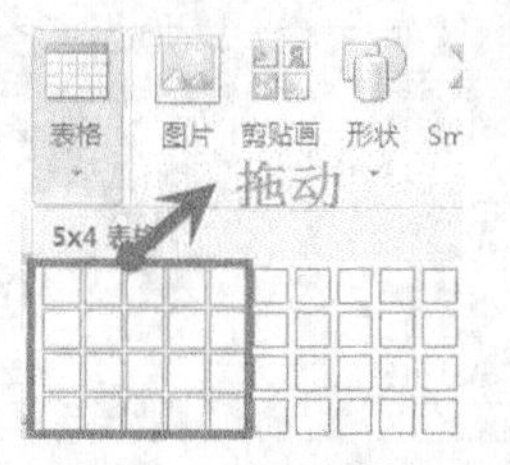

图 4-74　添加表格

STEP 2 页面中就会出现一个 4 行 5 列的表格。在各个单元格输入相应的文字内容，如图 4-75 所示。

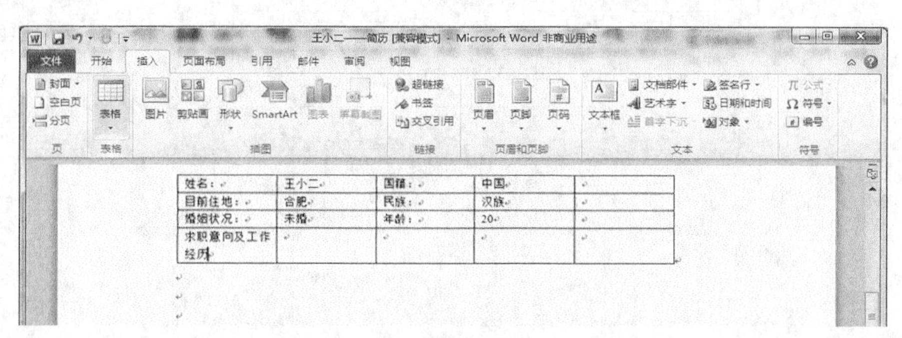

图 4-75　在表格的单元格中输入文字

（2）插入和删除单元格

STEP 1 若要在表格尾部继续增加行数，则将光标定位在表格的下方，单击“表格”下三角按钮，在出现的插入表格列表框，单击“插入表格”命令。此时，Word 弹出“插入表格”对话框，设定需要增加的表格行数和列数，然后单击“确定”按钮，如图 4-76 所示。

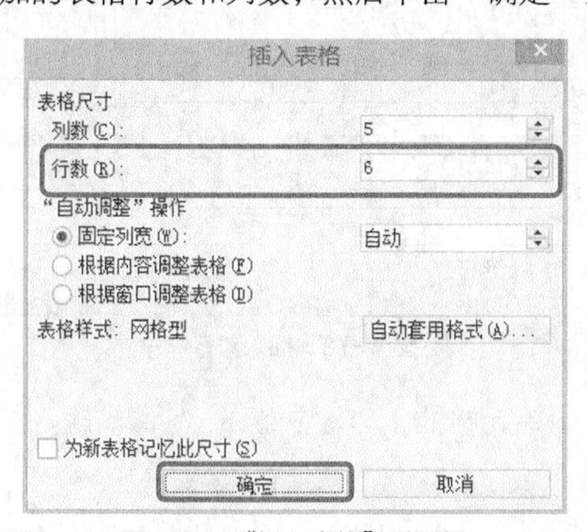

图 4-76　“插入表格”对话框

STEP 2 Word 便根据设定自动在已存在的表格下方增加了 6 行单元格。在新插入的单元行中输入文字内容，如图 4-77 所示。

STEP 3 这时发现需要在“月薪要求”和“毕业院校”这两行的中间插入新的“行”，首先选中“毕业院校”这一行，单击右键，在快捷菜单栏上选择“插入”→“行（在上方）”命令，如图 4-78 所示。

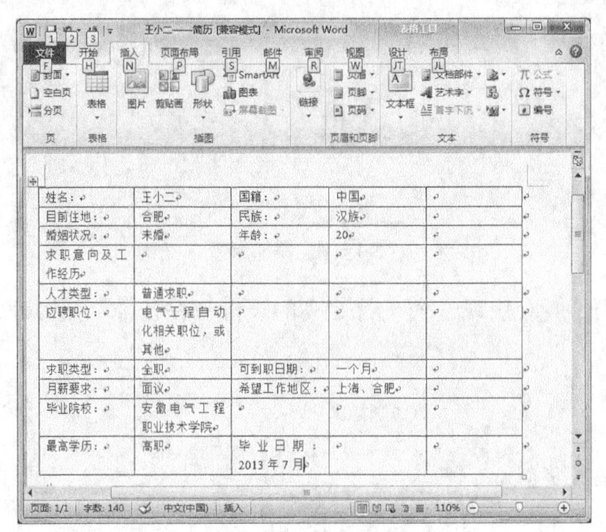

图 4-77 插入表格

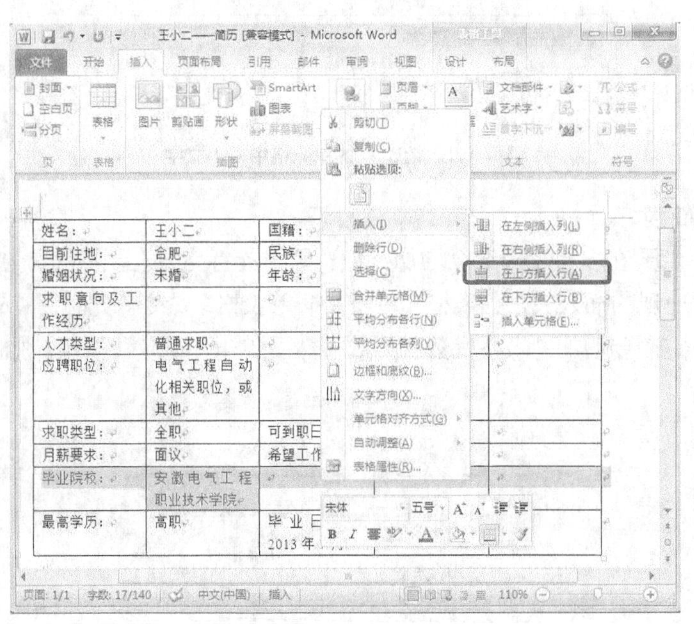

图 4-78 插入“行”

STEP 4 即可在选中单元格的上方添加新的“行”。输入相关文字内容，如图 4-79 所示。

求职类型：	全职	可到职日期：	一个月	
月薪要求：	面议	希望工作地区：	上海、合肥	
教育背景				
毕业院校：	安徽电气工程职业技术学院			
最高学历：	高职	毕业日期：2013 年 7 月		

图 4-79 插入“行”

STEP 5 删除单元格的方法和插入单元格类似，只要选中要删除的单元格后，在快捷菜单栏上选择“删除”命令。再在出现的“删除单元格”对话框的 4 个选项中做出选择，确定后即可按要求删除单元格，如图 4-80 所示。

（3）合并和拆分单元格

STEP 1 要合并单元格，首先选定要合并的多个单元格。单击右键选择“合并单元格”命令，如图 4-81 所示。

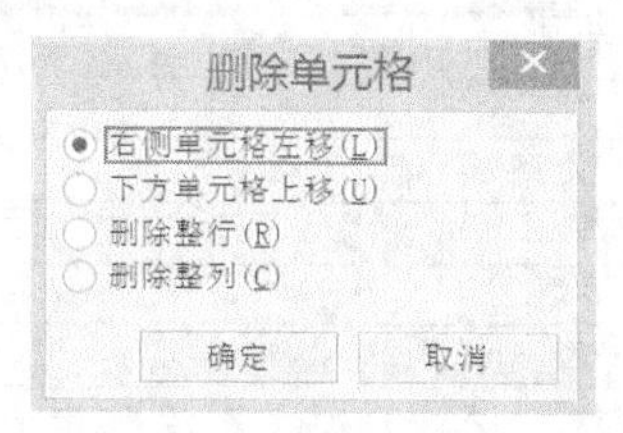

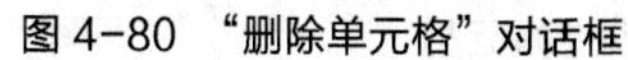
图 4-80 “删除单元格”对话框

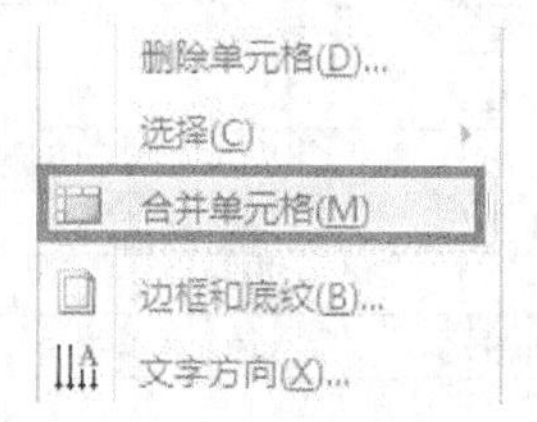

图 4-81 “合并单元格”命令

STEP 2 在文档窗口的空白处单击鼠标，解除表格单元格的选定状态，执行合并单元格后的效果如图 4-82 所示。

求职意向及工作经历				
人才类型：	普通求职			
应聘职位：	电气工程自动化相关职位，或其他			
求职类型：	全职	可到职日期：	一个月	

图 4-82 合并后的效果

STEP 3 以同样的方式合并其他几个单元格，如图 4-83 所示。

姓名：	王小二	国籍：	中国	
目前住地：	合肥	民族：	汉族	
婚姻状况：	未婚	年龄：	20	
求职意向及工作经历				
人才类型：	普通求职			
应聘职位：	电气工程自动化相关职位，或其他			
求职类型：	全职	可到职日期：	一个月	
月薪要求：	面议	希望工作地区：	上海、合肥	
教育背景				
毕业院校：	安徽电气工程职业技术学院			
最高学历：	高职	毕业日期：	2013 年 7 月	
所学专业	电气工程			
培训经历：	2008 年 9 月-2010 年 7 月 安徽电气工程职业技术学院			
语言能力				
普通话水平：	优秀	英语：	四级	
工作能力及其他专长				
本人具备电气工程等的基本理论熟悉基本电气设备操作，对各种电器设备有一定的认识，能熟练利用 Protel 99 SE 软件绘制电路图。 聪明好学，能够适应不同的环境，快速进行学习；精力充沛，能够在压力下进行多项工作；				

图 4-83 完成合并

STEP 4 若一不小心将不需要合并的单元格合并了，则要拆分单元格，选定要拆分的单元格，如图 4-84 所示。

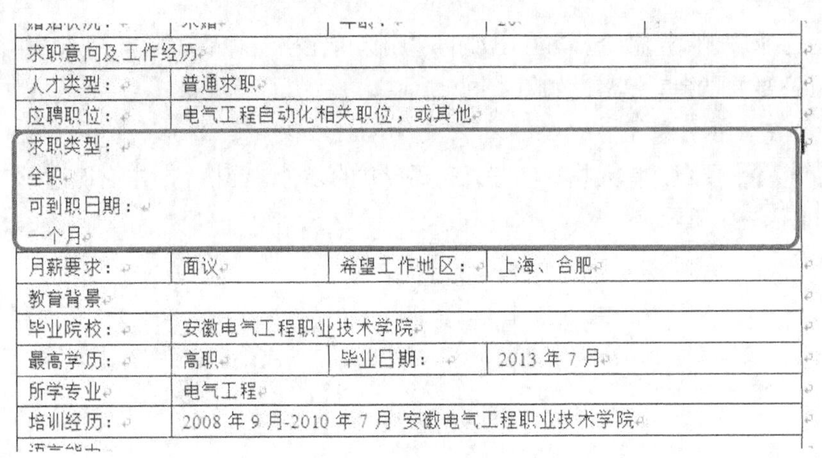

求职意向及工作经历			
人才类型：	普通求职		
应聘职位：	电气工程自动化相关职位，或其他		
求职类型： 全职 可到职日期： 一个月			
月薪要求：	面议	希望工作地区：	上海、合肥
教育背景			
毕业院校：	安徽电气工程职业技术学院		
最高学历：	高职	毕业日期：	2013 年 7 月
所学专业	电气工程		
培训经历：	2008 年 9 月-2010 年 7 月 安徽电气工程职业技术学院		

图 4-84 需要拆分的单元格

STEP 5 右键单击表格选择“拆分单元格”命令。此时，Word 出现“拆分单元格”对话框，默认的列数为 2，行数为所选定单元格的行数，输入要将选定单元格拆分的列数和行数，然后单击“确定”按钮，如图 4-85 所示。

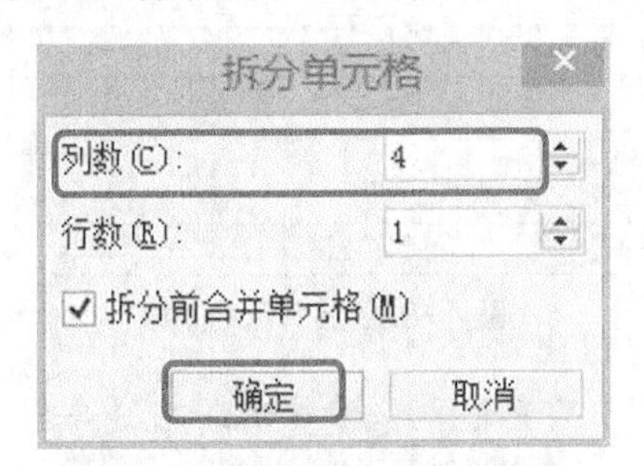

图 4-85 “拆分单元格”对话框

STEP 6 在文档窗口的空白处单击鼠标，解除表格的选定状态，执行“拆分单元格”命令后的效果如图 4-86 所示。

求职意向及工作经历			
人才类型：	普通求职		
应聘职位：	电气工程自动化相关职位，或其他		
求职类型：	全职	可到职日期：	一个月
月薪要求：	面议	希望工作地区：	上海、合肥
教育背景			
毕业院校：	安徽电气工程职业技术学院		
最高学历：	高职	毕业日期：	2013 年 7 月
所学专业	电气工程		
培训经历：	2008 年 9 月-2010 年 7 月 安徽电气工程职业技术学院		
语言能力			
普通话水平：	优秀	英语：	四级
工作能力及其他专长			

图 4-86 执行拆分单元格后的效果

（4）添加边框线

STEP 1 选定表格，单击“表格工具”的“设计”选项卡，在“绘图边框”选项组中选择线型为“双实线”、线宽为“2.25 磅”，如图 4-87 所示。

图 4-87　选择“边线”的线型和线宽

STEP 2 单击“笔颜色”下拉列表框，从中选择蓝色，如图 4-88 所示。

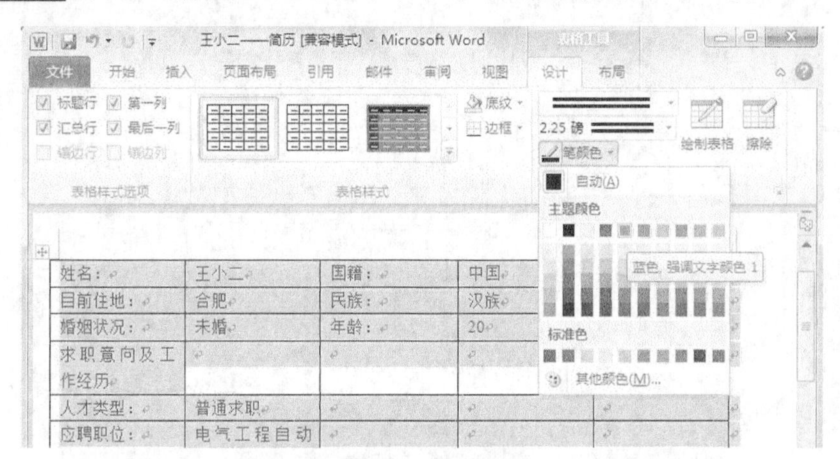

图 4-88　选择“蓝色”

STEP 3 选择要设定边框的表格区域，如图 4-92 所示，单击“表格样式”选项组中“边框”下拉按钮，出现边框类型列表，从中选择“外侧边框框线”选项；即可见 Word 为所选定的表格设定好外侧边框框线，如图 4-89 所示。

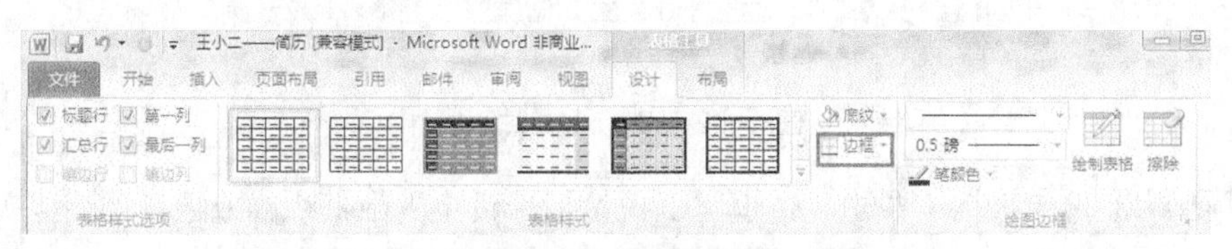

图 4-89　选择边框

STEP 4 在文档窗口的空白处单击鼠标，解除表格的选定状态，效果如图 4-90 所示。

姓名：	王小二	国籍：	中国	
目前住地：	合肥	民族：	汉族	
婚姻状况：	未婚	年龄：	20	
求职意向及工作经历				
人才类型：	普通求职			
应聘职位：	电气工程自动化相关职位，或其他			
求职类型： 全职 可到职日期： 一个月				
月薪要求：	面议	希望工作地区：	上海、合肥	
教育背景				
毕业院校：	安徽电气工程职业技术学院			
最高学历：	高职	毕业日期：	2013 年 7 月	
所学专业	电气工程			
培训经历：	2008 年 9 月-2010 年 7 月 安徽电气工程职业技术学院			
语言能力				
普通话水平：	优秀	英语：	四级	
工作能力及其他专长				
本人具备电气工程等的基本理论熟悉基本电气设备操作，对各种电器设备有一定的认识，能熟练利用 Protel 99 SE 软件绘制电路图。 聪明好学，能够适应不同的环境，快速进行学习；精力充沛，能够在压力下进行多项工作；诚恳守信，对工作认真负责，擅长交流，富有团队合作精神。				

图 4-90　设置“外框边线”的效果

STEP 5 若设置表格内框线的属性，则选定表格，单击“表格工具”选项卡，单击“边框”下拉按钮，选择“内部框线”选项，如图 4-91 所示。选择线型为“虚线”、线宽为“0.5 磅”、笔颜色为“天蓝”，如图 4-92 所示。

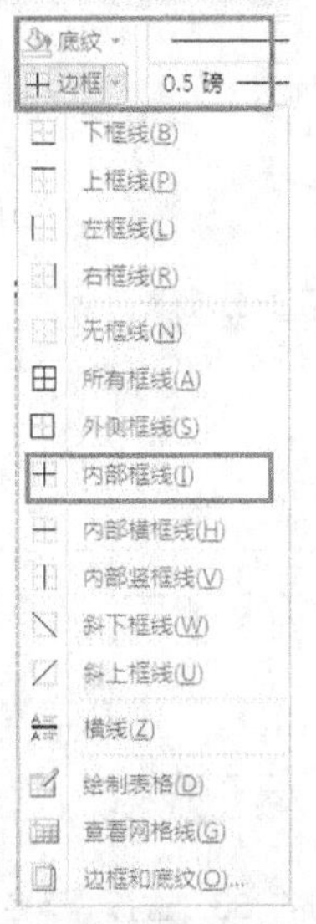

图 4-91　选择“内部框线”选项

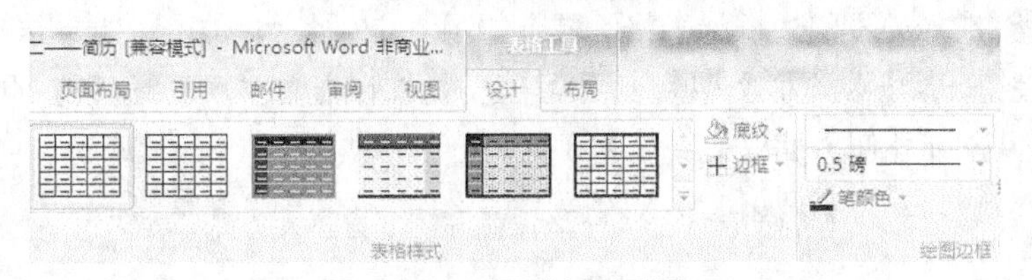

图 4-92　设置“内部框线”

STEP 6 选定表格，单击“边框”下拉按钮，设定内部框线的效果，如图 4-93 所示。在文档窗口的空白处单击鼠标，解除表格的选定状态。

姓名：	王小二	国籍：	中国	
目前住地：	合肥	民族：	汉族	
婚姻状况：	未婚	年龄：	20	
求职意向及工作经历				
人才类型：	普通求职			
应聘职位：	电气工程自动化相关职位，或其他			
求职类型：				
全职				
可到职日期：				
一个月				
月薪要求：	面议	希望工作地区：	上海、合肥	
教育背景				
毕业院校：	安徽电气工程职业技术学院			
最高学历：	高职	毕业日期：	2013 年 7 月	
所学专业	电气工程			
培训经历：	2008 年 9 月-2010 年 7 月 安徽电气工程职业技术学院			
语言能力				
普通话水平：	优秀	英语：	四级	
工作能力及其他专长				
本人具备电气工程等的基本理论熟悉基本电气设备操作，对各种电器设备有一定的认识，能熟练利用 Protel 99 SE 软件绘制电路图。 聪明好学，能够适应不同的环境，快速进行学习；精力充沛，能够在压力下进行多项工作；诚恳守信，对工作认真负责，擅长交流，富有团队合作精神。				

图 4-93　设置“内部框线”效果

（5）添加底纹

STEP 1 要为表格或单元格添加底纹，首先要选定需要添加底纹的单元格，单击“表格工具”的“设计”选项卡，在“表格样式”选项组中选择“底纹”选项，在出现的颜色板中选定颜色，如图 4-94 所示。

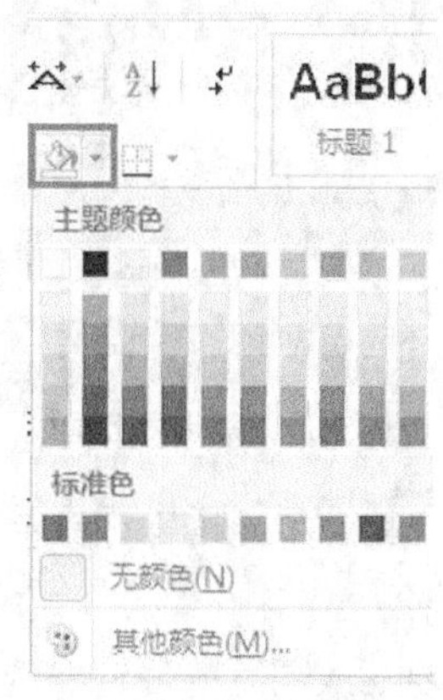

图 4-94 选择底纹颜色

STEP 2 在文档窗口的空白处单击鼠标，解除表格的选定状态，可以看到添加底纹的单元格，如图 4-95 所示。

姓名：	王小二	国籍：	中国
目前住地：	合肥	民族：	汉族
婚姻状况：	未婚	年龄：	20
求职意向及工作经历			
人才类型：	普通求职		
应聘职位：	电气工程自动化相关职位，或其他		
求职类型：	全职	可到职日期：	一个月
月薪要求：	面议	希望工作地区：	上海、合肥
教育背景			
毕业院校：	安徽电气工程职业技术学院		
最高学历：	高职	毕业日期：	2013 年 7 月
所学专业	电气工程		
培训经历：	2008 年 9 月-2010 年 7 月 安徽电气工程职业技术学院		
语言能力			
普通话水平：	优秀	英语：	四级
工作能力及其他专长			
本人具备电气工程等的基本理论熟悉基本电气设备操作，对各种电器设备有一定的认识，能熟练利用 Protel 99 SE 软件绘制电路图。聪明好学，能够适应不同的环境，快速进行学习；精力充沛，能够在压力下进行多项工作；诚恳守信，对工作认真负责，擅长交流，富有团队合作精神。			

图 4-95 “底纹颜色”效果

STEP 3 若在颜色板中找不到想要的颜色，可单击“底纹”下拉按钮，从弹出的下拉菜单中选择“其他颜色”选项。此时，Word 弹出“颜色”对话框，在“标准”选项卡的“颜色”面板中选择想要的颜色，必要时还可在“自定义”选项卡中选择颜色，然后单击“确定”按钮，如图 4-96 所示。

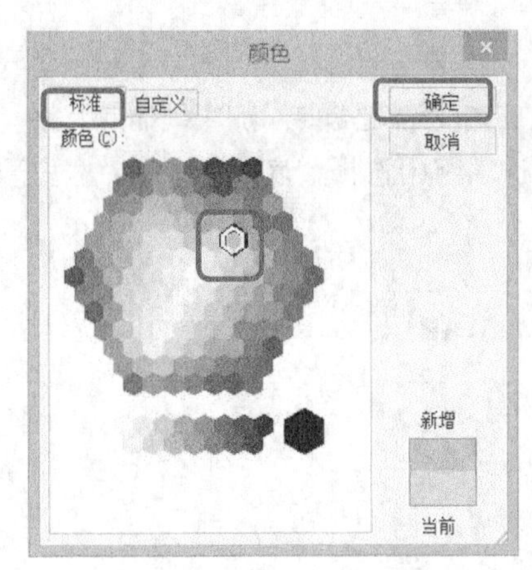

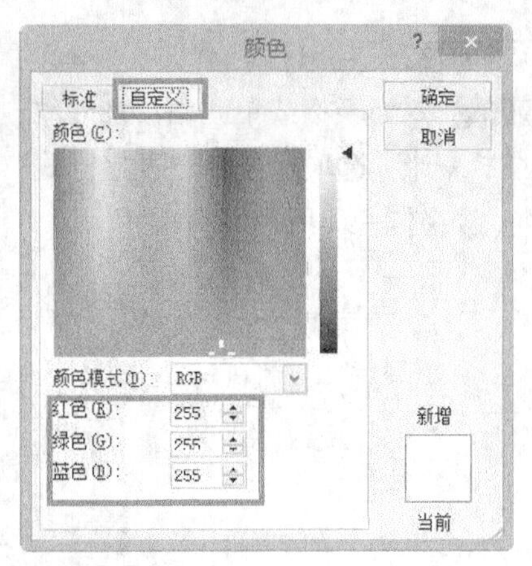

图 4-96　其他填充颜色

STEP 4　按照相同的方法，将其余单元格填充颜色。

（6）在表格中插入图片

STEP 1　将鼠标光标定位在要插入图片的位置。选择菜单栏上的“插入”选项，打开“插入”功能区，单击“图片”按钮，如图 4-97 所示。

图 4-97　单击“图片”按钮

STEP 2　在弹出的“插入图片”对话框中，选择所要插入的图片所在的“本地磁盘(F:)”，单击选择图片文件，然后单击“插入”按钮，如图 4-98 所示。

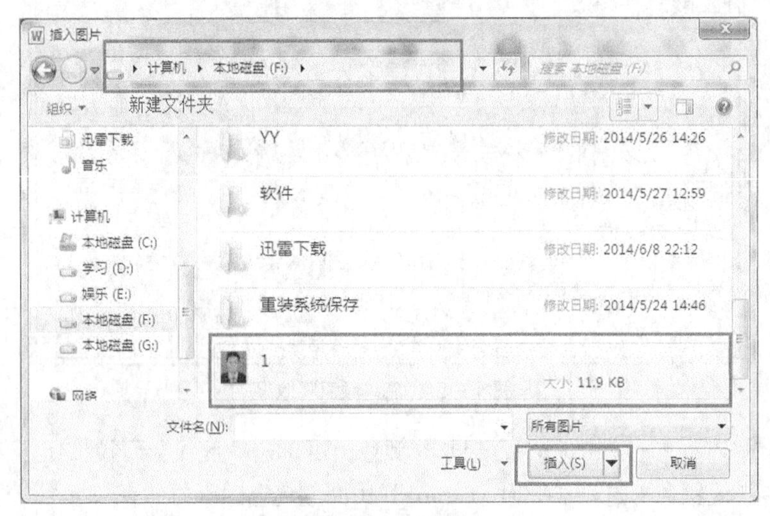

图 4-98　选择图片

STEP 3　调整图片大小。单击表格中的图片，图片四周就会出现可供调整大小的边框，同时功能区中出现“图片工具”，如图 4-99 所示。将鼠标移到图片右下角，按住鼠标左键，单击图片边框上的白色方块后，向左上方拖动鼠标。调整到合适的大小后，松开鼠标左键，即可完成调整图片大小的操作，如图 4-100 所示。

图 4-99 调整图片大小

姓名：	王小二	国籍：	中国
目前住地：	合肥	民族：	汉族
婚姻状况：	未婚	年龄：	20
求职意向及工作经历			
人才类型：	普通求职		
应聘职位：	电气工程自动化相关职位，或其他		
求职类型：	全职	可到职日期：	一个月
月薪要求：	面议	希望工作地区：	上海、合肥
教育背景			
毕业院校：	安徽电气工程职业技术学院		
最高学历：	高职	毕业日期：	2013 年 7 月
所学专业	电气工程		
培训经历：	2008 年 9 月-2010 年 7 月 安徽电气工程职业技术学院		
语言能力			
普通话水平：	优秀	英语：	四级
工作能力及其他专长			
本人具备电气工程等的基本理论熟悉基本电气设备操作，对各种电器设备有一定的认识，能熟练利用 Protel 99 SE 软件绘制电路图。聪明好学，能够适应不同的环境，快速进行学习；精力充沛，能够在压力下进行多项工作；诚恳守信，对工作认真负责，擅长交流，富有团队合作精神。			

图 4-100 简历表格的效果

三、任务小结

在本次任务中，我们学习了如何制作简历表格。主要的方法就是插入表格，以及对表格进行设置，如插入和删除单元格，合并和拆分单元格，并学习了如何美化表格，如为表格添加边框线，添加底纹等。你都学会了吗？

四、随堂练习

1. 制作一份介绍自己的个人简介表格。
2. 要求对表格进行边框和框线的设置，为表格添加底纹或颜色。

任务四 制作简报

一、情境设计

王小二高中的学弟学妹们，很想知道学长读的是怎样的一个学校，可是又不能亲自来到学校参观。王小二就想到了制作一份介绍学校的简报给他们看。可是简报该怎样制作呢？下面，我们就来学习一下如何使用 Word 制作简报吧。

二、任务实现

1．页面设置

新建空白文档，保存为“学校简报”。然后进行页面设置，设置为“横向”，“上下边距 3 厘米”，“左右边距 3.5 厘米”，如图 4-101 所示。

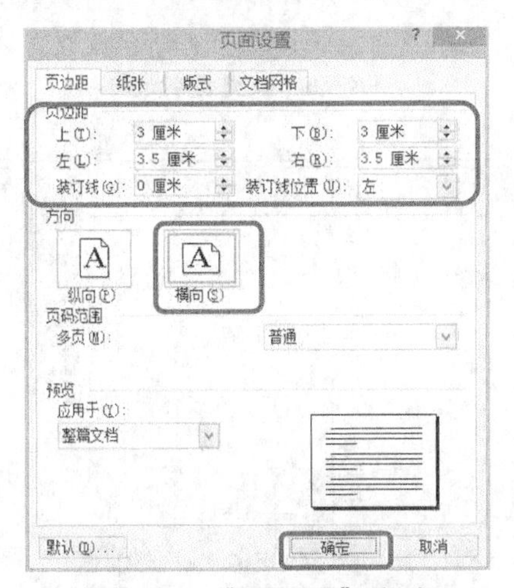

图 4-101 “页面设置”对话框

2．分栏

STEP 1 首行输入文字“安徽省电气工程职业技术学院”，设置字体为“宋体”，字号为“五号”，居中显示。

STEP 2 按回车键将光标挪到下一行后，输入文字“责任编辑：王小二出版日期：2013 年 9 月第 9 期”，设置字体为“宋体”，字号为“五号”，居中显示。

STEP 3 按【回车】键将光标挪到下一行后，选中该行的段落标记符，选择“页面布局”功能区的“分栏”命令，在弹出的“分栏”列表框中，选择“更多分栏”选项，打开“分栏”对话框，如图 4-102 所示。设置三栏，勾选“分隔线”选项，单击“确定”按钮。

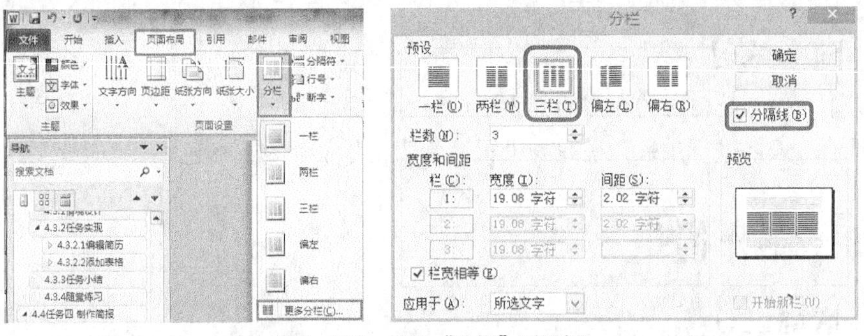

图 4-102 设置“分栏”对话框

STEP 4 继续输入简报内容，Word 会自动根据文字安排分栏和分隔线，如图 4-103 所示。

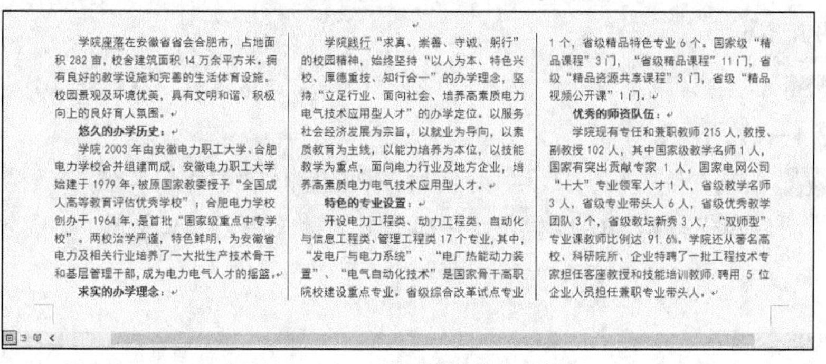

学院座落在安徽省省会合肥市，占地面积 282 亩，校舍建筑面积 14 万余平方米，拥有良好的教学设施和完善的生活体育设施。校园景观及环境优美，具有文明和谐、积极向上的良好育人氛围。

悠久的办学历史：

学院 2003 年由安徽电力职工大学、合肥电力学校合并组建而成。安徽电力职工大学始建于 1979 年，被原国家教委授予“全国成人高等教育评估优秀学校”；合肥电力学校创办于 1964 年，是首批“国家级重点中专学校”。两校治学严谨，特色鲜明，为安徽省电力及相关行业培养了一大批生产技术骨干和基层管理干部，成为电力电气人才的摇篮。

求实的办学理念：

学院践行“求真、崇善、守诚、躬行”的校园精神，始终坚持“以人为本、特色兴校、厚德重技、知行合一”的办学理念，坚持“立足行业、面向社会、培养高素质电力电气技术应用型人才”的办学定位。以服务社会经济发展为宗旨，以就业为导向，以素质教育为主线，以能力培养为本位，以技能教学为重点，面向电力行业及地方企业，培养高素质电力电气技术应用型人才。

特色的专业设置：

开设电力工程类、动力工程类、自动化与信息工程类、管理工程类 17 个专业，其中，“发电厂与电力系统”、“电厂热能动力装置”、“电气自动化技术”是国家骨干高职院校建设重点专业，省级综合改革试点专业 1 个，省级精品特色专业 6 个。国家级“精品课程”3 门，“省级精品课程”11 门，省级“精品资源共享课程”3 门，省级“精品视频公开课”1 门。

优秀的师资队伍：

学院现有专任和兼职教师 215 人，教授、副教授 102 人，其中国家级教学名师 1 人，国家有突出贡献专家 1 人，国家电网公司“十大”专业领军人才 1 人，省级教学名师 3 人，省级专业带头人 6 人，省级优秀教学团队 3 个，省级教坛新秀 3 人，“双师型”专业课教师比例达 91.6%。学院还从著名高校、科研院所、企业特聘了一批工程技术专家担任客座教授和技能培训教师，聘用 5 位企业人员担任兼职专业带头人。

图 4-103　输入简报文字内容

3．插入艺术字

STEP 1 将光标置于首行第一个文字前按【回车】键，插入若干空行。在“插入”功能区，单击“艺术字”按钮，打开“艺术字库”，如图 4-104 所示。

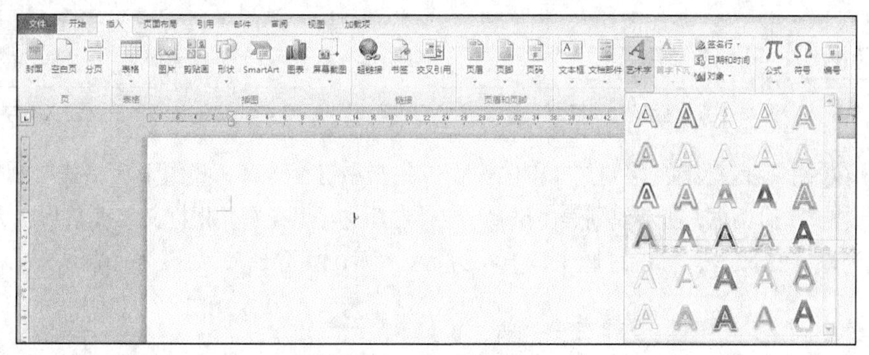

图 4-104　选择插入艺术字

STEP 2 选择所需要的艺术字样式。

STEP 3 如图 4-105 所示，在弹出的艺术字编辑框中，键入要设置为艺术字的文字“电气学院校园报”，使用“开始”功能区的按钮改变艺术字的字体、字号，设置为“加粗”模式。

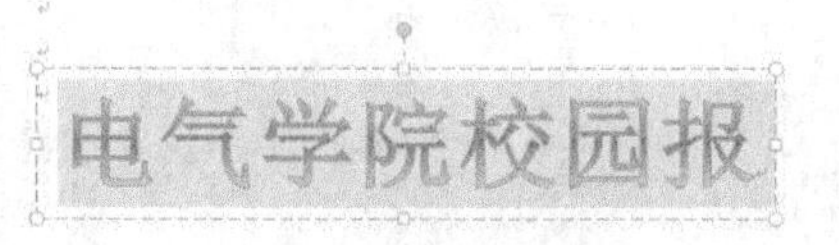

图 4-105　编辑“艺术字”文字

STEP 4 单击艺术字四角的边缘，拖动鼠标调整艺术字大小。

STEP 5 如要继续调整艺术字的形状、字样等，选中艺术字，单击打开“绘图工具格式”功能区，选择相应的命令，即可完成对艺术字形状的更改，如图 4-106 所示。

图 4-106　调整艺术字形状

4．使用文本框

STEP 1 单击 “插入”→“文本框”按钮， 从“文本框”样式列表中选择“简单文本框”，如图 4-107 所示。

STEP 2 在文本框中输入文字后，使用默认的字体“宋体”、字号“五号”，段落首行缩进 2 字符、行距单倍行距、两端对齐；并根据文字量调整文本框大小，如图 4-108 所示。

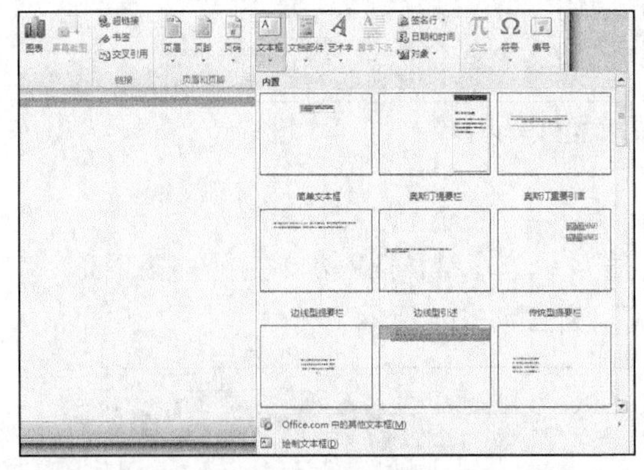

图 4-107　插入文本框

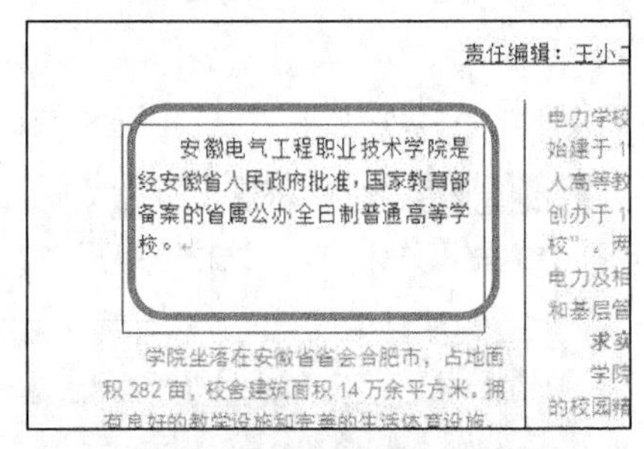

图 4-108　在文本框内输入文字内容

STEP 3 将鼠标指针移到文本框的边框，单击右键，选择“设置形状格式”命令，打开“设置形状格式”对话框，在左侧列表中选择“文本框”选项，在右侧根据文字调整形状大小，“内部边距”为左 0.25 厘米、右 0.25 厘米、上 0.2 厘米、下 0.2 厘米等，如图 4-109 所示。

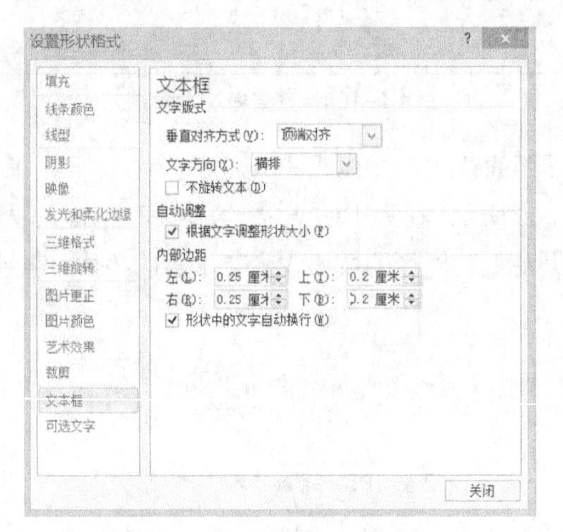

图 4-109　设置文本框格式

STEP 4 设置文本框填充效果和边框线型。选中文本框，用右键单击，弹出“设置文本框格式”对话框，选择“填充”选项，设置“填充颜色”为“淡蓝”，“线条颜色”为“深蓝”；选择“线型”选项，设置线型为“3 磅双直线”，“虚实”为“长划线”，然后单击“关闭”按钮。

STEP 5 设置文本框版式。选中文本框，根据需要选择图文混排方式，单击 “绘图工具”→“格式”→“自动换行”按钮，从下拉列表中选择“紧密型环绕”选项，如图 4-110 所示。

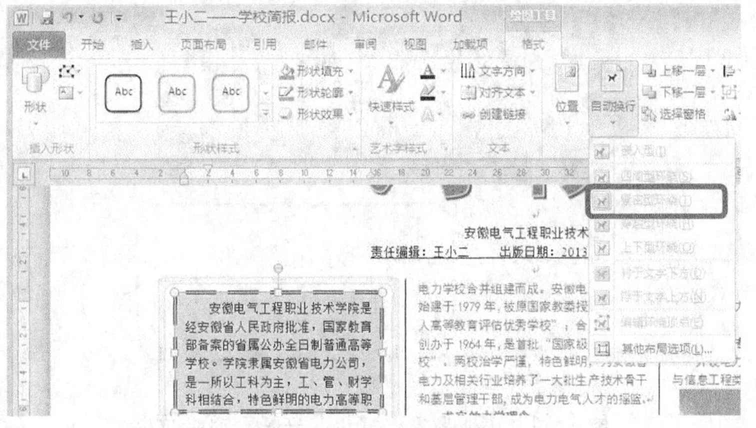

图 4-110 设置文本框版式

提示：文本框内的内容随着文本框的移动而移动，不会发生错位情况。Word 中文本框相当于自选图形矩形的添加文字，实现的页面排版效果可以一样。但是文本框有一个文本框链接的功能，如在分页的表格中插入文本框，可以实现文字的自然流动。

5．绘制基本形状

STEP 1 选择“文件”菜单栏上的“选项”命令，在弹出的“Word 选项”对话框中选择“高级”选项卡，取消勾选“插入‘自选图形’时自动创建绘图画布”复选项，单击“确定”按钮，这样在绘制基本形状时，绘图画布就不会再出现，如图 4-111 所示。

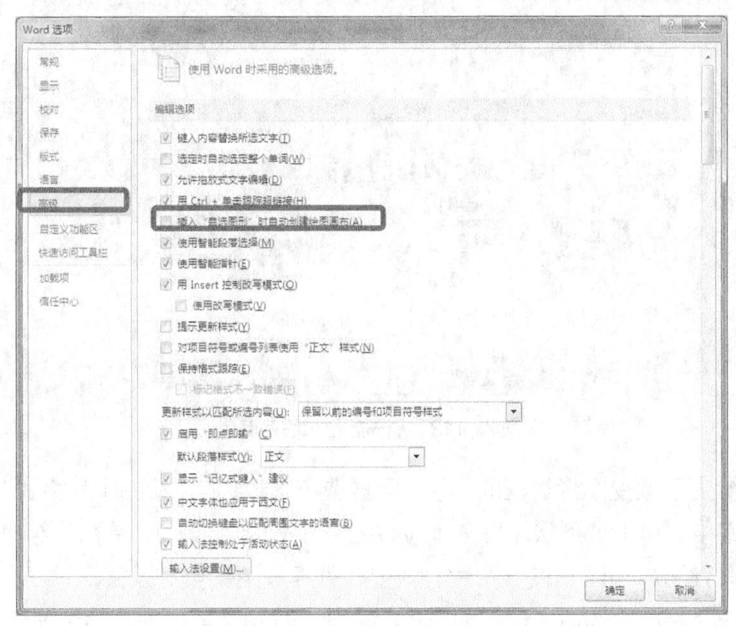

图 4-111 “Word 选项”对话框

STEP 2 在“插入”功能区中，单击“形状”下拉按钮，从形状列表框中选择想要的图形，如选择“基本形状”组下的“太阳形”，移动鼠标到合适的位置，然后释放，“太阳形”即绘制完成。拖动太阳形四周的空心圆圈，即可改变太阳形的形状和大小。拖动太阳形中心圆上的黄色圆圈，即可改变中心圆的大小，如图 4-112 所示。

图 4-112 绘制多个“太阳形”并改变中心圆大小

STEP 3 如需对已绘制好的图形进行缩放和旋转，则首先选定已绘制好的图形。将鼠标放在“太阳形”的 4 个角上的空心圆圈处，当鼠标变为箭头时，向内拖动图形使其缩小，向外拖动则放大。若要旋转图形，可将鼠标放到图形上方的绿色圆圈上，当鼠标变成圆圈箭头时，拖动鼠标即可对图形进行旋转。图形旋转，也可在选定图形后，单击“绘图工具格式”选项卡，从“排列”选项组中选择相应的命令。

STEP 4 一般情况下绘制的图形没有颜色，若要设置颜色填充，选定图形后，在“绘图工具格式”功能区的“形状样式”选项组中，单击“形状填充”下拉按钮，在下拉列表中选择所需的颜色，如橙色，如图 4-113 所示。

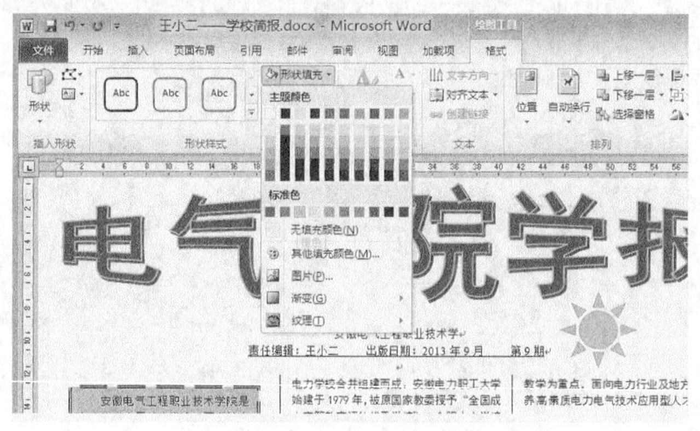

图 4-113 填充颜色和线条颜色

STEP 5 若要改变图形边框的颜色，同样选定图形，在“绘图工具格式”功能区的“形状样式”选项组中，单击“形状轮廓”下拉按钮，在列表中选择所需的颜色，如绿色。

STEP 6 还可以为图形设置图片、渐变、纹理或图案填充效果，只要在“形状填充”下拉列表框中选择相应的选项即可。如选择“纹理”选项，即出现各种纹理样式以供选择。

STEP 7 组合多个图形。选定多个图形，单击右键，在快捷菜单中选择“组合”→“组合”命令，反之选择“组合”→“取消组合”命令，则取消图形的组合。

STEP 8 若要取消填充颜色或填充效果，首先选中要取消填充颜色的图形，在“形状填充”下拉列表框中选择“无填充颜色”选项即可。

STEP 9 若要删除图形，先选中要删除的图形，直接按键盘上的【Delete】键即可。

6．插入剪贴画

STEP 1 将光标定位在需要插入剪贴画的位置。在“插入”功能区中，单击“剪贴画”命令按钮。

STEP 2 在“插入剪贴画”任务窗格的“搜索文字”框中，输入描述所编辑图片的单词或短语，也可输入剪辑的完整或部分文件名。例如输入“人物”，单击“搜索”按钮，则系统会按照输入条件进行搜索，搜索后的结果显示在“插入剪贴画”的任务窗格中，如图 4-114 所示。

STEP 3 当鼠标指向某剪贴画时，它右侧会出现一个下拉按钮，单击它即可打开其下拉菜单，然后选中“插入”命令，即可将该剪贴画插入到文档中。

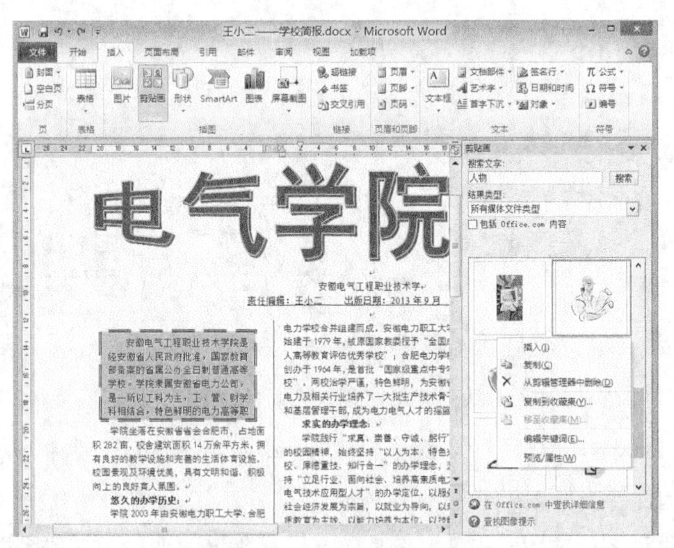

图 4-114 插入“剪贴画”

STEP 4 对插入的剪贴画进行“版式”和大小的设置，将其放置在理想的位置，如图 4-115 所示。

图 4-115 完成设置

7．插入图片

STEP 1 将光标定位在需要插入图片的位置，在“插入”功能区中，单击“图片”命令按钮，打开“插入图片”对话框，从中选择一个图片文件，在简报中插入校园风景图片，如图 4-116 所示。

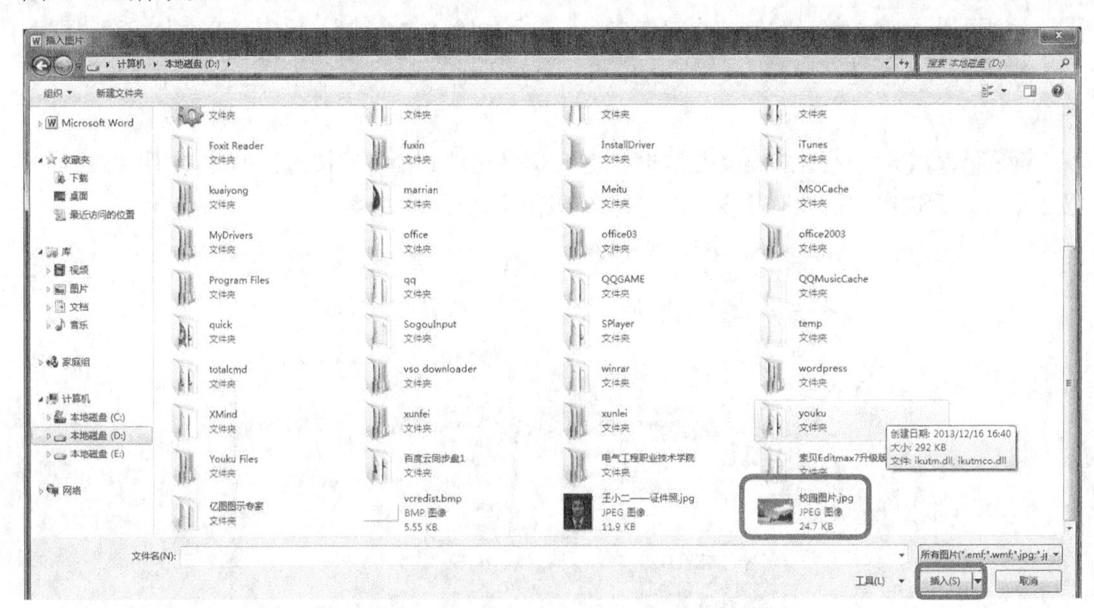

图 4-116 “插入图片”对话框

STEP 2 设置图片格式。选中该图片，用右键单击，从弹出的快捷菜单中选择“自动换行”→“四周型环绕”命令。

STEP 3 移动图片位置时先选择图片，当鼠标指针改变后，拖住鼠标不放，然后拖动图片到预定位置即可。

8．设置边框

为了进一步美化简报，我们可以给简报添加页面背景，如水印、颜色和边框。

STEP 1 将光标定位在文档的任意位置，在“页面布局”功能区中的页面背景选项组中，单击“页面边框”命令按钮，打开“边框和底纹”对话框，选择“页面边框”选项卡。

STEP 2 从“边框和底纹”对话框左侧选择 “方框”选项，在中间“样式”栏目中，从“艺术型”列表中选中某种图案作为边框。

STEP 3 “边框和底纹”对话框右侧上部是预览效果示意图，右侧下“应用于”文本框选择 “整篇文档”，表示边框将对整篇文档设置，如图 4-117 所示。

STEP 4 单击“确定”按钮，效果如图 4-118 所示。

提示：在“边框和底纹”对话框中单击选择“边框”选项卡，可以针对选中的文字或段落设置边框。

三、任务小结

在本次任务中，我们学习的是如何对 Word 文档进行图文混排，可以在文档中插入艺术字、文本框、剪贴画、图片和各种形状图，增强文档的视觉效果，同时可以运用分栏和文本框对文本内容进行有创意的排版，还可以设置页面背景进一步美化文档。你都学会了吗？

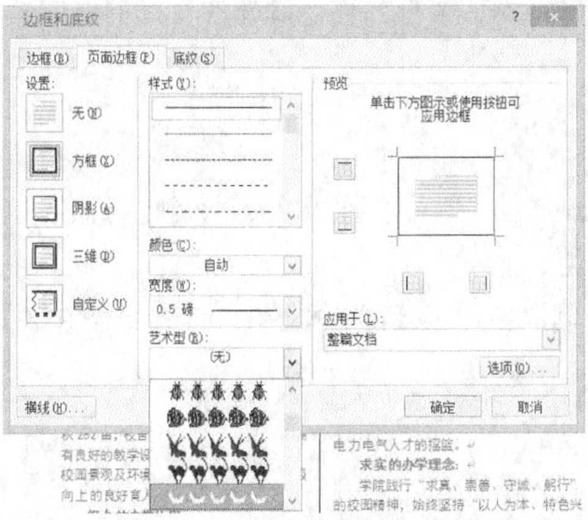

图 4-117 “边框和底纹”对话框

图 4-118 完成效果

四、随堂练习

1. 制作一份介绍自己班级的简报，要求设置艺术字标题，用文本框输入部分文本内容。

2. 在上述简报中插入“笑脸”形状、插入 SmartArt 层次结构图表示班级干部组织、插入班级图片。

3. 在上述简报中设置水印文字为本人姓名，设置页面艺术型边框。

任务五 制作求职信

一、情境设计

王小二的简历做得很漂亮，可是一想到应聘时要分别给几十家公司发不同抬头名称的求职信，他就很烦躁，有没有一种简单的方式制作并发送同样内容不同称谓名称的求职信呢？当然是有的。下面，我们就来学习一下利用邮件合并制作求职信。“邮件合并”是指使用 Word 在定制的同样格式的文档中引用不同的数据，完成文档编辑的操作过程。例如，在大批量制作请柬，或者给许多客户发送相同内容的信件时，需要在文档中输入收件方的名字、地址等信息，就可以使用 Word 的邮件合并功能。这样制作时，只需要设计一份信件或请柬，加上现成的客户通讯录，即可自动添加客户名称，制作成一批信件或请柬。

二、任务实现

1．建立数据源

STEP 1 新建 Word 文档“单位名称表.docx”，创建表格后，在各个单元格中录入招聘单位的名称，如图 4-119 所示。

STEP 2 将文件“单位名称表.doc”保存在“本地磁盘(D:)”，关闭文档。

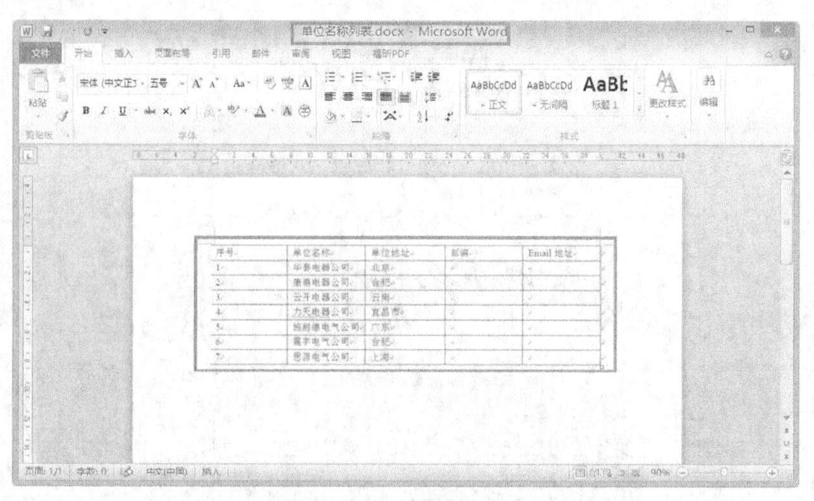

图 4-119 单位名称表格

2．创建主文档

STEP 1 新建 Word 文档“求职信主文档.docx”，输入包含求职信基本内容的文字，如图 4-120 所示，单位名称处留空。

STEP 2 将文件“求职信主文档.docx”保存在“本地磁盘(D:)”下。

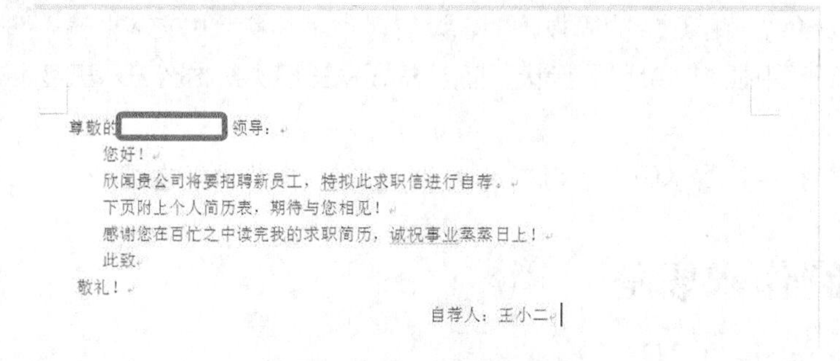
尊敬的　　　　领导：

您好！

欣闻贵公司将要招聘新员工，特拟此求职信进行自荐。

下页附上个人简历表，期待与您相见！

感谢您在百忙之中读完我的求职简历，诚祝事业蒸蒸日上！

此致

敬礼！

自荐人：王小二

图 4-120 求职信主文档

3．生成求职信

STEP 1 打开“邮件合并任务窗格”。

打开“求职信主文档.docx”，打开“邮件”功能区，单击“开始邮件合并”按钮，在弹出的“邮件合并”列表框中选择“邮件合并分步向导”选项，出现邮件合并任务窗格。在任务窗格中，显示邮件合并共分如下 6 个步骤。

STEP 2 选择文档类型为“信函”，如图 4-121 所示。

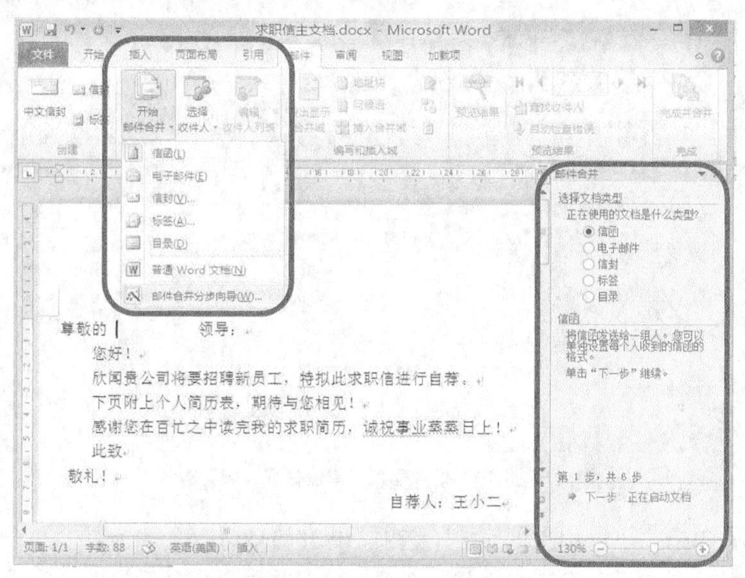

图 4-121 开始邮件合并

STEP 3 单击“下一步 正在启用文档”选项。

STEP 4 单击“下一步选取收件人”选项，选择“使用现有列表”选项，再单击“使用现有列表”中的浏览按钮，如图 4-122 所示。打开“选取数据源”对话框，选择“单位名称表.doc”，单击“打开”按钮，弹出“邮件合并收件人”对话框，单击“确定”按钮关闭对话框，返回编辑界面。

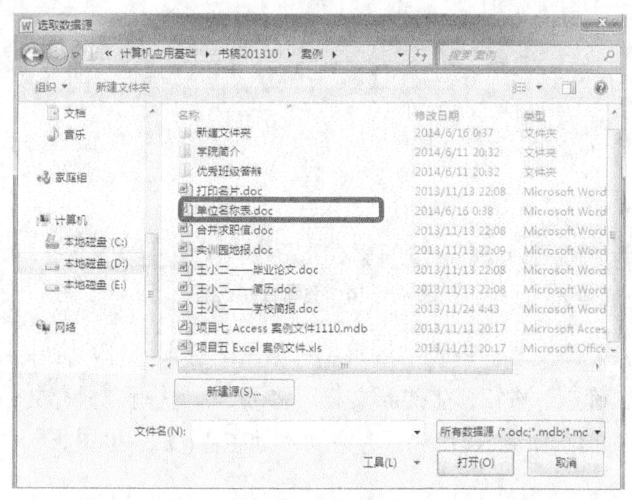

图 4-122 “选取数据源”对话框

STEP 5 单击“下一步 撰写信函”选项，此时插入点在“单位名称”的位置，单击“其他项目”按钮，弹出“插入合并域”对话框。在弹出的“插入合并域”对话框中，在“域”列表中选择“单位名称”选项后，单击“插入”按钮，如图 4-123 所示，插入“单位名称”域，关闭对话框。

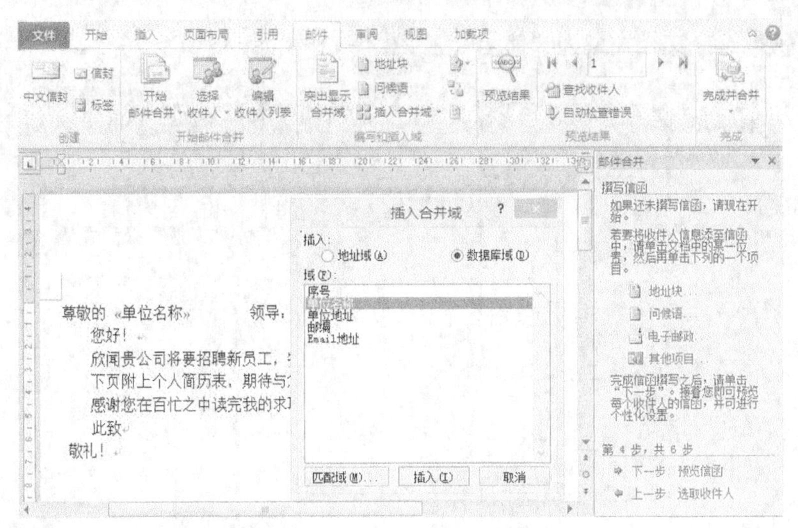

图 4-123 插入“单位名称”域

STEP 6 单击“下一步预览信函”选项，可预览效果。

STEP 7 单击“下一步完成合并”选项，此时将显示合并后的第一个求职信的文档效果，如图 4-124 所示。

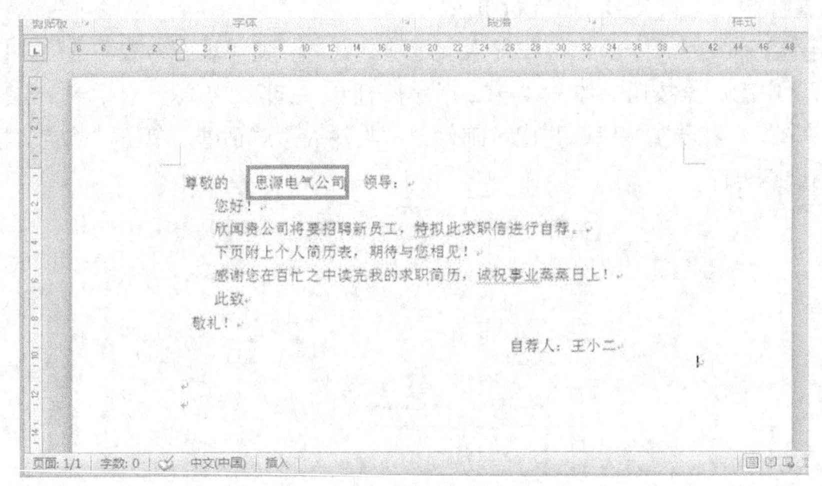

图 4-124 查看合并数据

STEP 8 合并到新文档。单击“编辑单个信函”选项，打开合并到新文档对话框，保持默认选项，单击“确定”按钮，生成新文档“信函 1”。执行“保存文件”命令，将生成的新文档命名为“合并求职信.docx”，并保存在“本地磁盘(D:)”位置。

4．打印求职信

（1）打印求职信

STEP 1 主文档完成合并后，在“邮件合并”任务窗格中，单击“打印”按钮，打开 “合并到打印机”对话框，单击“确定”按钮，如图 4-125 所示。

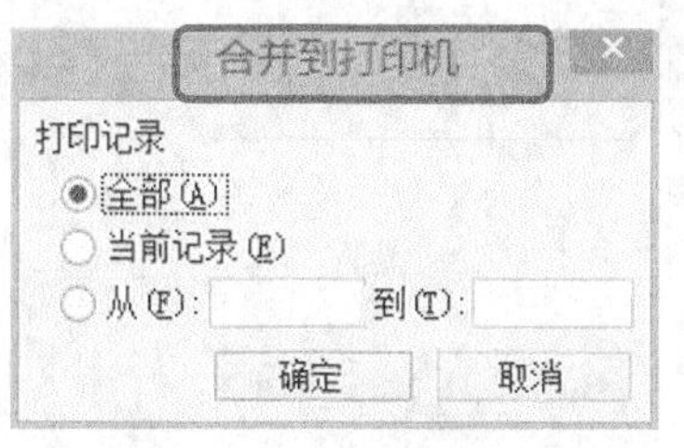

图 4-125 “合并到打印机”对话框

STEP 2 弹出“打印机”对话框，设置打印份数等参数后，单击“打印”按钮即可打印。

（2）打印预览

STEP 1 打开“合并求职信.docx”文档，从菜单栏中选择“文件”→“打印”命令。此时，进入打印界面，在窗口右侧可预览打印效果，在“状态栏”上可以看到该文档的总页码，以及当前预览页的页码，如图 4-126 所示。

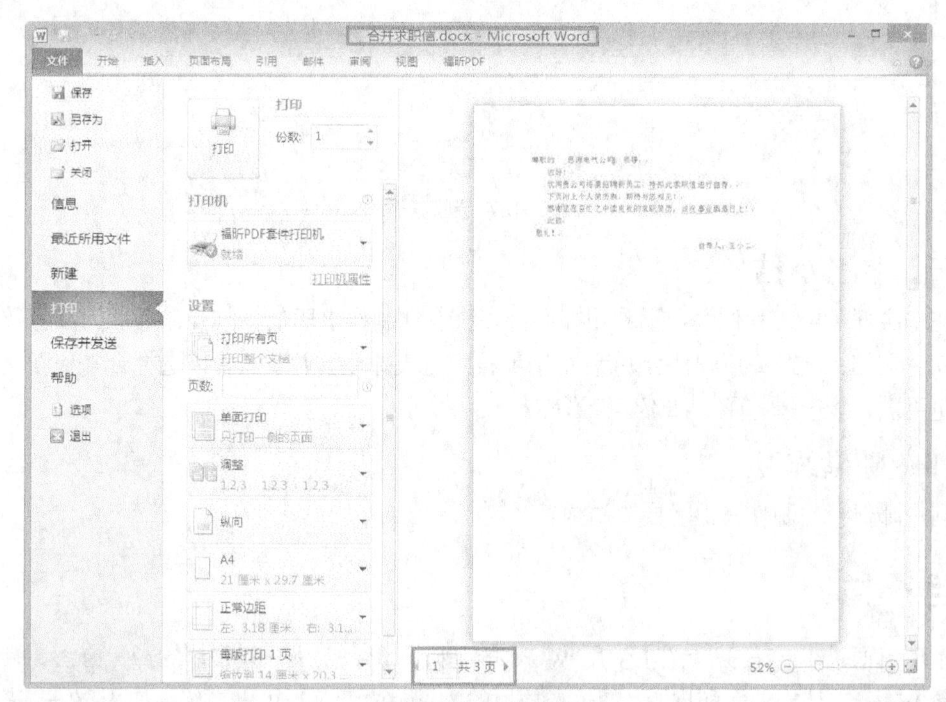

图 4-126 打印预览

STEP 2 为了放大文档以便于观察细部特征，可以调整在窗口右下的比例缩放，即可放大显示文档。

STEP 3 若希望在屏幕上同时显示多页，可以调整在窗口右下的比例缩放，随着比例缩放的减少和增加，相应地窗格中预览页同步增加和减少，如图 4-127 所示。

STEP 4 在窗口中间，可设置打印机、打印份数、打印范围等属性。

STEP 5 如果对预览效果满意，可以直接单击“打印”按钮，如果现在不想打印文档，可以单击“关闭”按钮，退出打印预览窗口，并返回到文档的原视图中。

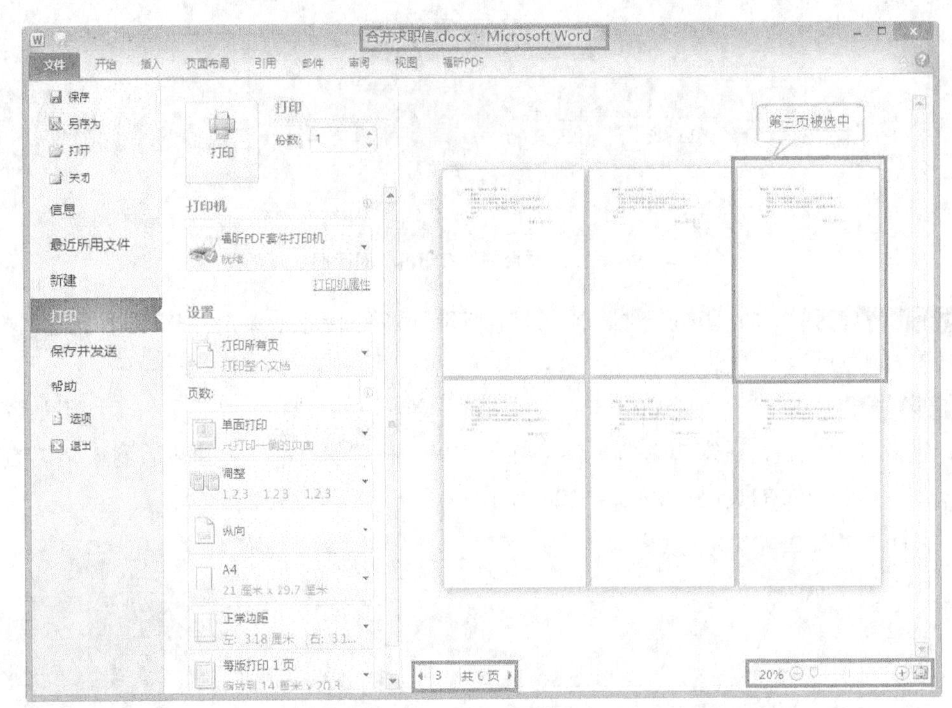

图 4-127 预览多页

三、任务小结

在本次任务中，我们学习了利用邮件合并快速地制作求职信，其操作顺序为准备数据源和建立主文档，以及完成邮件合并等 6 个步骤。完成邮件合并后，可以选择合并到新文档保存，也可以直接选择打印。你都学会了吗？

四、随堂练习

利用邮件合并制作一份晚会邀请函。

项目小结

本项目通过 5 个任务介绍了使用 Word 的基础知识，以及一些常用的操作方法，帮助读者掌握 Word 文档的编辑和排版。通过本项目的学习，读者应当可以熟练地使用 Word 来进行写作文本、制作表格、长文档排版、图文混排、邮件合并等。在实际环境中多进行操作练习，就能熟练掌握 Word 的操作技能，进而由点及面、举一反三拓展 Word 的操作技能。

项目练习

一、选择题

1. Word 具有的功能是（　　）。

   A. 表格处理　　　　B. 绘制图形

   C. 自动更正　　　　D. 以上 3 项都是

2. 通常情况下，下列选项中不能用于启动 Word 的操作是（　　）。

   A. 双击 Windows 桌面上的 Word 快捷方式图标

B. 选择“开始”→“程序”→“Microsoft Word”命令

C. 单击任务栏中的 Word 快捷方式图标

D. 单击 Windows 桌面上的 Word 快捷方式图标

3. 在 Word 编辑状态，能设定文档行间距命令的功能区是（ ）。

A. 文件　　B. 视图

C. 开始　　D. 插入

4. Word 的替换功能所在的功能区是（ ）。

A. 开始　　B. 视图

C. 插入　　D. 页面布局

5. 在 Word 中，可以很直观地改变段落的缩进方式，调整左右边界和改变表格的列宽，应该利用（ ）。

A. 滚动条　　B. 命令按钮

C. 标尺　　D. 状态栏

6. Word 文档中，每个段落都有自己的段落标记，段落标记的位置在（ ）。

A. 段落的首部　　B. 段落的结尾处

C. 段落的中间位置　　D. 段落中，但用户找不到的位置

7. 根据文件的扩展名，下列文件属于 Word 文档的是（ ）。

A. text.wav　　B. text.txt

C. text.bmp　　D. text.docx

8. 把文档中选定内容送到剪贴板中可采用（ ）。

A. 剪切　　B. 粘贴

C. 保存　　D. 插入

9. 在 Word 2010 文档窗口，（ ）可弹出包括“粘贴”、“字体”等常用命令的快捷菜单。

A. 按【Shift】+【F10】键　　B. 按【Ctrl】+【F10】键

C. 按【Alt】+【F10】键　　D. 单击鼠标右键

10. 若以原文件名保存修改编辑过的文档，可（ ）进行操作。

A. 用“文件”菜单中“保存”命令

B. 单击“粘贴”按钮

C. 单击快速访问工具栏上的“保存”按钮

D. 单击“删除”按钮

11. 下面关于页面视图正确的描述是（ ）。

A. 使用页面视图可以看到和实际打印效果相同的文档

B. 页面视图中不能显示页眉和页脚

C. 页面视图中可以完成绘画操作

D. 页面视图可用于编制和网页一样的文档

12. 在 Word 的编辑状态，可以显示页面四角的视图方式是（ ）。

A. 阅读版式视图方式　　B. 大纲视图方式

C. 页面视图方式　　D. 各种文档视图方式

13. 在 Word 中“打开”文档的作用是（　　）。
    A. 将指定的文档从内存中读入，并显示出来
    B. 为指定的文档打开一个空白窗口
    C. 将指定的文档从外存中读入，并显示出来
    D. 显示并打印指定文档的内容
14. 不选择文本，设置 Word 字体，则（　　）。
    A. 不对任何文本起作用
    B. 对全部文本起作用
    C. 对当前文本起作用
    D. 对插入点后新输入的文本起作用

二、操作题

1. 将以下素材按要求排版。

（1）设置纸张大小为 A4 纸、纵向；上、下页边距为 2.2 厘米、左、右页边距为 2 厘米；页眉距边界为 1.5 厘米、页脚距边界为 0.9 厘米。

（2）在首行添加标题“智能电网”。设置标题文字字体为黑体、加粗、二号、蓝色；字符间距 3 磅；居中对齐。

（3）正文文字字体为仿宋体_GB2312. 常规、小四号、黑色；两端对齐、每段首行缩进 2 字符、行间距(固定值)为 25 磅。

（4）为正文第一自然段设置酸橙色、1 磅的框线和灰色-5%的底纹效果。

（5）将第二自然段设置首字下沉，黑体、浅橙色、阴影效果、下沉 2 行、距正文 0.23 厘米。

（6）将第五自然段文字设置为楷体、常规、五号、黑色、无首行缩进、右对齐、段前间距 1 行。

（7）设置页眉为“智能电网解析”（黑体、小五号字、居中对齐）；设置页脚：左侧页脚为“页码”、右侧页脚为“插入自动图文集”中的“创建日期”；将页脚文字设为黑体、小五号字。

（8）将正文中的“智能电网”替换为“The smart grid”。

【素材】

在全世界大多数国家，不一定每个家庭都有互联网，但每户人家都和电网相通。目前全球大约有 15 亿台电表，近 20 万公里的电缆线路，作为整个社会经济最重要的基础设施之一，近百年来，电网和其输送的电力能源给整个世界持续带来了光明、动力和希望。

近年来，随着中国经济的高速发展，我国社会经济对电力的需求也呈现急速增长的态势。如果一味扩展电网规模而不解决传统电网中存在的电力流失大、用电难以动态调控等问题，电网系统将难以适应经济发展的要求。智能电网呼之欲出。

要提高用电效率、解决电网目前存在的问题，“智能电网”的概念浮出水面。4 月 24 日，中国国家电网公司总经理刘振亚访美，与美国能源部长朱棣文会晤，并在华盛顿发表演讲称：“中国国家电网公司正在全面建设以特高压电网为骨干网架、各级电网协调发展的坚强电网为

基础，以信息化、数字化、自动化、互动化为特征的自主创新、国际领先的坚强智能电网。”

5 月 21 日国家电网公司首次公布了“智能电网计划”。从此，电能这个与工业化和信息化相伴的重要能源资源，在中国开始走向“智能化”的道路。

智能电网可以被比喻为电力系统的“中枢神经系统”，电力公司可以通过使用传感器、计量表、数字控件和分析工具，自动监控电网、优化电网性能、防止断电、更快地恢复供电，消费者对电力使用的管理也可细化到每个联网的装置。

智能电网的实现主要是通过终端传感器将用户之间、用户和电网公司之间形成即时连接的网络互动，从而实现数据读取的实时（real-time）、高速（high-speed）、双向（two-way）的效果，整体性地提高电网的综合效率。

2．将以下素材按要求排版。

（1）将标题段(上网方式比较)设置为艺术字。

（2）将第 1 段落分为等宽的两栏，栏宽为 18 字符，栏间加分隔线。

（3）选择一幅图片，设置为文档背景图片。

【素材】

上网方式比较

Modem（调制解调器）是普通用户上网的必备硬件，网友们爱称它为“猫”，是计算机数字世界与电话机模拟世界联系的桥梁。Modem 可以连接 Internet、登录 BBS、点对点直接通信，还可以传输数据、发送传真、电话答录、语音数据同传等。Modem 有外置 Modem 和内置 Modem 之分。外置 Modem 为大多数装机用户首选，只要用一根 RS-232Cable 线和计算机的串口连接就能使用。

ADSL（asymmetrical digital subscriber loop，非对称数字用户线环路）是一种新的数据传输方式，因其下行速率高、频带宽、性能优等特点而深受广大用户的喜爱，成为继 Modem、ISDN 之后的又一种全新的更快捷、更高效的介入方式。

3．新建文件 Word04．docx，完成以下操作。

（1）插入一个 4 行 3 列的表格，填入数据，如下图所示。

成绩单		
英语	数学	计算机
97	65	86
67	86	87

（2）将表格外框线改为 1.5 磅单实线。

（3）表格中的文字改为黑体、五号、加粗。

（4）表格中内容均水平居中。

PART 5 项目五 使用电子表格处理软件 Excel

本项目将以 Excel 2010 版本为例，通过工程材料统计汇总表的制作，展示 Excel 是一个功能强大的电子表格软件。它可以对大数据量的表格进行各种处理，用各种类型的图表形象地表示数据，并具有强有力的数据库管理功能。使读者学会用 Excel 制作和处理各种表格数据。

项目目标

1. 掌握 Excel 的基本操作。
2. 掌握 Excel 数据的输入、填充、编辑和格式化。
3. 掌握公式和函数的使用。
4. 掌握数据的排序、自动筛选和高级筛选、分类汇总的操作。
5. 掌握图表操作。

任务一　初识 Excel

在期末奖学金评选时，黄小明要协助辅导员根据学生的学习成绩，利用 Excel 进行统计、汇总，最后根据综合成绩评出奖学金等级。通过实践，黄小明体会到了 Excel 强大的功能，经常帮助同学和老师用 Excel 处理数据。

在实习过程中，黄小明又接触到了工程预算，通过 Excel 来对工程材料进行计算和分析非常方便。本次任务，我们就先和黄小明一起，全面了解一下 Excel 吧！

本次任务实践操作的要求如下所述。

① 掌握 Excel 的启动与退出。

② 了解 Excel 的工作环境。

③ 了解 Excel 程序窗口与 Excel 文件窗口的区别。

④ 建立一个 Excel 文件，保存为“工程材料汇总表.xlsx”，保存到自己的文件夹中。

一、Excel 的启动

1. 使用 Windows“开始”菜单

单击 Windows 的“开始”菜单，指向“所有程序”，再指向“Microsoft Office”，单击“Microsoft Office Excel 2010”选项，如图 5-1 所示。

2. 使用桌面快捷方式

一般安装 Office 办公软件后，在桌面上会有 Microsoft Office Excel 的快捷图标，要想启动 Excel，可直接双击桌面上的“Microsoft Office Excel 2010”快捷方式图标，如图 5-2 所示。

3. 使用已有工作簿文件

双击一个 Excel 文档，Windows 则首先打开 Excel 程序窗口，然后在 Excel 窗口中打开这个文档。

图 5-1　通过“开始”菜单启动 Excel

图 5-2　Excel 桌面图标

二、Excel 的工作环境

1. Excel 窗口界面

Excel 窗口界面主要包括：标题栏、快速访问工具栏、功能选项卡、单元格名称框、编辑栏、列标、行标、工作表区、工作表标签、状态栏等组成，如图 5-3 所示。

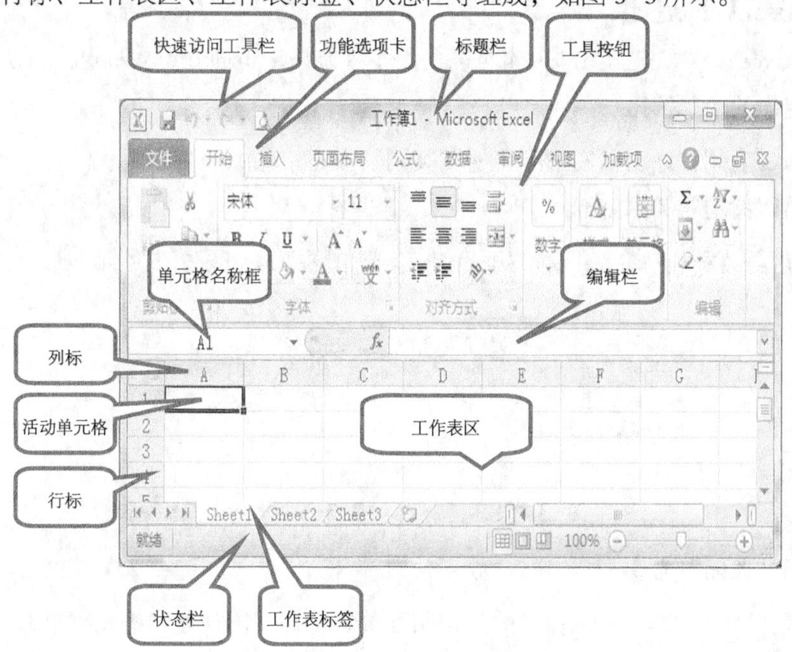

图 5-3　Excel 工作环境

标题栏：显示当前打开的工作簿文件名。启动时默认工作簿文件名为“工作簿 1”。

快速访问工具栏：可以自定义放置一些常用工具，方便快速使用。

功能选项卡：以选项卡片方式分类汇集了 Excel 的操作命令。

单元格名称框：显示活动单元格名称。

编辑栏：显示选定单元格中的完整内容，可以在此直接编辑。

活动单元格：单元格是 Excel 工作表的最小组成部分。被选中的单元格称为活动单元格。

行标题：用数字表示，共有 65536 行。

列标题：用字母表示，共有 256 列。

工作表区：输入表格的区域。

工作表标签：默认 3 个工作表，最多可以有 255 个工作表。

2．工作表、工作簿和单元格

① 工作表：在屏幕上由网格构成的表格。

- Excel 的一切操作都是在工作表上进行的。
- 每张工作表可由 256 列和 65536 行组成。
- 系统默认工作表名为 sheet1、sheet2、sheet3……位于标签栏上，白色标签的为当前工作表。

② 工作簿：是工作表的集合。

- 一个工作簿最多可以有 255 张互相独立的工作表。
- Excel 2010 中每一个文件保存一个工作簿，其文件扩展名为.xlsx。

③ 单元格：单元格是 Excel 操作的基本单位，用来存放输入的数据，每一个单元格有一个固定的地址编号，由“列标+行标”构成，如 D8。

三、Excel 的退出

和启动 Excel 一样，退出 Excel 也可以使用多种方法，下面介绍 4 种退出方法。

1．使用“关闭”按钮

单击 Excel 应用程序窗口右边红色的“关闭”按钮，如图 5-4 所示。

2．使用“控制”菜单图标

双击标题栏最左端的 Excel 窗口的“控制”菜单图标，如图 5-5 所示。

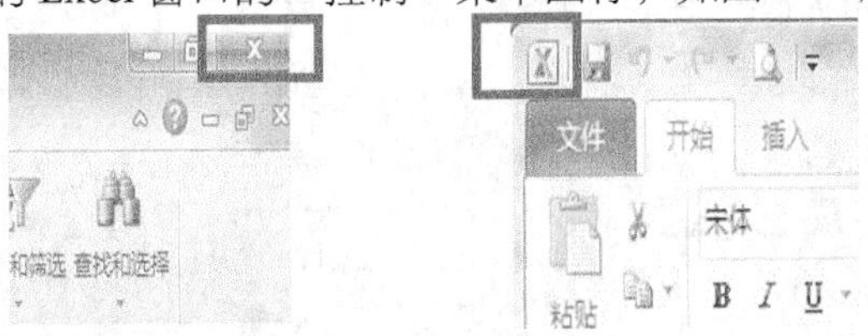

图 5-4 “关闭“按钮　　图 5-5 “控制”菜单图标

3．使用“关闭”命令

单击标题栏最左端的 Excel 窗口的“控制”菜单图标，出现窗口控制菜单，选取“关闭”命令，即可关闭 Excel，如图 5-6 所示。

4．使用“文件”菜单

单击 Excel 菜单栏上的“文件”→“退出”命令选项，即可关闭 Excel，如图 5-7 所示。

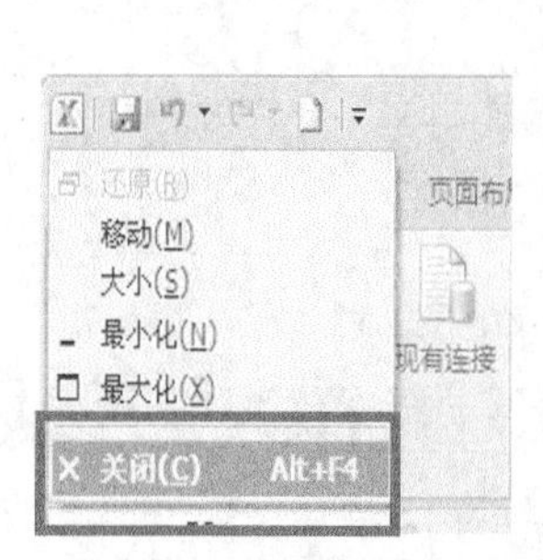

图 5-6 “关闭”命令

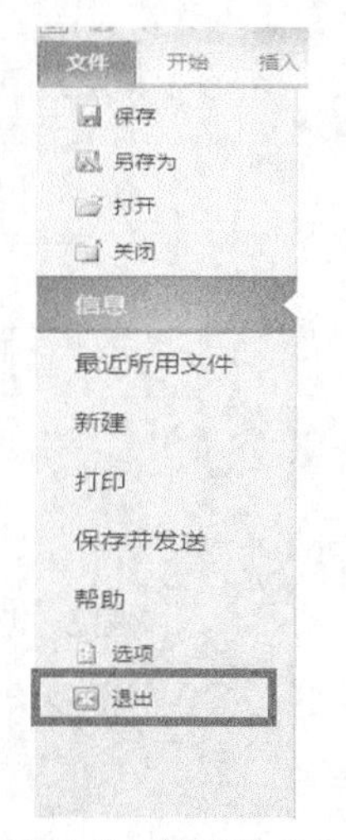

图 5-7 “退出”命令

注意：在退出 Excel 之前，若正在编辑的工作簿中有内容尚未存盘，则系统会弹出一个对话框，询问是否保存被修改过的文档，可根据需要进行回答，如图 5-8 所示。

图 5-8 是否保存文档的对话框

四、保存文件

在 Excel 中保存、另存为和自动保存文件的方法与 Word 中操作相同。保存、另存为都可以在“文件”选项卡下选择相应的命令，如图 5-9 所示。执行“保存”命令也可以直接单击快捷工具栏上的“保存”按钮 。

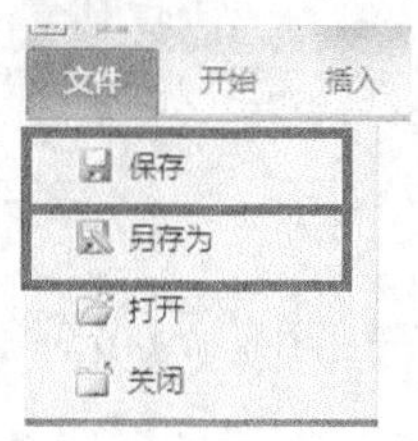

图 5-9 “保存”、“另存为”命令

自动保存：设置自动保存时间间隔，到达设定的时间将进行自动保存。在“文件”菜单下选择“选项”命令，如图 5-10 所示，在出现的选项对话框中选择“保存”选项，在其右侧的“保存自动恢复信息时间间隔”复选项进行设置，如图 5-11 所示。

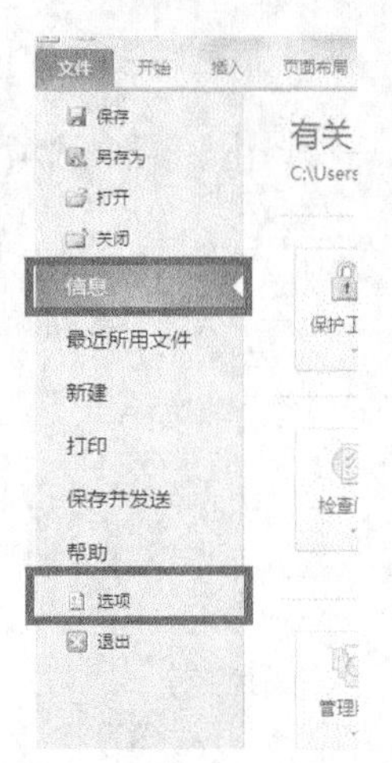

图 5-10 “文件”菜单“选项”命令

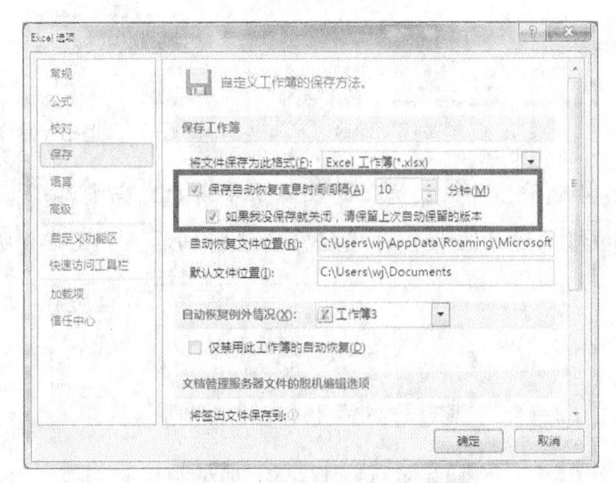

图 5-11 设置自动保存时间间隔

五、关闭 Excel 文件

如果我们只是关闭当前打开的 Excel 文件，而不要退出 Excel 程序，则可以使用以下方法。

1．使用“关闭”按钮

单击“文件”窗口标题栏右边红色的“关闭”按钮，注意，是在应用程序窗口“关闭”按钮的下方，如图 5-12 所示。

2．使用“文件”菜单

选项 Excel 菜单栏上的“文件”→“关闭”命令选项，即可关闭 Excel 文件而不退出 Excel，如图 5-13 所示。

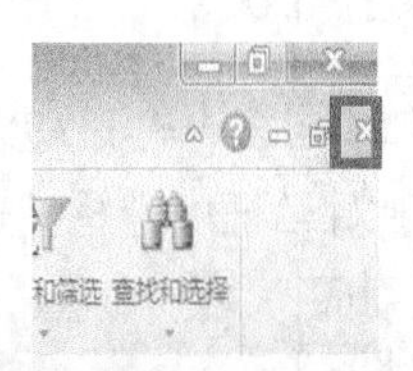

图 5-12 关闭 Excel 文件按钮

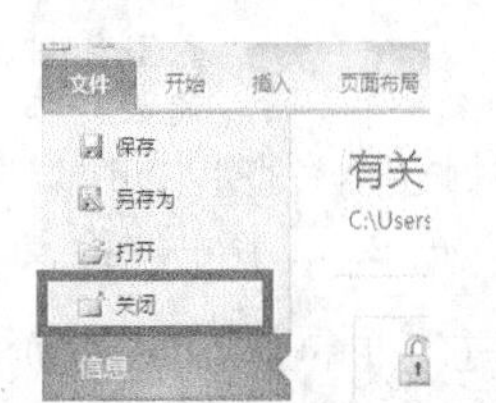

图 5-13 关闭文件命令

六、新建 Excel 工作簿

STEP 1 启动Excel，自动新建了一个空白的工作簿，默认包含3张工作表Sheet1、Sheet2和Sheet3，其中当前工作表为Sheet1。

STEP 2 启动Excel之后，也可以选择“文件”→“新建”命令，建立新的空白工作簿。

七、任务小结

通过本次任务，我们初步认识了Excel，并学习了多种启动、退出Excel、保存文件的方法。需要注意的是，我们应该明确Excel工作簿与工作表的关系。工作表是从属于工作簿的，一个工作簿有多个工作表。工作表只能插入，不能新建；工作簿只能新建，不能插入。

八、随堂练习

1. 尝试用不同方式启动和退出Excel。
2. 熟悉Excel的工作环境，在D盘建立自己姓名的文件夹，建立一个以自己姓名命名的Excel文件保存到自己姓名的文件夹中。
3. 理解退出Excel程序和退出Excel文件的不同。

任务二 创建工程材料汇总表

一、情境设计

2013年某城市进行城市电网建设，相关人员需要利用Excel对建设材料进行数据输入、汇总、筛选等工作，编制完成城市电网建设（改造）装置性材料汇总表，并在此基础上进行Excel的各类统计操作。实习生黄小明的第一个任务，是根据要求创建材料汇总表，进行简单的格式设置以使得表格清晰。

本次任务实践操作的要求如下。

按照图示内容录入相关数据，创建图5-14所示数据表。

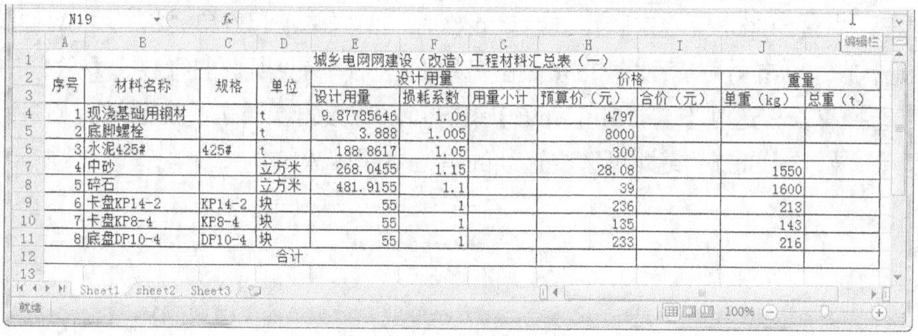

城乡电网网建设（改造）工程材料汇总表（一）

序号	材料名称	规格	单位	设计用量			价格		重量	
				设计用量	损耗系数	用量小计	预算价（元）	合价（元）	单重（kg）	总重（t）
1	现浇基础用钢材		t	9.87785646	1.06		4797			
2	底脚螺栓		t	3.888	1.005		8000			
3	水泥425#	425#	t	188.8617	1.05		300			
4	中砂		立方米	268.0455	1.15		28.08		1550	
5	碎石		立方米	481.9155	1.1		39		1600	
6	卡盘KP14-2	KP14-2	块	55	1		236		213	
7	卡盘KP8-4	KP8-4	块	55	1		135		143	
8	底盘DP10-4	DP10-4	块	55	1		233		216	
合计										

图5-4 工程材料汇总表

STEP 1 建立Excel文件，保存为“工程材料汇总表.xlsx”。

STEP 2 输入图中数据，“序号”列的值采用自动填充功能实现。

STEP 3 按照图示将标题进行合并居中设置。

STEP 4 绘制简单表格线。

STEP 5 设置行高和列宽为自动调整。

二、相关知识

在本次任务中要对工作表中的单元格内容进行输入和编辑，首先让我们来了解 Excel 的基本操作方法。

1. 单元格的选定

在“工作表区”对单元格进行数据输入、复制、移动或者其他操作时，需要先选定单元格，再进行操作。单元格的选定方式有单个单元格的选定、连续区域单元格的选定和不连续单元格的选定 3 种，也可以选定整行或整列，或者整个工作表。

（1）选定单个单元格

工作表提供了一系列的单元格，各单元格也各有一个名称，单元格名称由“列标题+行标题”构成，如单元格 A1。单击 A1 单元格，单元格边框粗黑表示被选定，如图 5-15 所示。

（2）选定连续的单元格区域

连续区域可以用冒号“:”表示。例如单元格 A1 到 A6 的区域可以写为“A1:D6”。选定“A1:D6”区域有如下 3 种方法。

方法一：单击 A1 单元格，并按下鼠标左键不放往右下角拖动，一直拖到 D6 单元格上，松开鼠标左键，如图 5-16 所示。

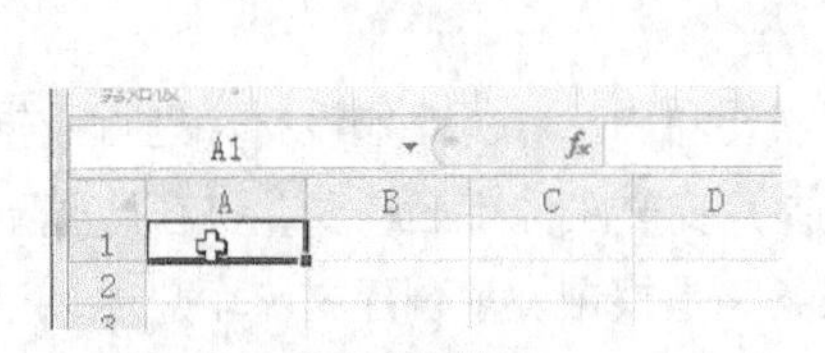

图 5-15　选定单元格 A1

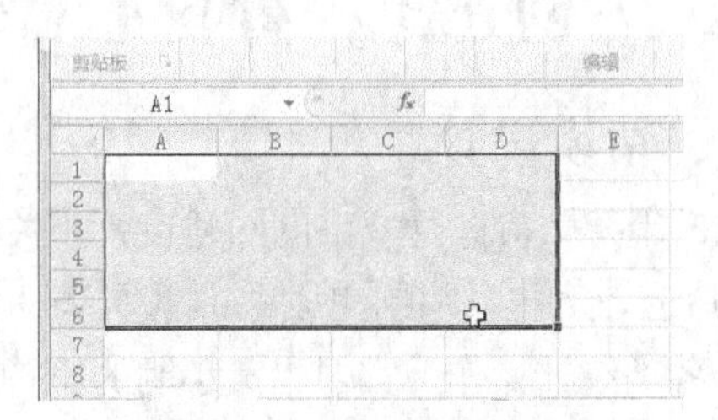

图 5-16　选定连续区域单元格

方法二：在单元格名称框中键入“A1:D6”，如图 5-17 所示，按回车键即可将“A1:D6”区域选中。

方法三：用【Shift】键选定。在选定单元格时，首先单击起始单元格，如 A1，这时按住【Shift】键不放，单击另一单元格如 D6，在名称框里可以看见所选的行数 x 列数，如图 5-18 所示。若选择有误，这时不要松开【Shift】键，可以直接再次单击另外的单元格进行修改。如果合适了，松开【Shift】键即可选中连续的单元格区域 A1:D6。

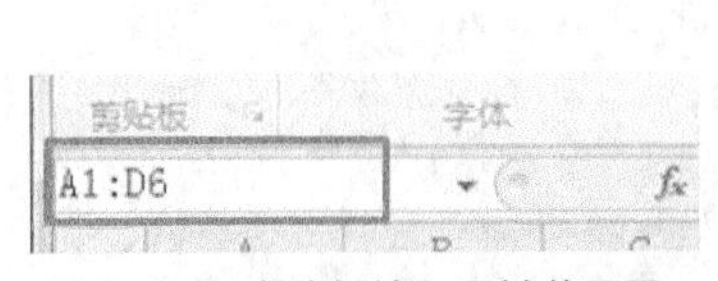

图 5-17　名称框输入区域范围图

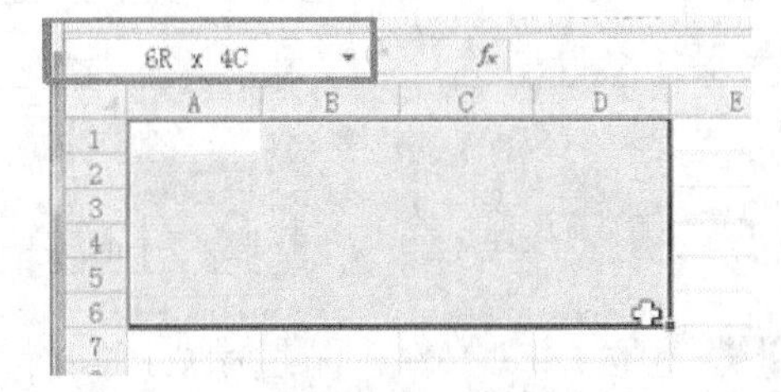

图 5-18　用【Shift】键选择连续单元格（未松开【Shift】键时）

（3）选定不连续单元格区域

不连续区域可以用逗号“,”表示。单元格 A1. B3 和 C1 到 C4 的不连续的 3 部分组成的区域可以写为：“A1,B3,C1:C4”。

在选定单元格时，同时按住【Ctrl】键可以选中不连续的单元格。也可以按住【Ctrl】键再配合单击，或者用按下鼠标左键+拖动鼠标的动作进行连续和不连续的单元格的混合选择。

例如选中“A1,B3,C1:C4”区域，方法是先单击A1单元格，按住【Ctrl】键不放，再分别单击B3单元格、在C1单元格上按下鼠标左键，并向下拖动到C4单元格，松开鼠标键和【Ctrl】键即可，如图5-19所示。

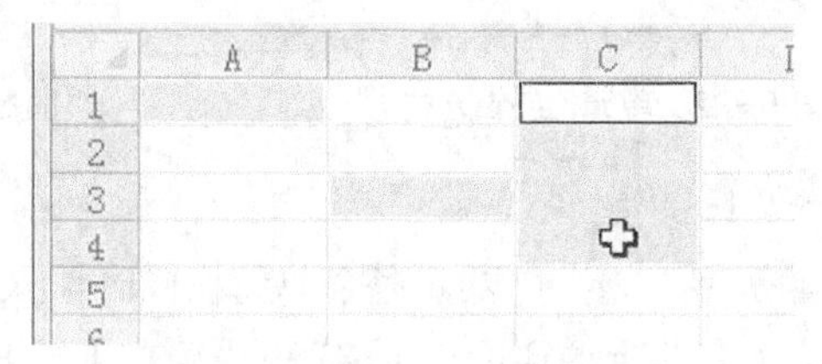

图 5-19 选定不连续的单元格

（4）选定整行或整列

- 要选定一个整行或整列，只要单击某行或某列的行标题或者列标题即可。
- 要选定多个连续的整行或整列，只要单击某行或某列的行标题或者列标题之后不要松开鼠标，继续拖动到连续的区域即可。
- 要选定多个不连续的整行或整列，需要按住【Ctrl】键不放，再选择单个或连续的行标题或者列标题即可。

（5）选定整个工作表

单击工作表最左上角行标和列标交叉处的“全选”按钮，即可将整张工作表选中，如图5-20所示。

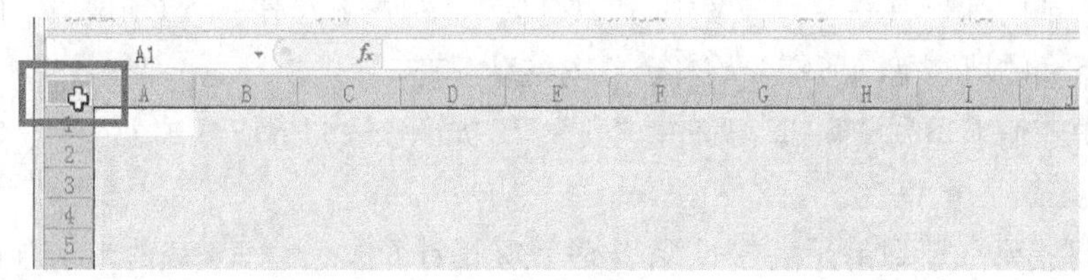

图 5-20 单击“全选”按钮选定整个工作表

2．数据输入和修改

（1）单个单元格中输入数据

单个单元格中需要输入数据，有3种方式。

方法一：单击单元格，在选中方式下直接输入数据，如图5-21所示，鼠标指针成为空心十字状态，输入数据，回车即可。此方法为覆盖方式，即如果被选中的单元格原来有数据的情况下会将原来的数据覆盖，原来数据全部被清除。

方法二：双击单元格，在编辑方式下输入数据，如图5-22所示。光标在单元格中闪烁，鼠标指针成为“I ”状态下，输入数据，回车即可。此方法为编辑方式，即被选中的单元格原来有数据的情况下会保留原来的数据，新的数据可以在其中任何位置插入，也可以在其中修改、删除数据。

方法三：单击或者双击单元格，再单击编辑栏输入数据，如图5-23所示，光标在编辑栏

中闪烁，鼠标指针成为“I ”状态下，输入数据，回车即可。此方法同样为编辑方式，即被选中的单元格原来有数据的情况下会保留原来的数据，新的数据可以在其中任何位置插入，也可以在其中修改、删除数据。

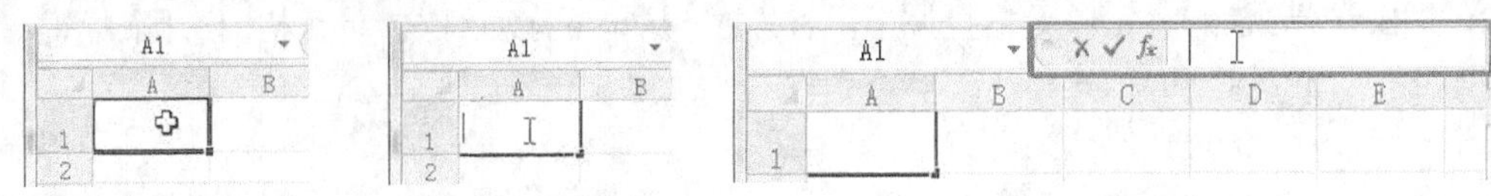

图 5-21　单元格选中方式　图 5-22　单元格编辑方式　图 5-23　编辑栏

（2）多个单元格中输入相同数据

如果有些单元格的内容是相同的，可以在多个单元格同时输入相同的内容。方法是先选多个单元格，再进行数据输入，输完按住【Ctrl】键再【回车】键即可，如图 5-24 所示。

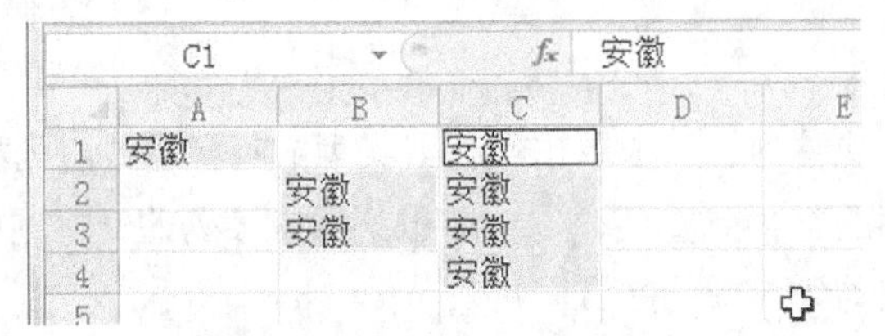

图 5-24　同时对多个单元格输入

（3）自动填充

当我们输入的数据为有序数列时，则可用 Excel 的自动填充功能来快速输入。

① 相同数据、等差序列直接用填充柄拖动填充。

如果同行或同列上有一系列连续相同的数据，可以先输入第一个单元格中的数据，再拖动单元格右下角的填充柄向所需要的各个方向拖动填充。

例如要快速输入下列“籍贯”列的 “安徽”，如图 5-25 所示。

a. 先输入第一个“安徽”。

b. 将鼠标指针放置到单元格右下角，这时鼠标指针变成黑色细实线的十字形状，称作“填充柄”，如图 5-26 所示。

c. 按住鼠标左键并向下拖动，即可自动填充。

图 5-25　相同数据的填充

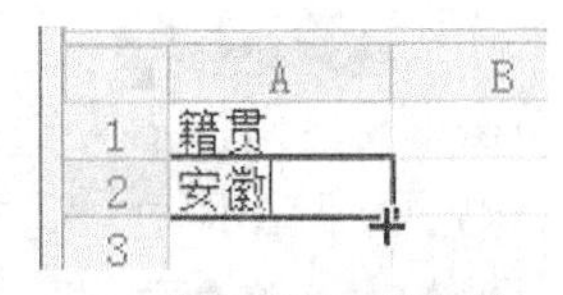

图 5-26　填充柄

如果同行或同列上有一系列等差序列的数据，可以先输入序列中的第一个和第二个单元格中的数据，再选中这两个单元格，拖动选中单元格右下角的填充柄向各个方向拖动填充。系统会自动计算前两个单元格数据的差值作为等差序列的差进行数据填充。

例如，要快速输入门牌号为奇数的数据行，如图 5-27 所示，方法如下所述。

a. 先输入前两个号“801”和“803”。

b. 选中这两个连续的单元格，并将鼠标指针放置到选中区域的右下角，使鼠标指针变成“填充柄”，如图 5-28 所示。

c. 按住鼠标左键并向右拖动，即可实现等差序列的自动填充。

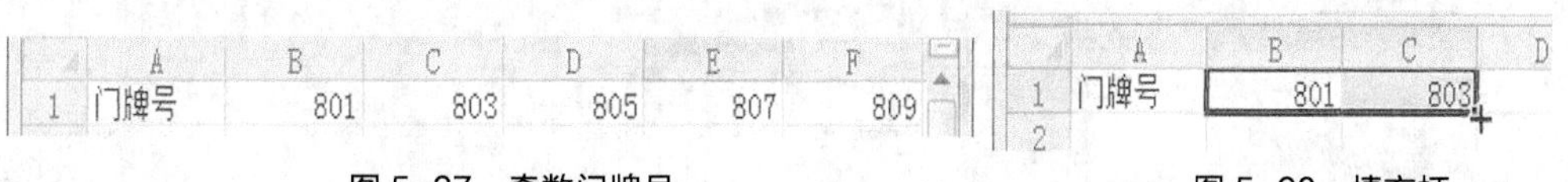

图 5-27 奇数门牌号　　　　图 5-28 填充柄

② 其他可自动计算的序列的填充。

如果是其他等比序列或者日期序列等可以自动计算得到的序列，可以用“开始”→“编辑”→“填充”下拉按钮，如图 5-29 所示；在“填充”下拉列表中选择“系列”选项，如图 5-30 所示；在弹出的“序列”对话框中进行相应的选择，如图 5-31 所示。

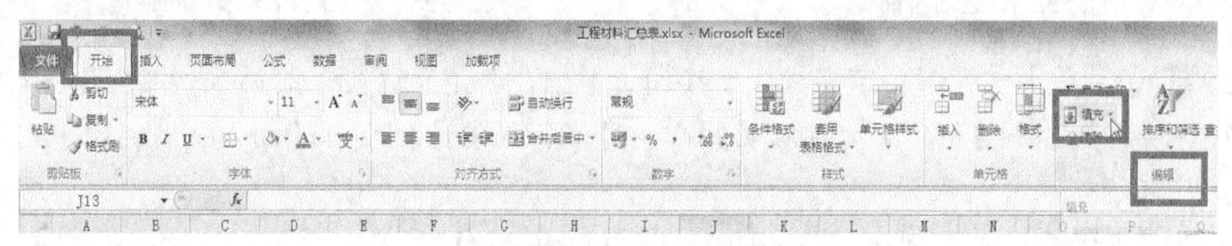

图 5-29 “填充”按钮

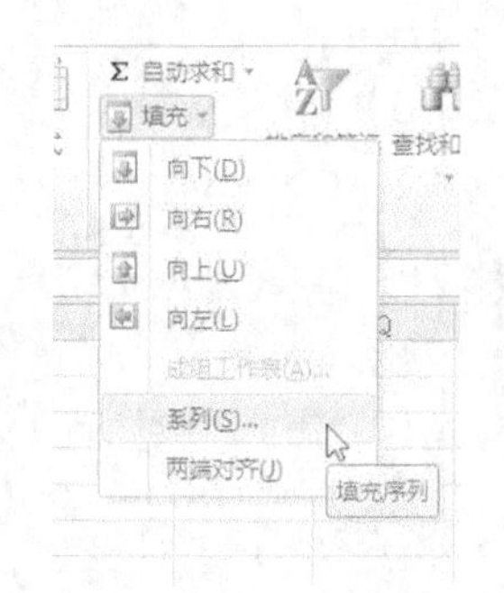

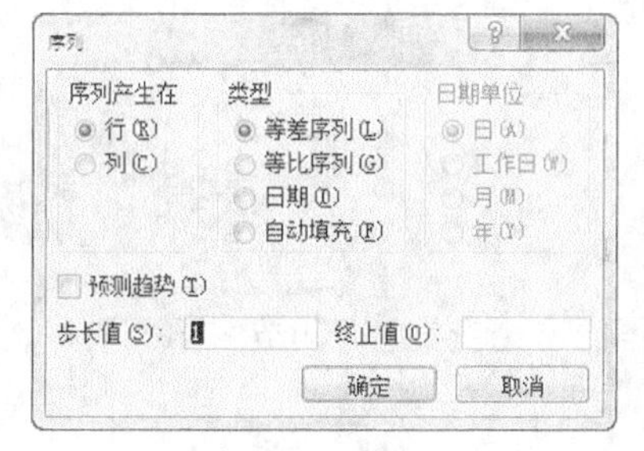

图 5-30 “系列”命令　　　　图 5-31 “序列”对话框

③ 自定义序列。

有些序列不能够通过数学计算得到，如“星期一”到“星期日”的七个文字序列，还有“长江路”、“绩溪路”、“一环路”、“翡翠路”、“芙蓉路”组成的 5 个成员的自定义序列等。

但是黄小明试着输入“星期一”，然后通过拖动该单元格右下角的填充柄向各个方向拖动填充，发现填充的数据竟然在“星期一”到“星期日”的 7 个文字序列中循环。而当输入“长江路”，然后通过拖动填充柄方式填充，却只能复制“长江路”，而不能得到其他文字。这是为什么呢?

原来在 Excel 中可以有一些自定义的序列，上述“星期一”到“星期日”的 7 个文字序列是已经保存在程序中的，而“长江路”、“绩溪路”等 5 个成员的序列并未保存在里面。添加自定义的序列的方法如下所述。

STEP 1 执行“开始”→“选项”命令，如图 5-32 所示。

STEP 2 在弹出的“Excel 选项”对话框中选择“高级”选项，在右边的文本框里找到

“常规”选项下的“编辑自定义列表”按钮，如图 5-33 所示。

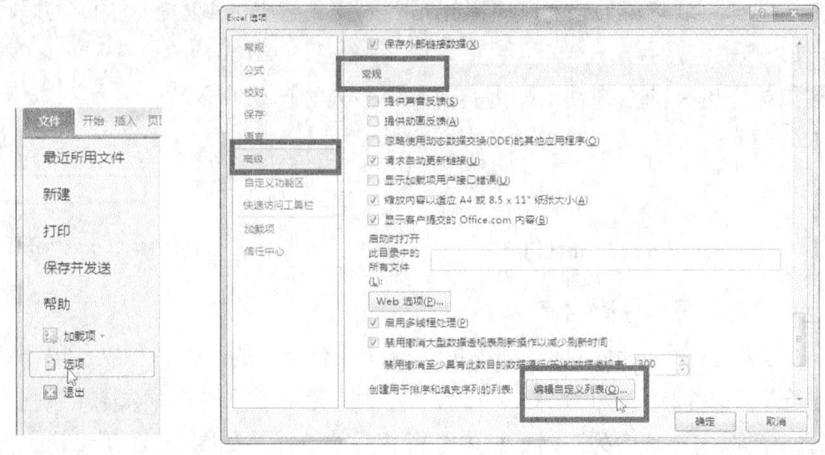

图 5-32 “选项”命令　　　　图 5-33 “Excel 选项”对话框

STEP 3 单击“编辑自定义列表”按钮，弹出“自定义序列”对话框，如图 5-34 所示；默认在“新序列”条目下，可以在右边的空白处进行新的序列文字的输入。最后单击“添加”按钮，即可保存。

注意，每输入一个序列成员之后按【回车】键来分隔。

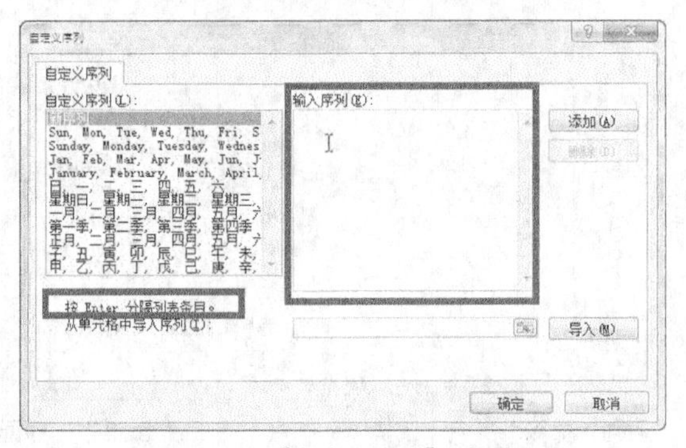

图 5-34 “自定义序列”对话框

例如我们输入“长江路”、“绩溪路”、“一环路”、“翡翠路”、“芙蓉路”这个序列，如图 5-35 所示。输入结束单击“添加”按钮，可以看到该序列已经添加在左边，如图 5-36 所示。

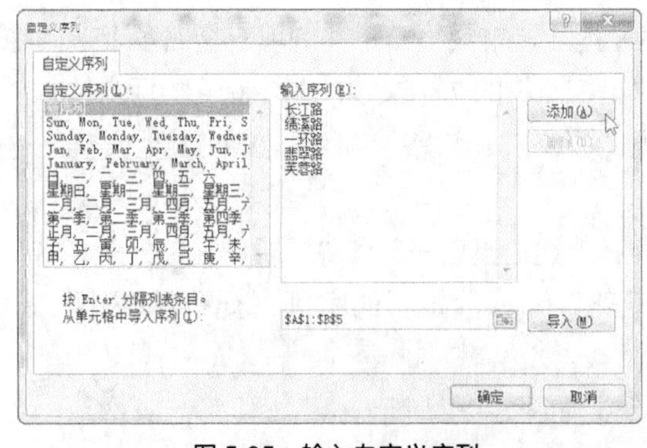

图 5-35 输入自定义序列　　　　图 5-36 自定义序列添加

● 自定义序列添加完毕之后，单击“确定”按钮，关闭所有刚才打开的对话框，就可以在数据表中使用自动填充方式来快速填充自定义的序列了。

（4）特殊数据的输入与修改

默认情况下，文本类型的数据在单元格中左对齐，数字数据右对齐，数字整数部分左边的零和小数部分右边的零不显示，例如输入数字“0001.00”，回车后只显示“1”。

① 数字数据作为文本型。

输入电话号码、学号等阿拉伯数字，若把它作为文本型，显示输入的全部内容，应先输入单引号（英文状态下），再输入数字，如图 5-37 所示，回车后按原样显示，并按文本方式左对齐，如图 5-38 所示。

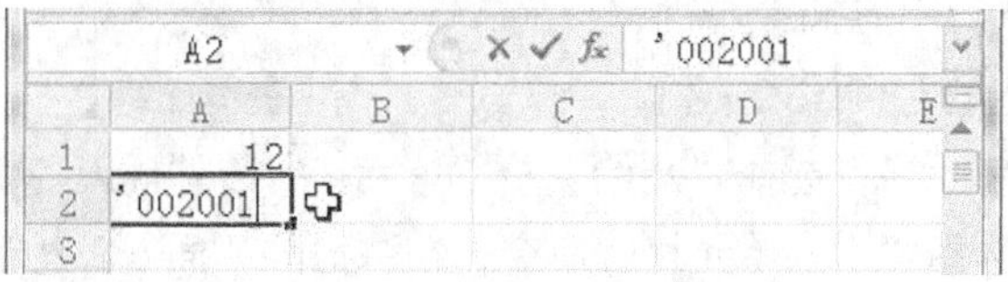

图 5-37　以文本型输入数字

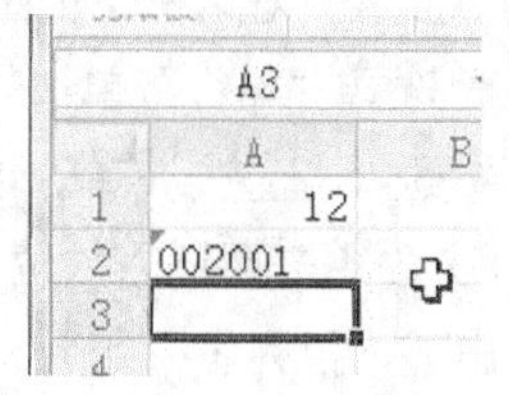

图 5-38　文本型数字

② 输入日期和时间。

输入日期：用“/”或“-”来分隔年、月、日，如“2013-4-13”。

输入时间：按 24 小时制输入时间，只需用冒号（英文状态下）分隔，如 10:30:10 表示上午 10 点 30 分 10 秒。

③ 输入分数。

输入分数时，直接输入“3/4”的话，就会生成“3 月 4 日”的日期格式，因此想要输入分数的话，首先输入 0，接着输入一个空格，最后输入分数本身，如“0 3/4”即可。

3．数据的清除

数据的清除是指将单元格中的数据、格式、批注、超链接等进行删除，本身单元格还在。

① 若只是删除单元格中的数据内容，可以使用键盘上的【Delete】键，但是单元格的格式还会保留，并影响以后输入的内容格式。

② 使用“清除”命令可以选择 5 种形式的清除。单击“开始”→“编辑”→“清除”下拉按钮，出现下拉列表，如图 5-39 所示。

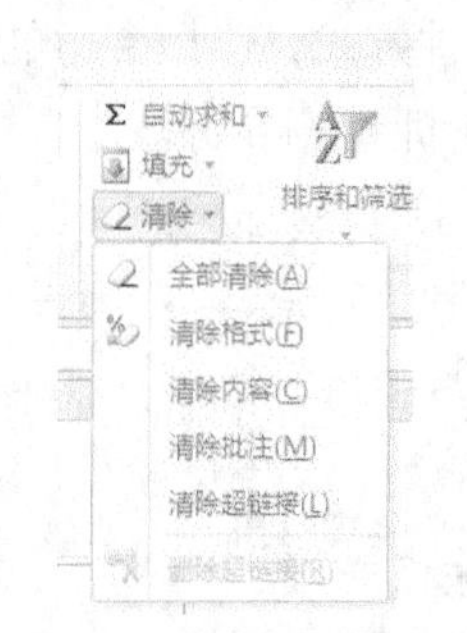

图 5-39　“清除”下拉列表

● 全部清除：单元格所有的内容，包含数据、格式、批注、超链接。

- 清除格式：只清除数据格式，如字体、颜色、对齐等，数据本身保留。
- 清除内容：删除数据内容，但是保留原来的格式、批注、超链接。
- 清除批注：清除手工添加的批注及批注内容，其他保留。
- 清除超链接：将设置的超链接删除，其他保留。

4．增删行、列或者单元格

（1）插入单元格或整行（列）

有两种方法选择“插入”命令。

① 先单击要插入的位置上相邻的单元格，用右键单击出现快捷菜单，选择“插入”命令，弹出“插入”对话框，如图5-40所示，选择合适的插入方式。

- 选择“整行”单选项即可在所选行上方插入一行。
- 选择“整列”单选项即可在所选列左侧插入一列。

② 先单击要插入的位置上相邻的单元格，选择“开始”→“单元格”→“插入”下拉按钮，出现下拉列表，如图5-41所示，选择“插入单元格”命令，在弹出的“插入”对话框中选择合适的插入方式即可。

- 选择“插入工作表行”命令，即可在所选行上方插入一行。
- 选择“插入工作表列”命令，即可在所选列左侧插入一列。

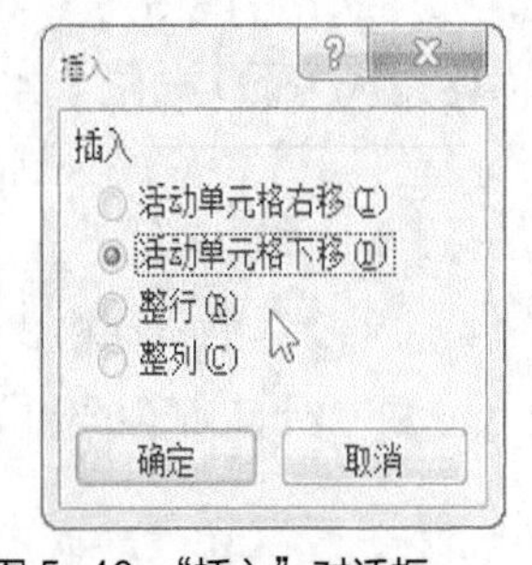

图5-40 “插入”对话框

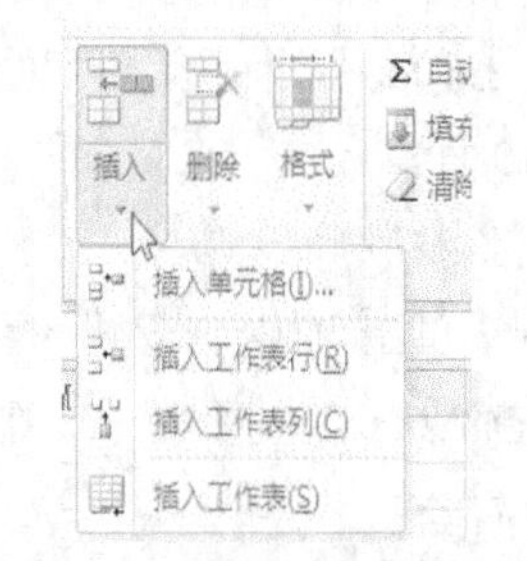

图5-41 功能区“插入”列表

提示：插入多行或者多列，只需要事先选中多行或多列，再通过插入行或列的命令即可插入与选中数量相同的行或列。

（2）删除单元格或整行（列）

① 选中需要删除的单元格，单击右键，在快捷菜单中选择“删除”命令，则会弹出“删除”对话框，如图5-42所示。有4种方式，选择合适的方式即可。

- 选择“删除工作表行”命令，即可删除行。
- 选择“删除工作表列”命令，即可删除列。

② 选中需要删除的单元格，选择“开始”→“单元格”→“删除”下拉按钮，出现下拉列表，如图5-43所示，选择“删除单元格”命令，在弹出的“删除”对话框中选择合适的删除方式。

- 选择“整行”命令，即可删除当前行。
- 选择“整列”命令，即可删除当前列。

③ 删除整行或整列。

先选中要删除的整行或整列，然后单击鼠标右键，从弹出的快捷菜单中选择“删除”命令，即可删除。

注意：在建好的表格中删除单元格，要注意其删除方式的选择对其他单元格造成的影响，防止造成错误的删除或者数据错位。

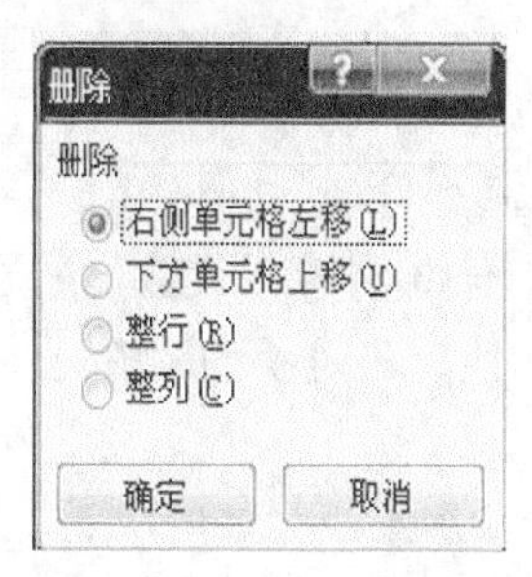

图 5-42 “删除”对话框

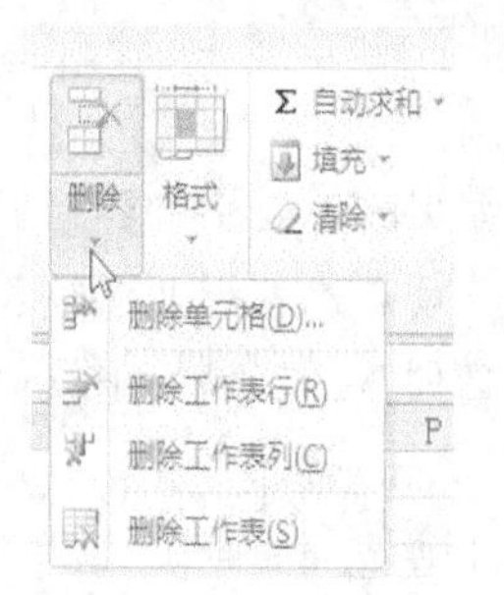

图 5-43 “删除”列表

5．移动、复制行、列或者单元格

（1）移动方式

在 Excel 中要移动的区域（整行、整列、单个单元格、连续的单元格区域），必须先在目标位置留有相应的空白区域，再将要移动的区域选中，移动鼠标，当鼠标指针变成 4 个方向键时，通过按下鼠标左键并拖曳的方式，或者通过剪贴板“剪切”+“粘贴”的方式完成移动。移动之后，原来的区域将会变成空白，需要手动删除。

注意：不能选择不连续的多个区域进行移动。

（2）复制方式

复制方式和移动类似，要复制到的位置需要先留出空白区域，再用鼠标拖曳的时候要按住【Ctrl】键不放，拖曳到目的位置松开鼠标，键盘即可实现复制。也可以使用剪贴板命令实现。

注意：不能选择不连续的多个区域进行复制。

6．简单格式设置

（1）合并单元格

绘制复杂表格的时候，有时需要将多个单元格进行合并，可以利用“开始”→“对齐方式”→“合并后居中”下拉按钮来进行设置，如图 5-44 所示，该下拉列表中有 4 个选项。

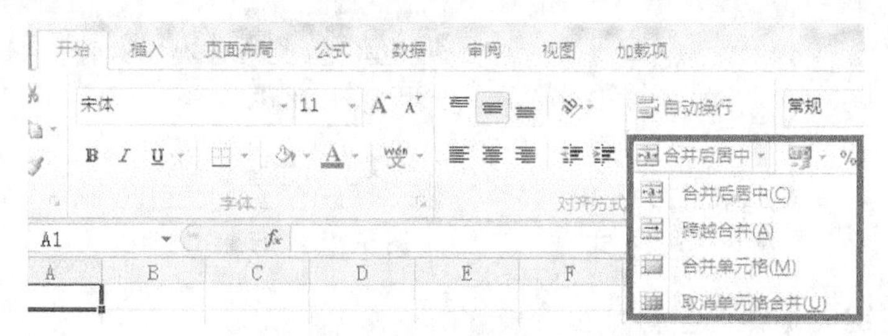

图 5-44 “合并后居中”下拉列表

- 合并后居中：将多个单元格合并成一个单元格，并且居中显示。该选项可以不用打开下拉列表，直接单击“合并后居中”工具按钮来实现。

- 跨越合并：将所选单元格的每行合并成一个单元格，只保留各行最左单元格的内容，可以同时进行多行操作。
- 合并单元格：将多个单元格合并成一个单元格，只保留最左上角单元格的内容。
- 取消单元格合并：取消原来进行合并的单元格，还原成多个独立单元格，但是合并时丢掉的数据不会还原。

（2）设置行高列宽

有时候我们编辑的单元格内容与 Excel 的默认行高不合适，也许不能完全显示单元格中的内容，或者并不美观。这就需要调整表格行高列宽。有 3 种方式设置行高列宽：一是根据内容来自动调整行高列宽；二是给出具体的行高列宽的值，三是手动调整。

① 自动调整行高列宽。

方式一：功能区选择命令。

选中要设置行高或列宽的单元格（可多选），通过“开始”→“单元格”→“格式”下拉按钮来进行设置。单击“格式”按钮会出现下拉列表，如图 5-45 所示，在其中“单元格大小”这个类别中有 5 种方式可选，选择“自动调整行高”或者“自动调整列宽”命令，即可得到与单元格内容大小合适的行高或列宽。

方式二：鼠标双击方式。

- 如果只针对一行（列）设置，可以将鼠标指针放到该行（列）下（右）方的行（列）标交叉线上，指针变成双向箭头‡（+）时，双击鼠标左键即可。
- 如果同时对多行（列）进行设置，可以选中多行（列），在其中任意一行（列）标交叉处双击即可。

② 设置行高列宽的数值。

对行高或列宽设置具体数值，有 3 种方式。

方式一：功能区选择命令。

如果只选中要设置的行或列上的单元格而没有选择整行或整列，只能在功能区的“单元格”这一栏单击“格式”选项，如图 5-45 所示，然后在下拉菜单中选择 “行高”或者“列宽”命令，在弹出的对话框中输入数字，可精确设置行高或者列宽，如图 5-46、图 5-47 所示。

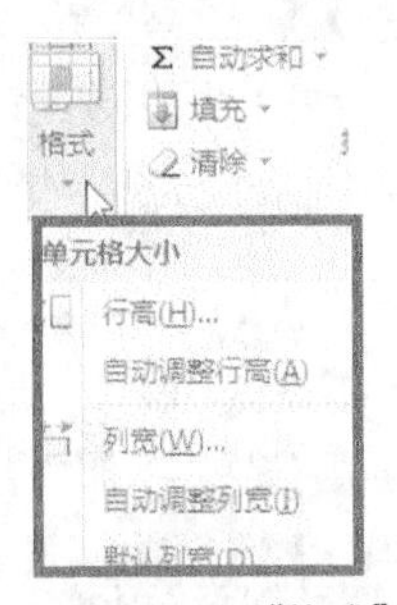

图 5-45 “格式”

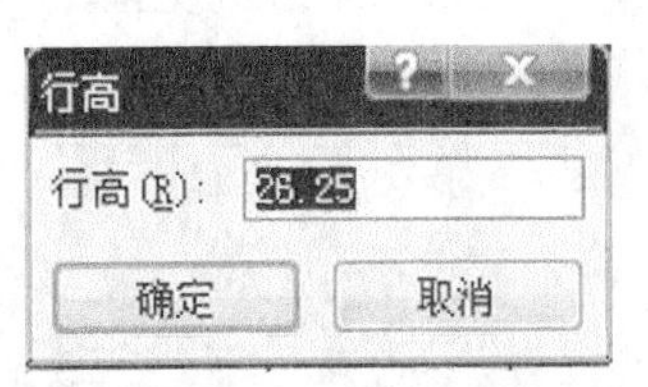

图 5-46 “行高”对话框

方式二：右键快捷菜单选择命令。

如果选中要设置的整行或者整列，除了同方法一的设置之外，还可以选择右键快捷菜单中的“行高”或者“列宽”命令，也会弹出相应的对话框，输入数字即可。

方式三：手动调整。

可以将鼠标指针放到行或列交叉处，当指针形状变成双向箭头时，用按下鼠标左键拖曳的方式来改变行高或列宽的值，会出现浮动窗口，显示实时的行高或列宽的值，如图 5-48 所示。

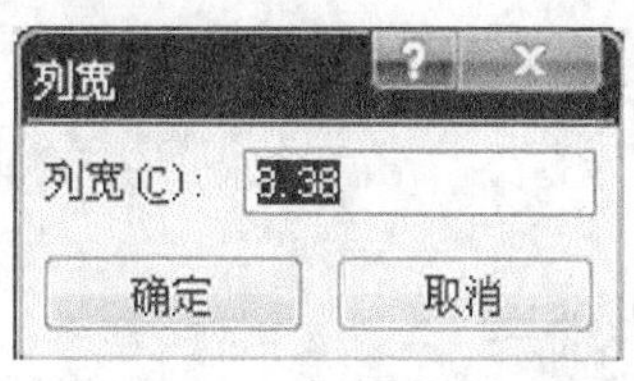

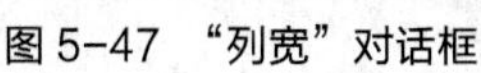

图 5-47 “列宽”对话框

图 5-48 手动改变列宽

（3）绘制表格线

当我们编辑表格时能看到的灰色线条其实在打印输出时是不显示的，所以在完成数据输入并且设置了合适的行高列宽可以把内容完整显示之后，要将表格线加以绘制。添加表格线的方法有如下两种。

① 通过工具按钮快速添加框线。

先选中要设置的单元格，通过“开始”→“字体”→“框线”下拉按钮来进行设置。单击“框线”按钮会出现下拉列表，如图 5-49 所示，选择合适的框线即可。

② 通过“设置单元格格式”对话框中的“边框”选项卡设置。

先选中要设置的单元格，通过选择右键快捷菜单中的“设置单元格格式”命令，在弹出的对话框中选择“边框”选项卡，如图 5-50 所示，先选择合适的线条样式、颜色，再在右边选择要设置的边框线位置即可。

图 5-49 “边框”下拉列表

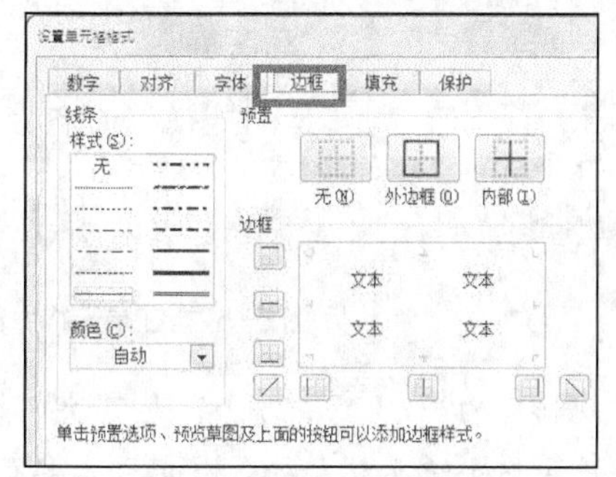

图 5-50 “边框”选项卡

三、任务实现

1. 新建和保存工作簿文件

启动 Excel 2010，新建工作簿并以“工程材料汇总表.xlsx”为文件名，保存在黄小明专用文件夹下。

2. 输入数据

提示：在建立一份数据表时，要首先规划表格的行和列的标题，再着手输入数据。对于复杂的表头，可以先输入部分标题文字，再进行追加和修改。

根据任务要求，现在来进行表格录入，操作步骤如下所述。

（1）输入各列标题（见图 5–51）

这里只输入了最细节的标题部分，其他要合并的复杂标题部分后续再进行追加和修改。

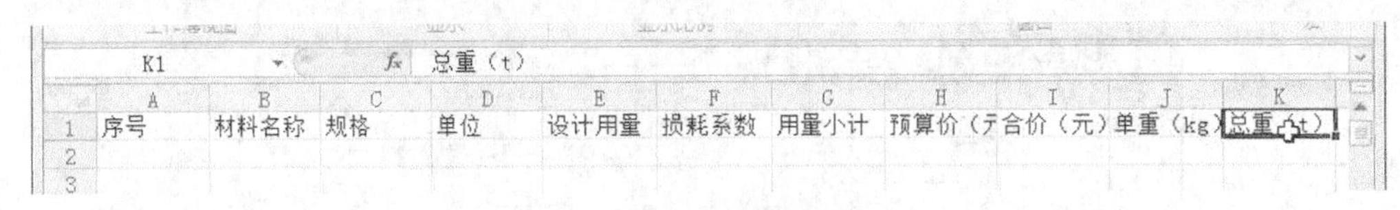

K1 总重（t）

	A	B	C	D	E	F	G	H	I	J	K
1	序号	材料名称	规格	单位	设计用量	损耗系数	用量小计	预算价（元	合价（元）	单重（kg）	总重（t）
2											
3											

图 5–51　输入各列标题

① 在 A1 单元格中输入“序号”标题。

② 选择下一个单元格。

用鼠标单击下一个单元格即可，但是为了加快输入速度，也可以使用如下方法。

- 使用键盘上的上、下、左、右方向键可以将光标移至各相邻单元格上。
- 使用【Tab】键可以向右移一个单元格，用【Shift+Tab】键可以向左移一个单元格。
- 使用【回车】键可以向下移动一个单元格。
- 如果先选中一个区域，再使用【Tab】键或者【回车】键来跳转，则活动单元格会在选中的区域内循环跳转，不会跳到所选区域外。

③ 输入“材料名称”标题，接着分别输入“规格”、“单位”、“设计用量”等标题。有些单元格中文字不能完全显示，没关系，在“编辑栏”可以看到数据是完整的即可，后续将进行格式调整。

（2）输入除了序号 1 ~ 8 之外的所有原始数据（见图 5–52）

	A	B	C	D	E	F	G	H	I	J	K
1	序号	材料名称	规格	单位	设计用量	损耗系数	用量小计	预算价（元	合价（元）	单重（kg）	总重（t）
2		现浇基础用钢材		t	9.877856	1.06		4797			
3		底脚螺栓		t	3.888	1.005		8000			
4		水泥425#	425#	t	188.8617	1.05		300			
5		中砂		立方米	268.0455	1.15		28.08		1550	
6		碎石		立方米	481.9155	1.1		39		1600	
7		卡盘KP14-	KP14-2	块	55	1		236		213	
8		卡盘KP8-4	KP8-4	块	55	1		135		143	
9		底盘DP10-	DP10-4	块	55	1		233		216	
10		合计									

图 5–52　在单元格中输入数据

提示：其中规格中的“t”、“立方米”和“块”等多个单元格数据相同的，可以使用同时输入的方式：先选中多个单元格，输入数据之后按住【Ctrl】键再回车。

例如，快速输入 D2. D3. D4 中的“t”，如下所述。

- 单击 D2 并按住鼠标左键向下拖动到 D4，松开鼠标，即可选中 D2:D4 3 个连续的单元格，如图 5–53 所示。
- 键盘输入“t”，如图 5–54 所示。
- 按住【Ctrl】键+【回车】键，即可看到 D2:D4 中都输入了“t”，如图 5–55 所示。

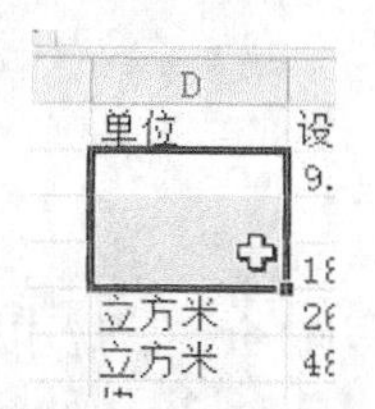

图 5-53 选中多个单元格

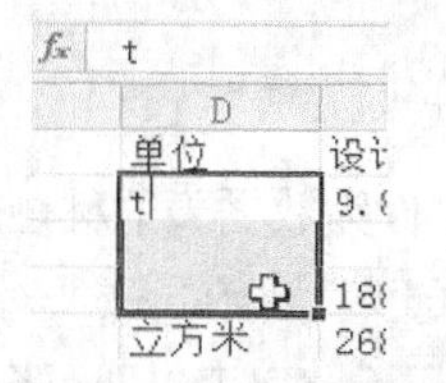

图 5-54 输入数据“t”

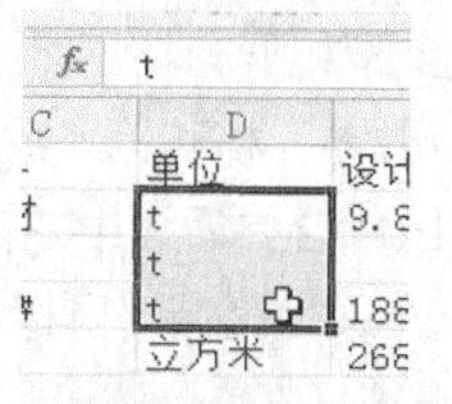

图 5-55 同时输入

（3）用填充柄自动填充序号

在 A2、A3 单元格中分别输入“1”、“2”；选中 A2、A3 单元格，鼠标放到 A3 单元格的右下角出现细十字填充柄形状，如图 5-56 所示，按下鼠标左键，并向下拖动到 A9 单元格，松开鼠标即可得到“序号”列的值，如图 5-57 所示。

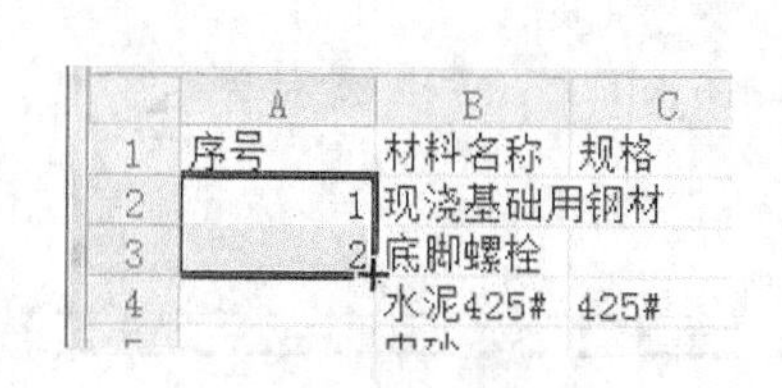

图 5-56 “序号”自动填充柄

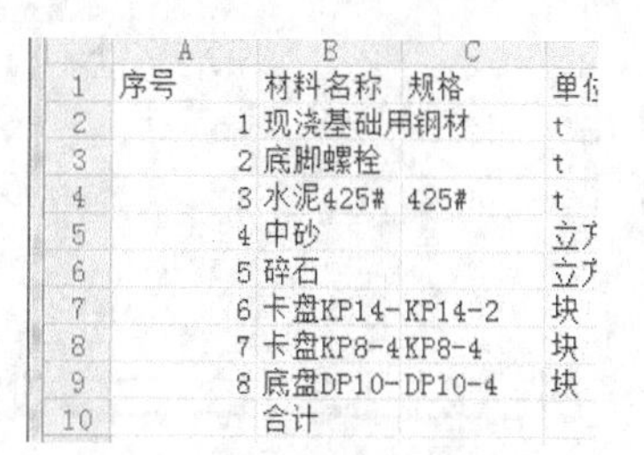

图 5-57 “序号”自动填充

这样数据部分就基本输入完毕，表头要进行合并部分的数据，我们可以先进行格式合并，再输入数据。

3．简单格式设置

如前面任务开头图 5-14 所示，要完成表头部分的设计，需要插入行和单元格的合并等操作，具体如下所述。

（1）插入行

需要插入两行作为表格标题行和复合表头行。有如下两种方法。

① 选择单元格方式。

- 单击第一行的任意单元格，例如选择“序号”所在单元格 A1。
- 在右键快捷菜单中选择 “插入”命令。
- 在弹出的对话框中选择“整行”命令。
- 则在“序号”所在行上面插入一个新行。
- 重复此操作，即可得到上方两个新的空行。

② 选择行的方式。

- 直接选中第 1、第 2 两行。
- 在右键快捷菜单中选择 “插入”命令。
- 这时将按照选中的行数来插入两行。

（2）合并单元格

完成数据表的标题和表头的复合部分。

注意：要合并的单元格部分，若只有一个单元格有数据，则合并后保留该数据，若要合并的单元格都有数据，则合并后只保留最左上角单元格的数据。

操作步骤如下。

① 合并单元格和输入数据表标题。

将 A1:K1 合并后居中并输入文字作为数据表的标题。

选中 A1:K1 区域，鼠标指向功能区“开始”→“对齐方式”→“合并后居中”按钮，如图 5-58 所示；单击该按钮（不用点开下拉列表）即可合并单元格，输入文字“城乡电网网建设（改造）工程装材料汇总表（一）”，效果如图 5-59 所示。

图 5-58 选择“合并后居中”按钮

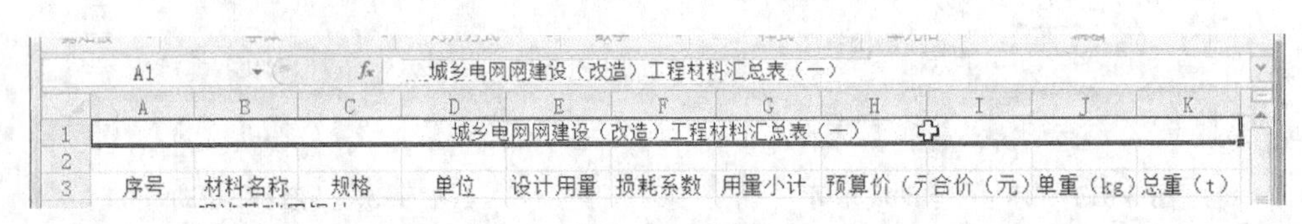

图 5-59 标题效果

② 复合表头。

分别将 A2 和 A3、B2 和 B3、C2 和 C3、D2 和 D3 合并后居中；E2:G2、H2 和 I2、J2 和 K2 合并后居中并输入相应的文字，作为表头的复合部分。方法同（1）。

③“合计”栏。

最后一行“合计”也是在 A12:G12 合并后的单元格里，所以将其合并后居中。

（3）添加表格框线

表格数据已经完成，为了使得表格清晰明了，需要给表格加框线，这里添加简单框线，参考图 5-14，给表格区域的外框和内部都添加一样的细实线的框线。

- 选中 A2:K12 区域。
- 单击“开始”→“字体”→“边框”下拉列表，在列表中选择“所有框线”命令，即可得到绘制的框线。

（4）调整行高列宽

从表格可见，有的单元格不够宽，不能显示全部数据，需要将行高列宽进行调整，这里选择最简单的自动调整。

步骤如下所述。

选中全部 A1:K12 表格区域，通过“开始”→“单元格”→“格式”下拉按钮来进行设置。单击“格式”按钮会出现下拉列表，在其中分别选择“自动调整行高”和“自动调整列宽”命令，即可得到与单元格内容大小合适的行高和列宽。

4．保存工作表

完成了这样一份漂亮的工作表，接下来就是最后的重要一步——保存。因为之前我们已经按照指定的文件名进行保存，现在只要选择菜单“文件”→“保存”命令，或者单击菜单上部的按钮后就可进行快速保存。单击之后并没有任何提示，系统会按照原来保存的位置、名称、类型来进行保存。

提示：我们在操作过程中，为了避免意外，尽量做到只要有改动，及时单击“存盘”按钮进行保存。

四、任务小结

本次任务中我们了解到了 Excel 的基本操作方法，可以进行简单表格的输入、编辑和简单格式设置。这部分操作是掌握 Excel 的重要基础知识，需要熟练掌握其操作技能。

五、随堂练习

按照表 5-1“职工工资表”所示内容建立 Excel 工作表，保存为“职工工资表.xlsx”，并对工作表完成以下操作。

1. 在表格第一行前插入一行，并在 A1 单元格输入标题“职工工资表”，合并后居中。

2. 通过填充柄自动填充，在(A3:A10)单元格内填充上 0201001～0201008，要求以文本格式显示。

表 5-1　职工工资表

职工号	姓名	基本工资	职务工资	生活补贴	水电费	住房公积金	个人所得税	实发工资	应发工资
	刘明亮	2280	880	600	20	600			
	郑　强	2160	780	600	78	580			
	李　红	2140	760	600	90	560			
	刘　奇	2080	700	600	42	520			
	王小会	2420	940	600	55	700			
	陈　朋	2240	860	600	100	580			
	佘东琴	2200	800	600	96	560			
	吴大志	1960	770	600	45	540			

任务三　美化工作表

一、情境设计

黄小明建好表格进行简单格式设置之后非常兴奋。但是细看表格好像并不特别好看，标题不突出，有些数据还显得凌乱。其实建立好一份工作表后，在展示给大家之前，将工作表进行格式上的规范与美化也很重要。

经过分析设计，黄小明最终将表格进行了格式设置，看起来整齐清晰，如图 5-60 所示。

本次任务实践操作的要求如下所述。

① 设置 E4:K11，H12:K12 区域内的数值数据保留两位小数。

② 将表格标题文字“城乡电网网建设（改造）工程装材料汇总表（一）”设置为仿宋，

24 磅，加粗。

城乡电网网建设（改造）工程材料汇总表（一）										
序号	材料名称	规格	单位	设计用量			价格		重量	
				设计用量	损耗系数	用量小计	预算价（元）	合价（元）	单重（kg）	总重（t）
1	现浇基础用钢材		t	9.88	1.06		4797.00			
2	底脚螺栓		t	3.89	1.01		8000.00			
3	水泥425#	425#	t	188.86	1.05		300.00			
4	中砂		立方米	268.05	1.15		28.08		1550.00	
5	碎石		立方米	481.92	1.10		39.00		1600.00	
6	卡盘KP14-2	KP14-2	块	55.00	1.00		236.00		213.00	
7	卡盘KP8-4	KP8-4	块	55.00	1.00		135.00		143.00	
8	底盘DP10-4	DP10-4	块	55.00	1.00		233.00		216.00	
合计										

图 5-60　格式样表

③ 将表格表头的列标题 A2:K3 区域，设置为黑色、仿宋、14 磅、加粗。“合计”单元格文字设置为黑色、仿宋、14 磅、加粗、倾斜。其余文字为黑色、仿宋、12 磅。

④ A1 所在的第一行设置行高为 60 磅，其余各行行高均为 25 磅，所有列宽设置为自动调整列宽。

⑤ 设置“序号”、“规格”、“单位”列中的数据居中对齐，表格各列标题单元格文字居中对齐，“合计”单元格居中对齐，其余按照默认格式。

⑥ 将表格标题文字“城乡电网网建设（改造）工程装材料汇总表（一）”设置为红色底纹，白色文字。

⑦ 将表格表头的列标题 A2:K3 区域填充 12.5%灰色底纹。

⑧ 将“序号”列的值为偶数的表格行填充淡蓝色（颜色：第 1 行右边倒数第二色块）背景色。

⑨ 将“合计”单元格填充蓝色（颜色：第三行第四列色块）背景色、黄色“细逆对角线条纹”底纹。

⑩ 设置表格外框线为粗实线，内框线为细实线，“合计”所在行的上边框线为黄色双线。

二、相关知识

对于 Excel 的格式设置，通常有两种方式，一是通过弹出“设置单元格格式”对话框来完成各种设置；二是通过功能区的各种格式设置按钮来完成。

1.“设置单元格格式”对话框

弹出“设置单元格格式”对话框有两种方式，一是选择对象后，在右键快捷菜单中选择“设置单元格格式”；二是选择对象后，单击“开始”→“单元格”→“格式”下拉按钮，从“格式”下拉列表中选择“设置单元格格式”命令。

弹出的“设置单元格格式”对话框如图 5-61 所示。其中含有“数字”、“对齐”、“字体”、“边框”、“填充”、“保护”6 个选项卡。

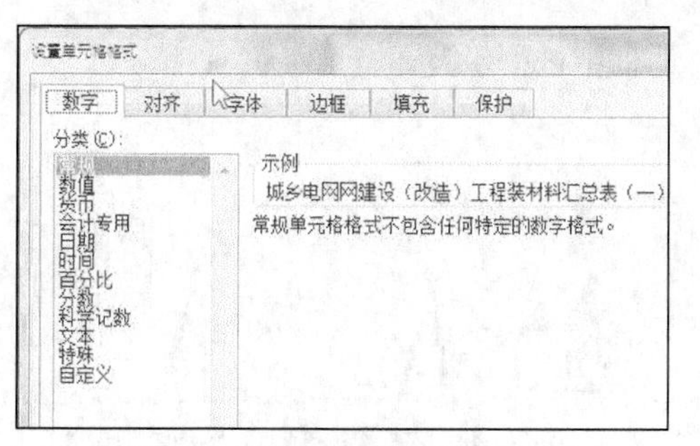

图 5-61 “设置单元格格式”对话框

（1）“数字”选项卡

在“数字”选项卡中可以选择不同的条目进行详细设置。

- 常规：按照 Excel 默认格式。
- 数值：设置为数值型，对数值的小数位数、显示千分位符号、负数样式进行设置。
- 货币：设置为货币型，对数值的小数位数、显示的货币符号、负数样式进行设置。
- 会计专用：设置为会计专用型，对数值的小数位数、显示的货币符号进行设置。
- 日期：设置为日期型，对日期的类型、国家（地区）进行设置。
- 时间：设置为时间型，对时间的类型、国家（地区）进行设置。
- 百分比：设置为百分比型，对数值的小数位数进行设置。
- 分数：设置为分数型，对分数的类型进行设置。
- 科学记数：设置为科学记数型，对数值的小数位数进行设置。
- 文本：设置为文本型。
- 特殊：设置为特殊型，对类型、国家（地区）进行设置。
- 自定义：设置为自定义型，可以现有格式为基础，设置一些自定义类型。

（2）“对齐”选项卡

在“对齐”选项卡中可以设置文字的对齐方式、单元格内容显示不完整时的自动调整方式、文字方向等。

（3）“字体”选项卡

在“字体”选项卡中可以设置文字的字体、字号、颜色、下划线样式、特殊效果等格式。

（4）“边框”选项卡

在“边框”选项卡中，可以设置边框的线条样式、颜色、适用位置等。

（5）“填充”选项卡

在“填充”选项卡中，可以设置填充的背景色、背景色的填充效果、填充图案的样式、颜色等。

（6）“保护”选项卡

在“保护”选项卡中，可以设置锁定单元格或者隐藏公式。

2．使用功能区按钮设置格式

在“设置单元格格式”对话框中可以实现各种格式的设置，但是有时候要快速设置，会使用“开始”选项卡的功能区的各种按钮来实现，如图 5-62 所示。有些类型的右下角有展开按钮，可以切换到详细对话框中进行设置。

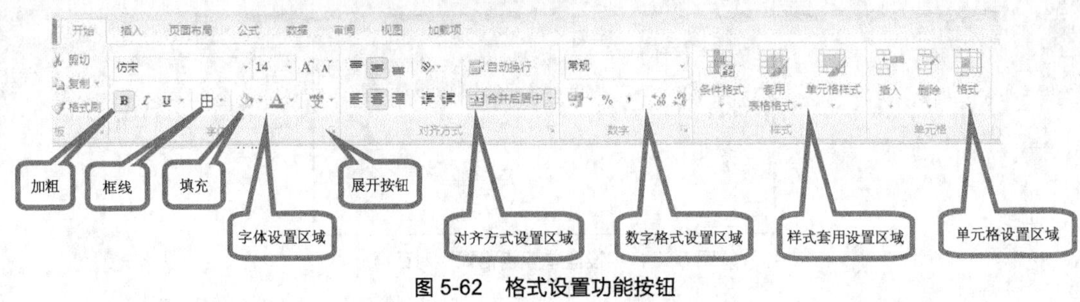

图 5-62　格式设置功能按钮

在“样式”区域，Excel 提供了一些现成的样式：条件格式样式、表格格式、单元格样式等，可以直接套用。

三、任务实现

1．设置小数位数

设置 E4:K11，H12:K12 区域内的数值数据保留两位小数。

① 选择要设置的数值区域。选中 E4:K11 区域，按住【Ctrl】键不放，再次选中 H12:K12，即同时选中了 E4:K11,H12:K12 区域。

② 鼠标指针在选中区域内，用右键单击出现快捷菜单，选择“设置单元格格式”命令，弹出“设置单元格格式”对话框。

③ 选择“数字”选项卡中的“数值”选项，将小数位数设置为 2 位，如图 5-63 所示，单击“确定”按钮即可。

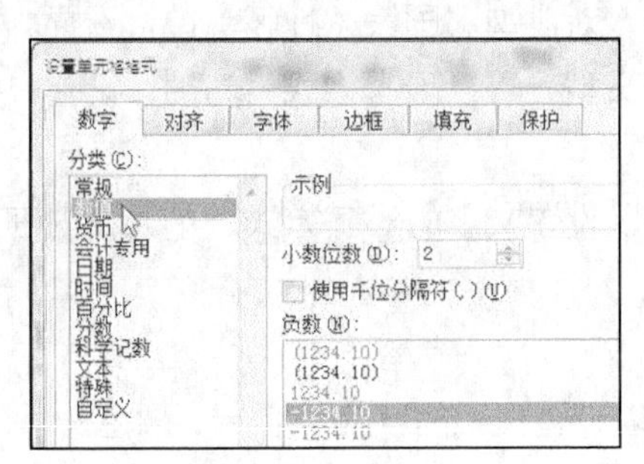

图 5-63　“数字”选项卡中的“数值”选项

2．设置字体字号和填充

① 选中表格标题文字“城乡电网网建设（改造）工程装材料汇总表（一）”所在的单元格区域 A1:K1。

② 在“开始”→“字体”功能区分别通过功能按钮设置相应的仿宋、24 磅、加粗。

③ 同样，将表格表头的列标题 A2:K3 区域选中，设置为黑色、仿宋、14 磅、加粗；“合计”单元格文字设置为黑色、仿宋、14 磅、加粗、倾斜。其余文字为黑色、仿宋、12 磅。

3．设置行高列宽

（1）设置列宽为自动调整

- 选中表格所在的区域 A1:K12。

- 选择“开始”→“单元格”→“格式”下拉按钮，在“格式”下拉列表中选择“自动调整列宽”命令，则所有列宽都设置为自动调整列宽。

（2）设置行高

- 在选中表格状况下，再次单击“格式”下拉列表，从中选择“行高”命令，在弹出的“行高”对话框中，输入 25，单击“确定”按钮，即将各行行高均设置为 25 磅。
- 选中 A1 单元格，这时会选中合并的 A1:K1 区域，通过单击“格式”下拉列表，从中选择“行高”命令，在“行高”对话框中，输入 60，单击“确定”按钮，即将第一行行高设置为 60 磅。

4．设置对齐方式

① 选中“序号”、“规格”、“单位”列。

② 在“开始”→“对齐方式”功能区，选择居中对齐。

5．设置填充

（1）表格标题文字

- 选中表格标题文字“城乡电网网建设（改造）工程装材料汇总表（一）”所在的 A1:K1。
- 单击“开始”→“对齐方式”功能区的“填充”下拉按钮 ，在出现的颜色块中选择红色，单击即可设置为红色底纹。
- 单击“开始”→“对齐方式”功能区的“文字颜色”下拉按钮 ，在出现的颜色块中选择白色，单击即可设置为白色文字。

（2）表格表头的列标题

- 选中表格表头的列标题 A2:K3 区域。
- 鼠标指针放在所选区域中，用右键单击出现快捷菜单，选择“设置单元格格式”命令。
- 在弹出的对话框中选择“填充”选项卡。
- 在“填充”选项卡中单击“图案样式”下三角按钮，在出现的图案中选择“12.5%灰色”，如图 5-64 所示，单击“确定”按钮即可。

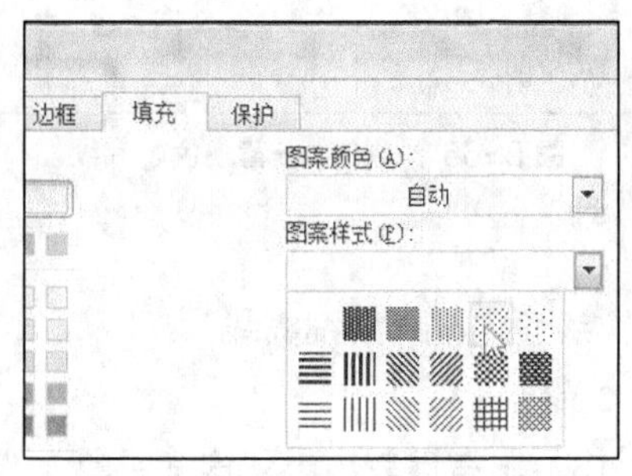

图 5-64　列标题填充“12.5%灰色”

（3）“序号”列的值为偶数的表格行

- 将“序号”列的值为偶数的表格行全部选中。
- 在“设置单元格格式”对话框中选择“填充”选项卡。
- 在“填充”选项卡中单击背景色中的淡蓝色（颜色：第 1 行右边倒数第二色块），如图 5-65 所示，单击“确定”按钮即可。

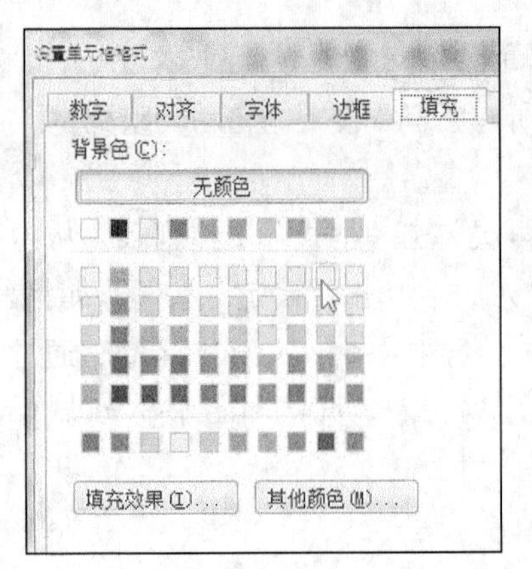

图 5-65　偶数序号行填充淡蓝色背景色

（4）"合计"单元格

- 选中"合计"单元格。
- 在"设置单元格格式"对话框中选择"填充"选项卡。
- 在"填充"选项卡中单击背景色中的蓝色（颜色：第三行第四列色块）背景色。
- 单击"图案颜色"下拉按键，在颜色中选择黄色。
- 单击"图案样式"下拉按键，在样式中选择"细 逆对角线条纹"底纹，如图 5-66 所示，单击"确定"按钮即可。

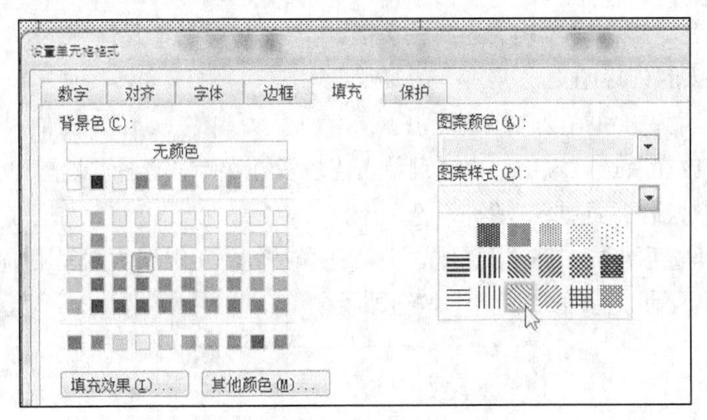

图 5-66　"填充"-背景色、底纹

6．设置框线

① 设置表格外框线为粗实线，内框线为细实线。

- 选中表格 A3:K12 区域。
- 鼠标指针放在所选区域中，用右键单击出现快捷菜单，选择"设置单元格格式"命令；
- 在弹出的对话框中选择"边框"选项卡；
- 在"边框"选项卡中先单击选择线条样式中的粗实线，再将鼠标在右侧边框上分别单击最外的上下左右 4 条边框，即可将外框线设置为粗实线。内部框线已经是细实线可以不用设置，如图 5-67 所示，单击"确定"按钮即可。

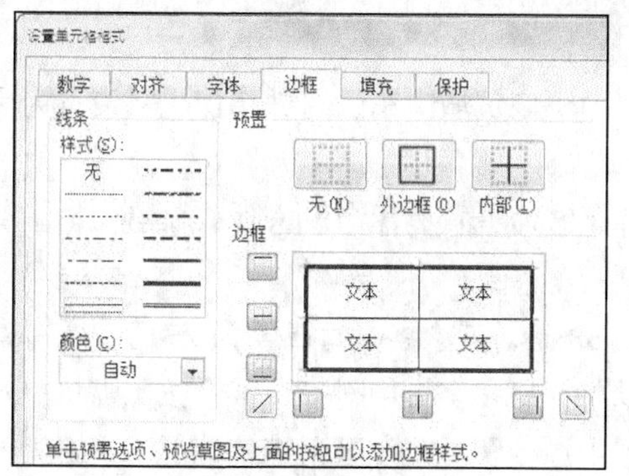

图 5-67 设置表格框线

② 设置“合计”所在行的上边框线为黄色双线。

- 选中“合计”所在行 A12:K12 区域。
- 鼠标指针放在所选区域中，用右键单击出现快捷菜单，选择“设置单元格格式”命令。
- 在弹出的对话框中选择“边框”选项卡。
- 在“边框”选项卡中选择线条样式中的双线。
- 在“颜色”下拉列表中选择黄色。
- 将鼠标在右侧边框上单击最外的上边框，即可将上框线设置为黄色双线，如图 5-68 所示，单击“确定”按钮即可。

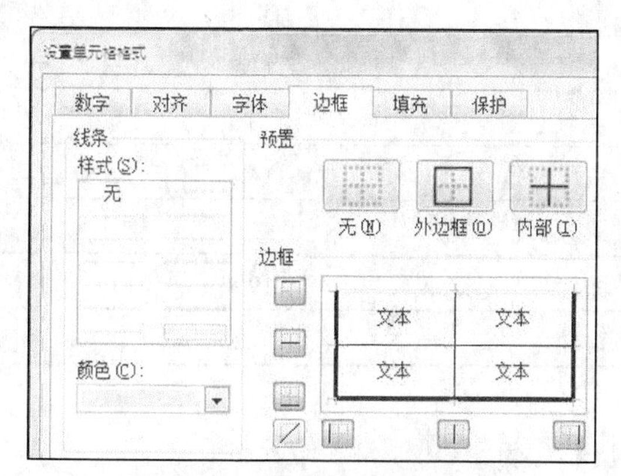

图 5-68 设置“合计”行上框线

7．保存工作表

选择菜单“文件”→“保存”命令，或者单击菜单上部的 按钮后，就可进行快速保存。

四、任务小结

通过本次任务，我们学习了如何在创建一个 Excel 工作表之后，进行表格格式设置。有些格式设置通过“设置单元格格式”对话框更细致，有些常用操作用功能按钮更快捷。读者需要在实践过程中加以体会和训练，从而对表格的操作更熟练和有效率。

五、随堂练习

按照表 5-2“销售表”所示内容建立 Excel 工作表，保存为“销售表.xlsx”，并对工作表完成以下操作。

1. 将表格标题文字“中源商贸城华东区月销售情况”设置为黑体、22磅、黑色、加粗，去掉该标题的表格线。

2. 将表格表头的列标题区域设置为黑色、宋体、16磅、加粗。其余文字为黑色、仿宋、12磅。

3. 第一行设置行高为58磅，其余各行行高均为25磅，所有列宽设置为自动调整列宽。

4. 设置表格各列标题单元格文字居中对齐，其余按照默认格式。

5. 将表格标题文字“中源商贸城华东区月销售情况”设置为淡黄色底纹。

6. 将“品牌”列的各单元格（不含“品牌”）填充淡蓝色（颜色：第1行右边倒数第二色块）背景色、红色 “细对角线条纹”底纹。

7. 设置表格（不含标题“中源商贸城华东区月销售情况”）外框线为黑色粗实线，内框线为黑色细实线，列标题所在行的下边框线为黑色双线。

表5-2　销售表

中源商贸城华东区月销售情况				
品　　牌	产　　地	单价（万元）	数量（台）	总计（万元）
桑塔纳2000	上海大众	8.2	40	
帕萨特	上海大众	32.4	20	
POLO	上海大众	11.8	50	
别克	上汽通用	28.9	44	
标致307	东风标致	14.8	28	
尼桑天籁	东风日产	25.4	32	
马自达6	海南马自达	19.8	27	
奇瑞QQ	奇瑞	4.2	30	

任务四　管理工作表

一、情景设计

黄小明经过这一段时间的学习，对Excel的基本功能有了较为全面的掌握。但随着实践越来越多，他发现有时一项工作需要创建好几个Excel数据表，每次都新建一个文档，管理和操作起来非常麻烦。通过不断的学习，黄小明发现通过管理工作簿和工作表的功能，能够轻松地解决这个问题。

那么黄小明是怎么管理工作簿和工作表的呢？我们就和黄小明一起来管理Excel的工作簿和工作表，以进一步提高工作效率。

本次任务实践操作的要求如下所述。

① 将“工程材料汇总表”的“Sheet1”重命名为“材料汇总表（一）”。

② 插入一个新的工作表，重命名为“各材料资金比例表”。

③ 将“材料汇总表（一）”设置保护，密码为“123”。

④ 将“材料汇总表（一）”的内容全部复制到“各材料资金比例表”，再根据图 5-69 所示，将 “各材料资金比例表”的表格内容进行修改。

⑤ 撤销“材料汇总表（一）”设置的保护。

⑥ 将“材料汇总表（一）”的表标题行和各列标题行冻结，尝试查看效果后，撤销冻结的标题行。

⑦ 新建窗口，将两张工作表设置为并排查看，比较浏览后撤销并排查看。

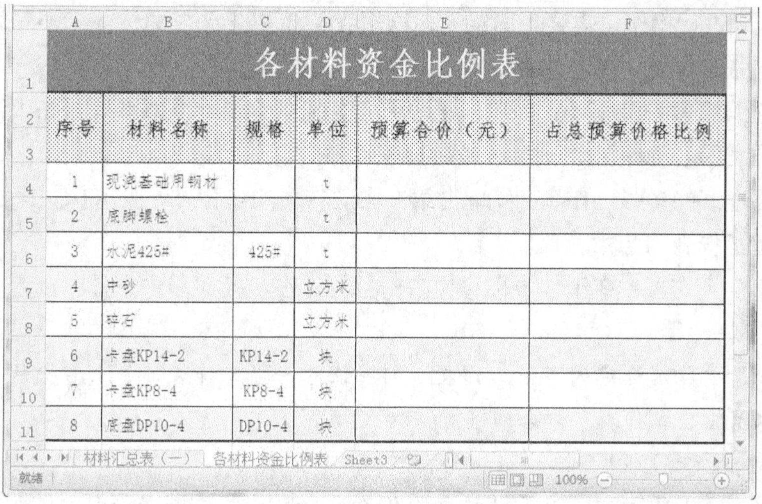

各材料资金比例表

序号	材料名称	规格	单位	预算合价（元）	占总预算价格比例
1	现浇基础用钢材		t		
2	底脚螺栓		t		
3	水泥425#	425#	t		
4	中砂		立方米		
5	碎石		立方米		
6	卡盘KP14-2	KP14-2	块		
7	卡盘KP8-4	KP8-4	块		
8	底盘DP10-4	DP10-4	块		

材料汇总表（一）　各材料资金比例表　Sheet3
就绪　100%

图 5-69　各材料资金比例表

二、相关知识

1．工作簿与工作表

（1）工作簿（Workbook）

工作簿是以文件形式存放的，一个 Excel 文件（扩展名：.xlsx）称为一个工作簿，当启动 Excel 时，将由系统自动产生一个新的工作簿。工作簿除了可以存放工作表外，还可以存放宏表、图表等。

（2）工作表（WorkSheet）

工作表是 Excel 中用于存储和处理数据的主要文档。工作表由排列成行或列的单元格组成，工作表存储在工作簿中。默认情况下，一个工作簿中包含 3 个工作表，分别是 Sheet1、Sheet2、Sheet3。

（3）活动工作表

活动工作表是工作簿中用户正在编辑的工作表。在工作表标签栏中，工作表的名称是白色背景的工作表就是活动工作表，非活动的工作表的名称为灰色背景，如图 5-70 所示，“Sheet1”即为活动工作表。

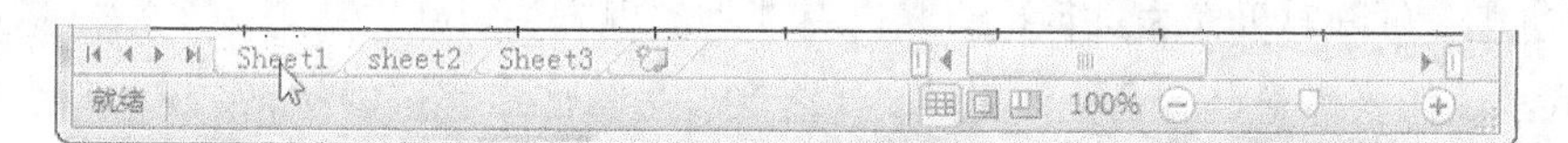

图 5-70　活动工作表

（4）单元格（Cell）

单元格是工作表中交叉的行与列形成的框，可在该框中输入信息。如 A1 代表左上角第一个单元格，其中 A 代表列号，1 代表行号。

因此，单元格、工作表、工作簿 3 者的关系是：单元格构成工作表的基本单位，而工作表是构成工作簿的基本单位。

2．工作表基本操作

（1）选定工作表

要对工作表进行操作，需要先选定它，这里介绍 4 种选定方式。

- 选定单张工作表：在工作表标签栏，单击工作表名称。
- 选定连续的多张工作表：先单击第一张工作表的名称，再按住【Shift】键单击最后一张工作表的名称即可。
- 选定不连续的多张工作表：先单击第一张工作表的名称，再按住【Ctrl】键单击其他需要选定工作表的名称。
- 选定全部工作表：在工作表标签栏右击鼠标，在快捷菜单中选择“选定全部工作表”命令。

提示：如果要取消选定的多张工作表，则在任意一张工作表标签上右击鼠标，在快捷菜单中选择“取消组合工作表”命令即可。

（2）插入新工作表

默认情况下，工作簿中有 3 个工作表。但在某些时候，需要在当前工作簿中创建新的工作表。具体操作步骤如下所述。

① 在某工作表名称上，右击鼠标，在弹出的快捷菜单中选择“插入”命令，弹出“插入”对话框。

② 在“插入”对话框中，选择“工作表”，单击“确定”按钮，即在该工作表的左边插入了一张新工作表。

（3）查看工作表

- 在工作表标签栏单击工作表名称，就可以在工作表间切换进行查看或编辑。
- 如果工作表较多，可能有的表名称不能显示，可以通过工作表标签栏左侧的“工作表浏览”按钮来进行查找，如图 5-71 所示。

图 5-71 “工作表浏览”按钮

（4）重命名工作表

默认情况下，Excel 都是以“Sheet+数字序号”的形式命名工作表的。为便于识别每个工作表中的信息，可以对工作表进行重命名。有 3 种实现方法。

① 双击工作表标签上的名称，使得工作表名称呈黑底白字选中状态，键入新名称覆盖当前名称即可。

② 双击工作表标签上的名称，使得工作表名称呈黑底白字选中状态，再次单击名称，则名称呈现白底黑字编辑状态，这时可以对工作表名称进行编辑修改。

③ 在需要重命名的工作表标签上右击鼠标，在弹出的快捷菜单上选择“重命名”命令，键入新名称覆盖当前名称即可。

（5）删除工作表

删除工作表的方法重点介绍以下两种。

① 在需要删除的工作表名称上右击鼠标，在弹出的快捷菜单上选择“删除”命令。

② 单击需要删除的工作表名称，使其成为当前活动的工作表，在“开始”→“单元格”→“删除”下拉按钮上单击，在下拉列表中选择“删除工作表”命令，如图 5-72 所示，此时会弹出警告对话框，如图 5-73 所示，根据需要进行选择即可。

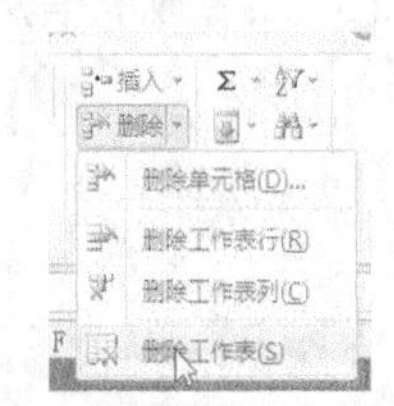

图 5-72 “删除工作表”命令

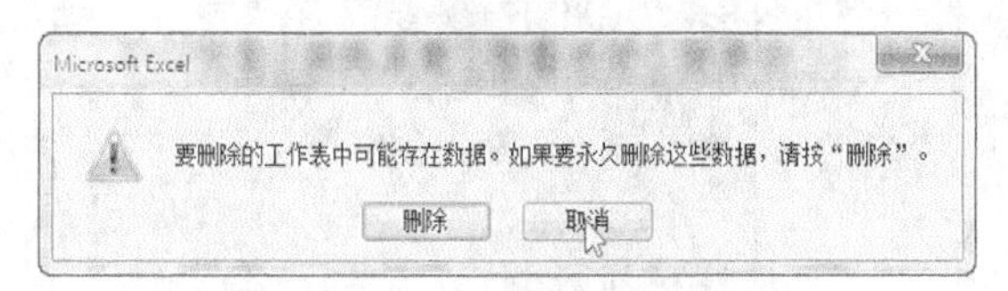

图 5-73 “删除工作表”警告

提示：如果要删除多个工作表，可以按照之前介绍的选定多个连续或不连续工作表的方法选定要删除的工作表，再进行删除操作。

（6）移动、复制工作表

在 Excel 中，可以在同一工作簿内移动或复制工作表，也可以将工作表移动或复制到其他的工作簿或者是新的工作簿中。

① 鼠标拖曳方式。

- 如果是在当前工作簿中移动工作表，选定需要移动的工作表，按下鼠标左键，沿工作表标签拖动选定的工作表到达需要放置该工作表的位置时释放鼠标即可。
- 如果是在当前工作簿中复制工作表，选定需要复制的工作表，按住【Ctrl】键，沿工作表标签拖动选定工作表，到达需要放置复制的工作表的位置时释放鼠标按键后，再放开【Ctrl】键即可。

② 菜单命令方式。

单击需要移动或复制的工作表标签，选定要操作的工作表，右击鼠标，在弹出的菜单中选择“移动或复制工作表”命令，在弹出的“移动或复制工作表”对话框中，可选择将其移动或复制到新工作簿中，或者同一工作簿中的指定位置。

3．工作表和工作簿的保护

在 Excel 中，为了防止数据被更改，可以采用工作表和工作簿的保护方式来实现。方法是

在“审阅”选项卡→“更改”功能区选择相应的按钮来执行选择，如图 5-74 所示。

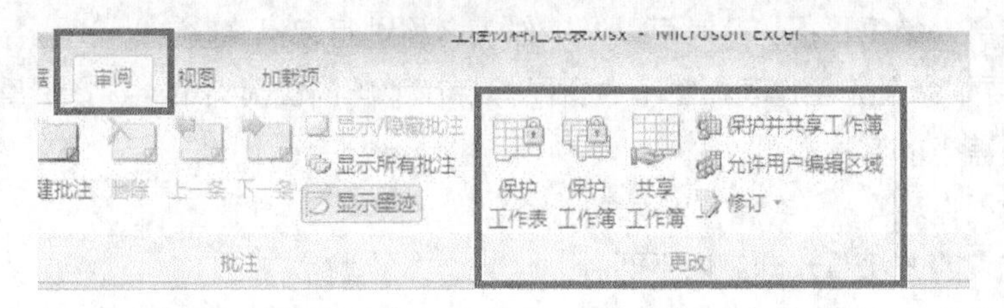

图 5-74 “审阅”选项卡→“更改”功能区

（1）工作表的保护与撤销保护

① 设置保护工作表。

通过设置“保护工作表”，可以指定可以更改的信息，防止对工作表中的数据进行不必要的更改。

- 单击“审阅”选项卡→“更改”→“保护工作表”按钮，出现“保护工作表”对话框，如图 5-75 所示。

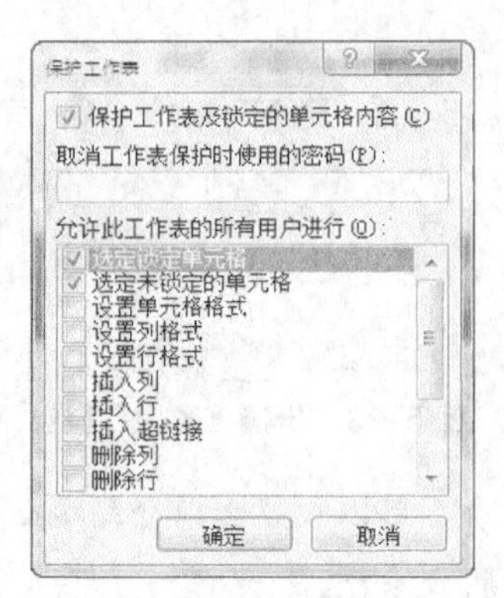

图 5-75 “保护工作表”对话框

- 设置“允许此工作表的所有用户进行”下面的选项，可以选择当处于保护工作表状态下，用户可以进行的操作。
- 设置“取消工作表保护时使用的密码”可以防止任何用户都可以取消保护。
- 单击“确定”按钮，则当前工作表已经处于保护状态，如果进行非法操作，会弹出警告提示。此时功能区中的“保护工作表”按钮变成了“撤销工作表保护”按钮，如图 5-76 所示。

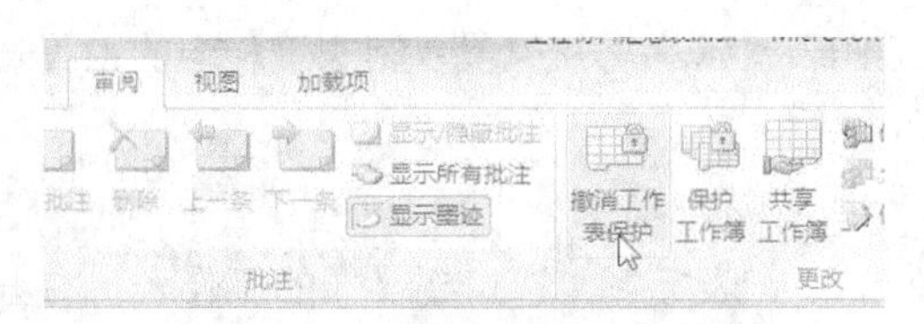

图 5-76 “撤销工作表保护”按钮

② 撤销工作表保护。

- 如果没有设置密码，任何人都可以单击“撤销工作表保护”按钮来取消保护，允许进行更改。

- 如果设置了密码，则单击“撤销工作表保护”按钮后，需要输入此密码才可以取消保护，允许进行更改。

③ 设置允许用户编辑区域。

在设置“保护工作表”之后是不能对数据进行编辑的，如果希望有一部分数据能够在保护状态下编辑，或者通过输入编辑用密码进行编辑，可以使用“允许用户编辑区域”。

- 单击“审阅”选项卡→“更改”→“允许用户编辑区域”按钮，出现“允许用户编辑区域”对话框，如图 5-77 所示。

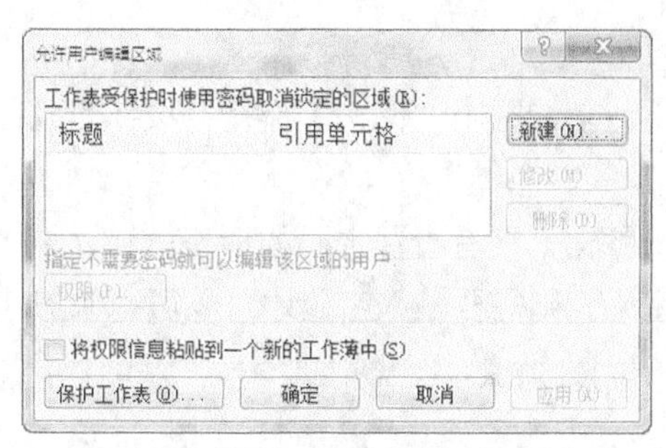

图 5-77 “允许用户编辑区域”对话框

- 单击“保护工作表”按钮，设置保护工作表。
- 单击“新建”按钮，会出现“新区域”对话框，如图 5-78 所示。新建一个允许编辑的区域，可以设置编辑时所用的密码，也可以不设密码。
- 单击“确定”按钮即可设置完成。

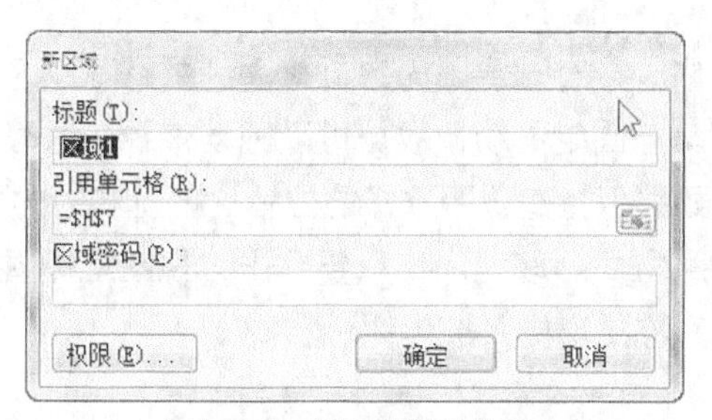

图 5-78 “新区域”对话框

（2）工作簿的保护与撤销保护

通过设置“保护工作簿”，可以防止对工作簿的结构进行不必要的更改，如移动、删除或添加工作表。

注意，当设置了工作簿的保护，其中工作表中的数据并不受保护，如果要受到保护，需要另外设置“保护工作表”。

① 设置保护工作簿。

- 当单击“审阅”选项卡→“更改”→““保护工作簿”按钮，会出现图 5-79 所示“保护结构和窗口”对话框，从中可以选择保护内容和设置撤销保护时的密码（可以没有密码）。
- 单击“确定”按钮，则整个工作簿就处于保护状态，不能对工作表进行移动、删除等操作。

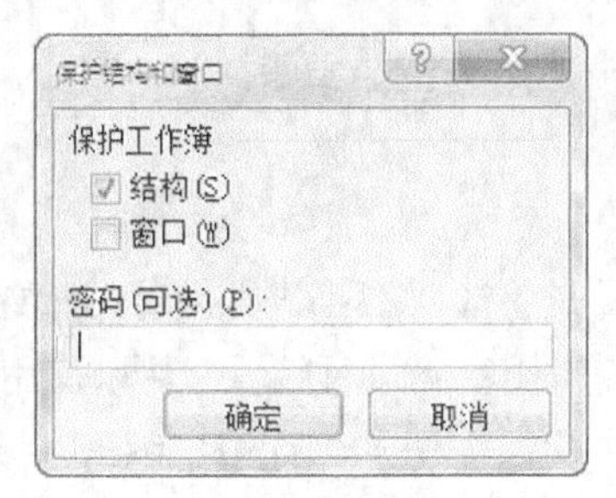

图 5-79 “保护结构和窗口”对话框

② 撤销保护工作簿。

- 在保护工作簿状态下，功能区中“保护工作簿”按钮变成黄色背景，文字不变，如图 5-80 所示。
- 单击“保护工作簿”按钮，没有设置密码的话，就会立刻撤销保护状态，按钮恢复原来背景色。如果有密码，则需要输入密码才可以撤销保护。

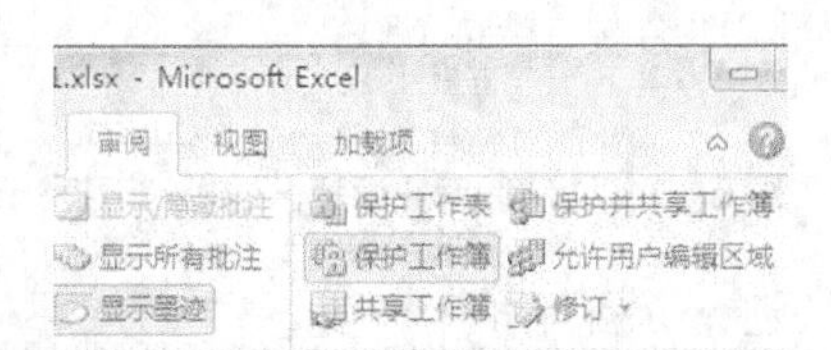

图 5-80 保护状态下的“保护工作簿”按钮

4．窗口操作

（1）冻结窗格

在编辑大量数据的表格时，有时候因为数据滚动到可见范围之外而影响阅读。比如希望标题行或标题列一直在屏幕上固定不动，数据可以翻动查看，这时可以使用“冻结窗格”的功能，使在滚动工作表时始终保持基于所选择的位置之前行和列的可见。

冻结窗格的方法有 3 种方式。取消冻结只要单击“视图”选项卡→“窗口”→“冻结窗格”下拉按扭，选择“取消冻结窗格”选项即可。

① 冻结首行。

如果我们的表格标题在首行上，希望冻结标题行，可以使用“冻结首行”快速设置。

方法是：不用选择单元格或行，单击可以看到第一行在滚动垂直滚动条时保持不动。

② 冻结首列。

如果我们的表格标题在首列上，希望冻结标题列，可以使用“冻结首列”快速设置。

方法是：不用选择单元格或列，单击“视图”选项卡→“窗口”→“冻结窗格”下拉按扭，选择“冻结首列”选项即可。可以看到第一行在滚动垂直滚动条时保持不动。

③ 冻结拆分窗格。

如果我们的表格标题不止一行或者不止一列，如“工程材料汇总表.xlsx”中，表头部分占了 3 行。或者希望多行或列保持不动，使用前两种方式就不能实现，可以使用“冻结拆分窗格”进行设置。方法如下所述。

- 冻结多行：鼠标单击需要冻结的最后一行的下方相邻行上的任意位置，单击“视图”选项卡→“窗口”→“冻结窗格”下拉按扭，选择“冻结拆分窗格”命令即可。

- 冻结多列：鼠标单击需要冻结的最后一列的右边相邻列上任意位置，单击“视图”选项卡→“窗口”→“冻结窗格”下拉按扭，选择“冻结拆分窗格”命令即可。

（2）拆分窗口

有时候，希望将一个窗口分成几块，分别显示当前工作表中距离较远的数据部分。可以使用“拆分窗口”命令按钮。拆分之后，当前窗口变成多个可调的窗格，里面显示同一工作表中的不同位置的数据，可以在其中调整到合适的数据区域，进行对比查看。

再次单击“拆分窗口”命令按钮即可取消拆分。

三、任务实现

1. 重命名工作表、插入新工作表

① 将“工程材料汇总表”的“Sheet1”重命名为“材料汇总表（一）”。

双击工作表标签栏上的“Sheet1”，文字格式变成了黑底白字，输入“材料汇总表（一）”即可。

② 插入一个新的工作表，重命名为“各材料资金比例表”。

在“Sheet2”上用右键单击，在快捷菜单中选择“插入”命令，在弹出的“插入”对话框中，选择“工作表”，单击“确定”按钮，即在该工作表的左边插入了一张新工作表，名为“Sheet4”。

③ 双击工作表标签栏上的“Sheet4”，文字格式变成了黑底白字，输入“各材料资金比例表”即可。

2. 设置工作表保护

将“材料汇总表（一）”设置保护，密码为“123”。

① 单击工作表标签栏的表名，将“材料汇总表（一）”设为当前活动工作表。

② 单击“审阅”选项卡→“更改”→“保护工作表”按钮，出现“保护工作表”对话框。

③ 在设置“取消工作表保护时使用的密码”下面的文本框中输入“123”，可以防止任何用户都可以取消保护，其余使用默认设置。

④ 单击“确定”按钮则弹出“确认密码”对话框，再次输入“123”，单击“确定”按钮之后，当前工作表已经处于保护状态。

3. 复制、修改工作表

将“材料汇总表（一）”的内容完全复制到“各材料资金比例表”，再根据前面的样表，如图 5-69 所示，将“各材料资金比例表”的表格内容进行修改。

① 选择源工作表：单击工作表名，将“材料汇总表（一）”设为当前活动工作表。

② 复制工作表：单击表格左上角行标题和列标题交叉处的“全选”按钮，选中全部单元格，单击鼠标右键，在出现的快捷菜单中选择“复制”命令。

③ 选择目标工作表：单击工作表标签栏的表名“各材料资金比例表”，将“各材料资金比例表”设为当前活动工作表。

④ 粘贴：在 A1 单元格上单击鼠标右键，在出现的快捷菜单中选择“粘贴”命令下的“粘贴（P）”选项，即可将“材料汇总表（一）”的内容和格式完全复制到“各材料资金比例表”。

⑤ 修改表格：参照图 5-69 所示，需要将表格进行修改，（当然也可以不选择全部复制方

式，根据需要复制部分单元格来重新绘制该表，有些格式将要重新设置。）下面给出快捷操作参考步骤。

a. 删除“合计”行：在行标“12”上单击鼠标右键，选择快捷菜单中的“删除”命令。

b. 删除 E2:G11, J2:K11 单元格区域，如下所述。

- 同时选中 E2:G11, J2:K11 单元格区域。
- 指针放在在所选区域内，单击鼠标右键，选择快捷菜单中的“删除”命令，在弹出的“删除”对话框中选择“右侧单元格左移”命令，单击“确定”按钮。

c. 删除“价格”所在的单元格，效果如图 5-81 所示。

图 5-81 删除“价格”所在单元格

d. 合并修改 E2: E3 和 F2:F3。

- 选中 E2: E3，单击“开始”→“对齐方式”→ “合并后居中”按钮将其合并、居中，在编辑框中将文字改为“预算合价（元）”。
- 同样将 F2:F3，合并、居中，在编辑框中将文字改为“占总预算价格比例”，效果如图 5-82 所示。

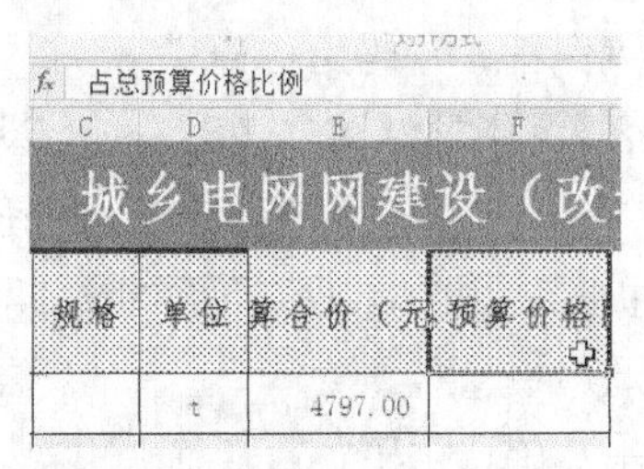

图 5-82 编辑 E2: E3 和 F2:F3

e. 修改表格标题。

- 单击标题栏 A1:k1，单击“开始”→“对齐方式”→ “合并后居中”按钮，会撤销原来的合并单元格；选中 A1:F1 区域，再次单击“合并后居中”按钮，将标题按照新的表格宽度合并居中。
- 在编辑栏修改文字为：“各材料资金比例表”。
- 删除 G1:K1，效果如图 5-83 所示。

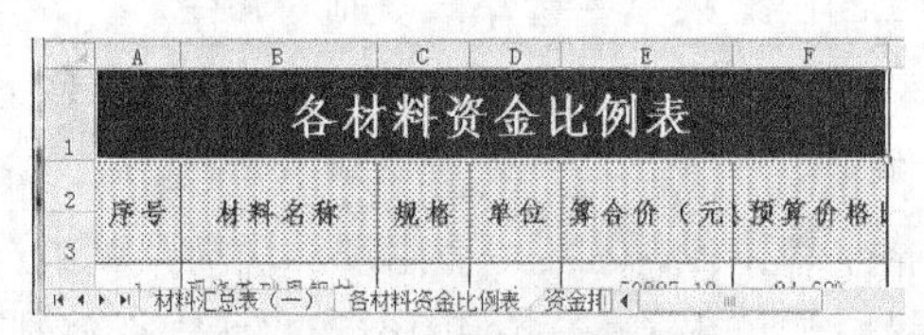

图 5-83 修改表格首行标题

f. 绘制表格框线为外粗内细。

- 选中 A2:F11 表格区域
- 在“开始”→“字体”→“框线”下拉按钮上单击，在出现的列表中先选择“所有框线”选项，再次单击按钮选择“粗闸框线”选项。

g. 设置表格列宽：选中 A2:F11 表格区域，在“开始”→“单元格”→“格式”下拉按钮上单击，在出现的列表中选择“自动调整列宽”选项。

4．撤销工作表保护

（1）撤销“材料汇总表（一）”设置的保护

① 选择工作表：单击工作表名，将“材料汇总表（一）”设为当前活动工作表。

② 单击“审阅”选项卡→“更改”→“撤销工作表保护”按钮后，弹出“密码输入”对话框，输入密码“123”，单击“确定”按钮。

（2）将“材料汇总表（一）”的表标题行和各列标题行冻结

① 在“材料汇总表（一）”表中，选择要冻结最后一行的下一行：单击选中第 4 行的任意单元格。

② 选择“冻结拆分单元格”命令：单击“视图”选项卡→“窗口”→“冻结窗格”下拉按扭，选择“冻结拆分窗格”命令。

完成操作之后，用鼠标滚轮翻动表格，会发现前三行固定不动，第四行以后的行会随之翻动，即冻结了标题区域。

（3）取消冻结的标题行

取消冻结只要单击“视图”选项卡→“窗口”→“冻结窗格”下拉按扭，选择“取消冻结窗格”命令即可。

（4）将两张工作表设置为并排查看，比较浏览后撤销并排查看

① 新建窗口：单击“视图”选项卡→“窗口”→ “新建窗口”按钮，则建立了当前工作簿的另外视图窗口，名为“工程材料汇总表.xlsx:2”。

- 原先打开的工作表变成了名为 “工程材料汇总表.xlsx:1”的视图。
- 可以单击“视图”选项卡→“窗口”→“切换窗口”下拉按钮，查看现有窗口列表，显示有“工程材料汇总表.xlsx:1”和“工程材料汇总表.xlsx:2”。当前活动的是“工程材料汇总表.xlsx:2”，如图 5-84 所示。

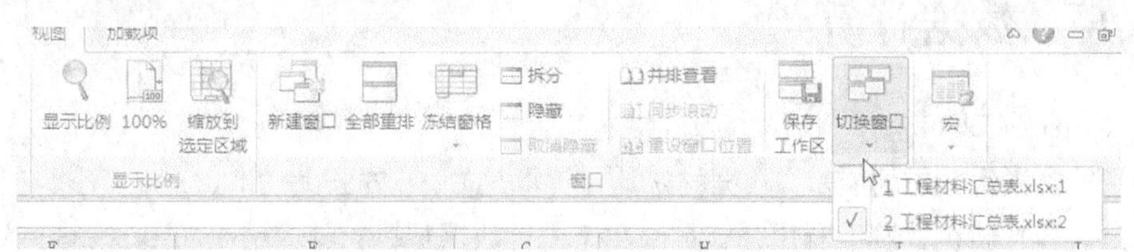

图 5-84 现有窗口列表中显示有两个窗口

② 设置“并排查看”：单击“视图”选项卡→“窗口”→“并排查看”功能按钮，这时，两个窗口同时显示在屏幕上。

③ 撤销“并排查看”：单击“视图”选项卡→“窗口”→“并排查看”功能按钮，即可撤销并排查看，屏幕恢复为显示一个窗口。

5. 保存工作表

选择菜单“文件”→“保存”命令。

四、任务小结

本次任务重点学习了Excel的工作簿与工作表的定义、如何区分工作簿与工作表。熟悉了工作表的重命名、添加、删除、移动、复制，以及保护工作簿、保护工作表、窗口操作等。通过学习，使大家能够进一步掌握Excel工作表的操作，并熟练管理工作表和工作簿。

五、随堂练习

按照表5-3“2012年销售额”所示内容建立Excel工作表，保存为“小华超市2012年销售额.xlsx”，并对工作表完成以下操作。

1. 将工作表重命名为“小华超市2012原始数据”。

2. 在同一工作簿内用拖曳的方式复制该工作表，并将复制的工作表命名为“2012年销售额”。

3. 通过密码保护工作表“小华超市2012原始数据”。

4. 并排查看两个工作表。

5. 将“2012年销售额”工作表的前3行标题栏冻结。

表5-3 2012年销售额

小华超市2012年销售额分类统计表				
季度	销售额（单位：元）			
	副食品	日用品	电器	服装
1季度	45637	56722	44753	34567
2季度	23456	34235	45355	89657
3季度	34561	34534	56456	55678
4季度	11234	87566	78755	96546
合计	114888	213057	228100	276448

任务五 数据计算

一、情景设计

除了能够进行数据的展示，数据的统计与计算是Excel的强大功能之一。黄小明在设计好表格格式之后，现在就着手利用公式和函数来进行数据计算，计算结果如图5-85、图5-86所示。本次任务我们就和黄小明一起学习如何利用公式和函数来进行数据计算。

本次任务实践操作目标如下所述。

① 在工作表“材料汇总表（一）”中，计算各项材料的用量小计。计算公式为：用量小计=设计用量*消耗系数。

② 计算“合价（元）”。计算公式为：合价=用量小计*预算价。

③ 计算“总重（t）”。计算公式为：

城乡电网网建设（改造）工程材料汇总表（一）											
序号	材料名称	规格	单位	设计用量			价格		重量		材料资金等级
				设计用量	损耗系数	用量小计	预算价（元）	合价（元）	单重（kg）	总重（t）	
1	现浇基础用钢材		t	9.88	1.06	10.47	4797.00	50227.12		10.47	高
2	底脚螺栓		t	3.89	1.01	3.91	8000.00	31259.52		3.91	高
3	水泥425#	425#	t	188.86	1.05	198.30	300.00	59491.44		198.30	高
4	中砂		立方米	268.05	1.15	308.25	28.08	8655.73	1550.00	477.79	低
5	碎石		立方米	481.92	1.10	530.11	39.00	20674.17	1600.00	848.17	中
6	卡盘KP14-2	KP14-2	块	55.00	1.00	55.00	236.00	12980.00	213.00	11.72	中
7	卡盘KP8-4	KP8-4	块	55.00	1.00	55.00	135.00	7425.00	143.00	7.87	低
8	底盘DP10-4	DP10-4	块	55.00	1.00	55.00	233.00	12815.00	216.00	11.88	中
合计								203527.98		1570.11	

图 5-85　“材料汇总表（一）”计算结果

各材料资金比例表					
序号	材料名称	规格	单位	预算合价（元）	占总预算价格比例
1	现浇基础用钢材		t	50227.12	24.68%
2	底脚螺栓		t	31259.52	15.36%
3	水泥425#	425#	t	59491.44	29.23%
4	中砂		立方米	8655.73	4.25%
5	碎石		立方米	20674.17	10.16%
6	卡盘KP14-2	KP14-2	块	12980.00	6.38%
7	卡盘KP8-4	KP8-4	块	7425.00	3.65%
8	底盘DP10-4	DP10-4	块	12815.00	6.30%
占总预算价格比例超过20%的材料计数					2
占总预算价格比例超过20%的材料预算合价（元）					109718.5576

图 5-86　“各材料资金比例表”计算结果

- 单位为“t”的前 3 个材料：总重=用量小计。
- 其余各材料：总重=用量小计*单重/1000。

④ 用 SUM 函数求表中各项材料“合价（元）”和“总重（t）”的合计值。

⑤ 用 if 函数划分材料资金等级。如前面图 5-85 所示，在表格右边添加“材料资金等级”列，用 if 函数计算等级。等级划分标准如下所述。

- 汇总表中“合价（元）”<10000 资金等级为“低”。
- 10000<=“合价（元）”<30000 资金等级为“中”。
- “合价（元）”>=30000 资金等级为“高”。

⑥ 计算“各材料资金比例表”中“预算合价（元）”列的值。要求其中“预算合价（元）”的值等于“材料汇总表（一）”中“预算合价（元）”的值。

⑦ 计算“各材料资金比例表”中“占总预算价格比例”列的值。利用多表间数据引用和绝对引用方式进行公式计算。预算合价的合计值直接取自“材料汇总表（一）”表的 I12 单元格。

⑧ 将“各材料资金比例表”中“占总预算价格比例”列的值设置为“百分比”类型，居中。

⑨ 将“材料汇总表（一）”中被破坏的单元格格式按原来的填充颜色、框线样式恢复。

⑩ 将“各材料资金比例表”中 A13:E13 单元格合并后居中，输入文字“占总预算价格比例超过 20%的材料计数”。

⑪ 将“各材料资金比例表”中 A14:E14 单元格合并后居中，输入文字“占总预算价格比例超过 20%的材料预算合价（元）”。

⑫ 在“各材料资金比例表”中 F13 单元格内用条件计数函数 COUNTIF 统计“占总预算价格比例”>=20%的材料数量。

⑬ 在“各材料资金比例表”中 F14 单元格内用条件求和函数 SUMIF 计算所有“占总预算价格比例”>=20%的材料的“预算合价（元）”之和。

二、相关知识

1．在单元格中输入公式进行计算

在 Excel 中，常常通过构造公式来完成计算。

在公式中通常会引用其他单元格的内容来进行计算，在公式中引用的单元格用单元格名称来表示。如：G3=3*（A1+A2）/B2。表示 G3 单元格中要输入公式“=3*（A1+A2）/B2”，当引用的 A1. A2 或者 B2 单元格中的数据发生变化时，G3 的值也会随之发生变化。在 G3 单元格中显示的是计算结果的数值，但是在 G3 单元格的编辑栏可以看到原始的公式。

公式中的符号要采用英文方式输入。

（1）公式的输入

选中要输入公式的单元格；首先输入“=”，再输入数字、符号等，如果引用其他单元格的数据，则直接单击引用的单元格即可自动输入单元格名称。

（2）公式的编辑

通过输入公式得到的数值，显示在单元格中以计算结果的形式显示。要编辑公式，则需要双击单元格，使其在显示公式的状态下编辑，或者在其编辑栏中进行编辑。

（3）公式的复制

可以使用剪贴板来进行公式的复制，也可以用填充柄拖动的方式来复制公式。

注意，根据公式中对单元格的引用方式不同，公式复制到别处时有可能会自动改变引用的单元格位置，具体详见“（4）单元格的引用”。

（4）单元格的引用

① 相对引用。

在公式中引用单元格时，直接用单元格名称方式表达的，称为相对引用方式。如：G3=A1+B1 就是相对引用方式引用 A1. B1。

- 当公式被复制到 G4 单元格时，公式中引用的单元格名称会发生变动，变成 G4=A2+B2。因为使用公式的单元格 G3 变成 G4，位移了一行，公式中引用的单元格也相应位移一行。
- 当公式被复制到 H3 单元格时，公式中引用的单元格名称会发生变动，变成 H3=B1+C1。因为使用公式的单元格 G3 变成 H3，位移了一列，公式中引用的单元格也相应位移一列。

② 绝对引用。

如果不希望公式复制到别处后，引用的单元格地址发生变动，可以使用绝对引用方式来书写公式。在单元格名称的行和列名称前加上“$”符号，如 G3=$A$1+$B$1。

当 G3 单元格中的公式被复制到该工作表任意位置时，公式中引用的单元格名称 A1. B1 都不会发生改变。比如将公式复制到 K6 单元格，公式为：K6=$A$1+$B$1。

③ 混合引用。

有时候在公式复制过程中，希望公式复制到别处后，引用的单元格地址只能在行发生相对位移变动，列不变，或者反过来引用的单元格地址只能在列发生变动，行不变，可以使用混合引用方式来书写公式。

只把不希望变动的引用位置上加上“$”符号，如 G3=$A1+B$1。公式中引用的单元格名称“$A1”是列绝对引用、行相对引用方式；单元格名称“B$1”是列相对引用、行绝对引用方式。

当 G3 单元格中的公式被复制到该工作表其他位置时，如 H5，它与原来 G3 的位置位移了 1 列 2 行，公式中引用的单元格名称“$A1”会变成“$A3”。单元格名称“B$1”会变成“C$1”。公式为：H5=$A3+C$1。

④ 多表间引用。

如计算“各材料资金比例表”中“占总预算价格比例”列的值。预算合价的合计值直接取自“材料汇总表（一）”表的 I12 单元格。这里就用到利用多表间数据引用方式进行公式计算。

可以在输入公式时，直接单击工作表名称切换到要引用数据的工作表，再单击要引用的单元格即可，再通过单击工作表名称切换回公式所在工作表中。引用的其他工作表中的单元格名称前面会加上“‘工作表名称’!”，如公式 F4=E4/'材料汇总表（一）'!$I$12，即当前工作表中 F4 单元格中的公式，引用了“材料汇总表（一）”中的 I12 单元格，并且是绝对引用方式。

2．利用函数进行计算

Excel 中提供了一系列函数。用户可以直接调用它们构建公式，对某个区域内的数值进行一系列运算，如求和、求平均值、按条件统计和按条件计算等。

函数的结构以函数名称开始，后面是左圆括号、以逗号分隔的参数和右圆括号。如果函数以公式的形式出现，请在函数名称前面键入等号（=），如图 5-87 所示。

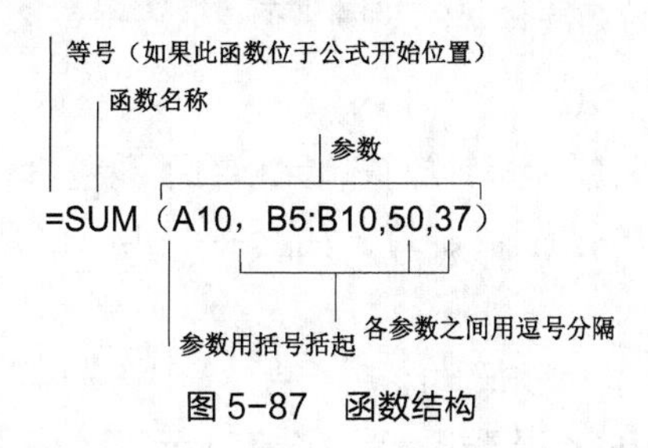

图 5-87　函数结构

在某些情况下，可能需要将某函数作为另一函数的参数使用。也就是说一个函数可以是另一个函数的参数。

图 5-88 所示的公式使用了嵌套的 AVERAGE 函数和 SUM 函数。这个公式的含义是：如果单元格 F2 到 F5 的平均值大于 50，则求 G2 到 G5 的和，否则显示数值 0。

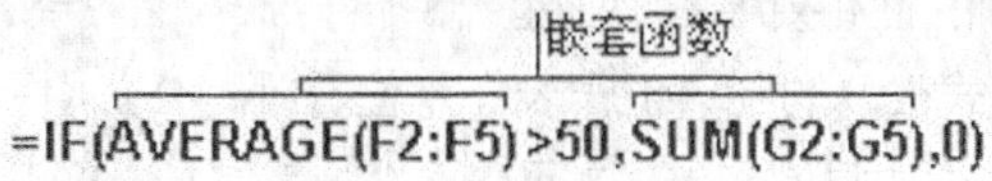

嵌套函数

=IF(AVERAGE(F2:F5)>50,SUM(G2:G5),0)

图 5-88 嵌套函数

三、任务实现

1. 用公式计算

（1）在工作表“材料汇总表（一）”中，计算各项材料的用量小计

计算公式为：用量小计=设计用量*消耗系数。

① 先计算 1 号材料“现浇基础用钢材”的“用量小计”。公式为：G4= E4* F4。

- 单击 G4 单元格，输入“=”。
- 单击 E4 单元格，输入“*”。
- 单击 F4 单元格。
- 这时在单元格中出现图 5-89 所示的公式，也可以在编辑栏看到完整公式，如果有错误可以编辑，如果正确，回车即可。也可以单击编辑栏左边的勾号✓确认，结果如图 5-90 所示。

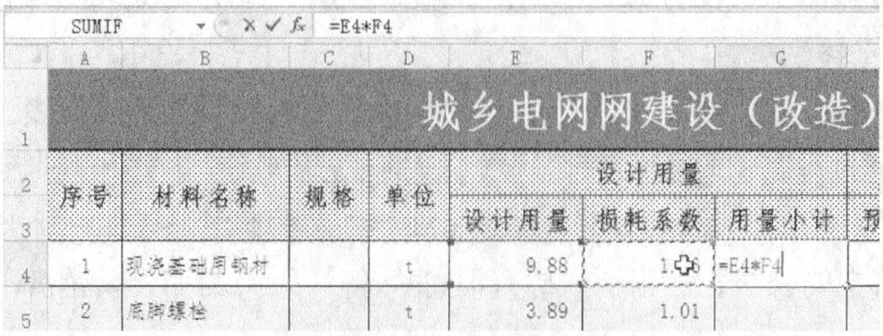

SUMIF =E4*F4

城乡电网网建设（改造）

序号	材料名称	规格	单位	设计用量			预
				设计用量	损耗系数	用量小计	
1	现浇基础用钢材		t	9.88	1.06	=E4*F4	
2	底脚螺栓		t	3.89	1.01		

图 5-89 输入公式

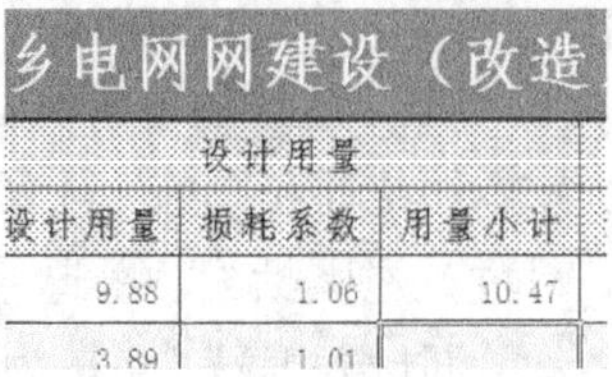

乡电网网建设（改造

设计用量		
设计用量	损耗系数	用量小计
9.88	1.06	10.47
3.89	1.01	

图 5-90 “用量小计”计算结果

② 通过拖动填充柄复制公式。

用鼠标单击 G4 单元格，将鼠标指针放置单元格右下角呈填充柄状，按下左键向下拖动到 G11 单元格松开按键，即可复制公式并计算，如图 5-91 所示，得到 G 列数值。

（2）计算“合价（元）”

计算公式为：合价=用量小计*预算价。

① 计算 1 号材料“现浇基础用钢材”的“合价（元）”。公式为： I4= G4* H4。

② I4:I11 区域的数值通过拖动填充柄复制公式，如图 5-91 所示，得到 I 列数值。

（3）计算“总重（t）”

计算公式如下。

① 单位为“t”的前 3 个材料：总重=用量小计。

a. 计算 1 号材料“现浇基础用钢材”的“总重”。公式为：K4= G4。

b. K4:K6 区域的数值通过拖动填充柄复制公式。

② 其余各材料：总重=用量小计*单重/1000。

a. 计算 4 号材料“中砂”的“总重”。公式为：K7= G7*J7/1000。

b. K7:K11 区域的数值通过拖动填充柄复制公式，如图 5-91 所示，得到 K 列数值。

	A	B	C	D	E	F	G	H	I	J	K
1	城乡电网网建设（改造）工程材料汇总表（一）										
2	序号	材料名称	规格	单位	设计用量			价格		重量	
3					设计用量	损耗系数	用量小计	预算价（元）	合价（元）	单重（kg）	总重（t）
4	1	现浇基础用钢材		t	9.88	1.06	10.47	4797.00	50227.12		10.47
5	2	底脚螺栓		t	3.89	1.01	3.91	8000.00	31259.52		3.91
6	3	水泥425#	425#	t	188.86	1.05	198.30	300.00	59491.44		198.30
7	4	中砂		立方米	268.05	1.15	308.26	28.08	8655.73	1550.00	477.79
8	5	碎石		立方米	481.92	1.10	530.11	39.00	20674.17	1600.00	848.17
9	6	卡盘KP14-2	KP14-2	块	55.00	1.00	55.00	236.00	12980.00	213.00	11.72
10	7	卡盘KP8-4	KP8-4	块	55.00	1.00	55.00	135.00	7425.00	143.00	7.87
11	8	底盘DP10-4	DP10-4	块	55.00	1.00	55.00	233.00	12815.00	216.00	11.88

图 5-91 通过填充柄复制公式得到计算结果

2．用 SUM 函数求和

用 SUM 函数求表中各项材料“合价（元）”和“总重（t）”的合计值。这里我们尝试用两种方法来用 SUM 函数求和。

（1）求表中各项材料“合价（元）”的合计值

① 单击 I12 单元格；

② 单击“开始”选项卡→“编辑”→“自动求和”功能按钮，如图 5-92 所示，这时出现虚线框出的自动识别的计算区域，在 I12 单元格上出现“SUM（I4:I11）”的公式预览，如图 5-93 所示。

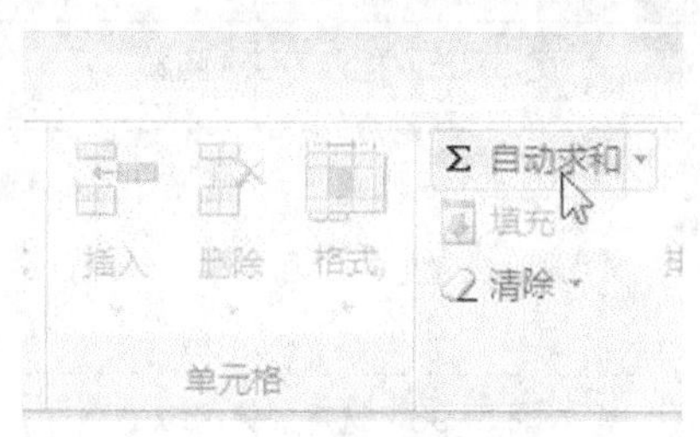

图 5-92 “自动求和”按钮

③ 回车确认完成计算，如图 5-94 所示。

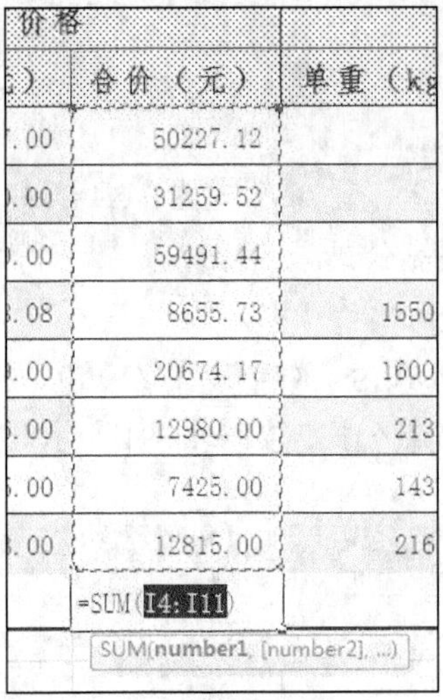

价格		
元）	合价（元）	单重（kg
7.00	50227.12	
0.00	31259.52	
0.00	59491.44	
3.08	8655.73	1550
9.00	20674.17	1600
5.00	12980.00	213
5.00	7425.00	143
3.00	12815.00	216
	=SUM(I4:I11)	
	SUM(**number1**, [number2], ...)	

图 5-93　自动识别计算区域

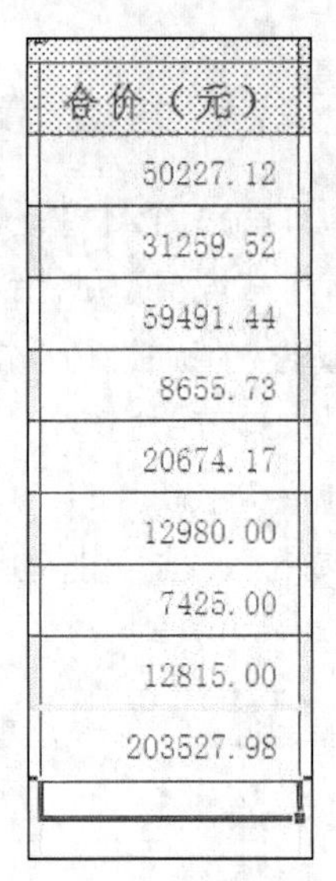

合价（元）
50227.12
31259.52
59491.44
8655.73
20674.17
12980.00
7425.00
12815.00
203527.98

图 5-94　计算结果

（2）求表中各项材料“总重（t）”的合计值

① 单击 K12 单元格。

② 单击编辑栏左侧的“插入函数”按钮 f_x。打开“插入函数”对话框，从中选择“SUM”函数，如图 5-95 所示，单击“确定”按钮，弹出“函数参数”对话框，如图 5-96 所示。

③ 在第一个对话框中输入要计算的区域 K4:K11，或者直接用鼠标选中 K4:K11 单元格区域，回车确认完成。

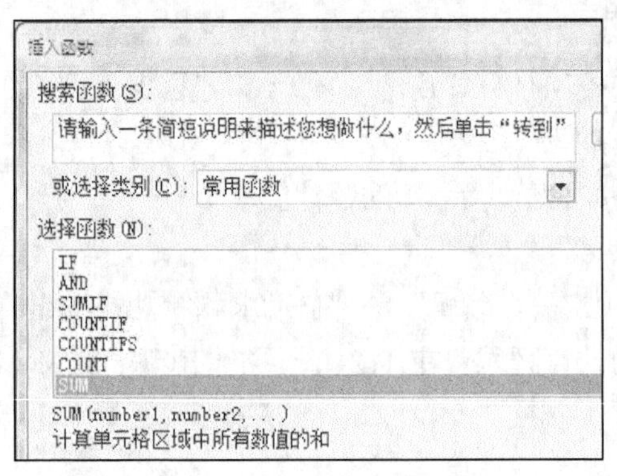

图 5-95　插入 SUM 函数

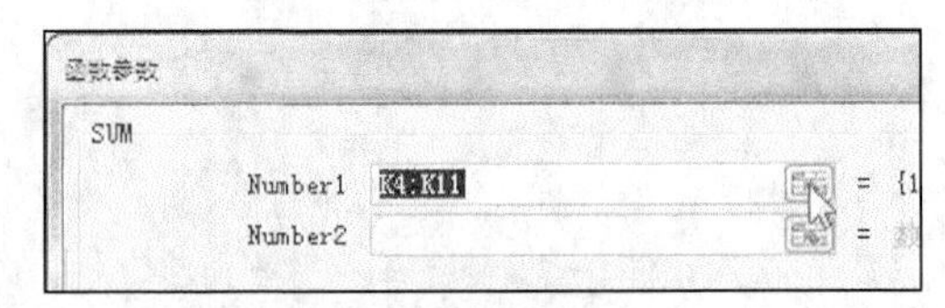

图 5-96　选择计算区域

3．用 IF 函数划分材料资金等级

用 IF 函数划分材料资金等级

（1）添加“材料资金等级”列，设置格式

① 输入文字。单击 L2 单元格，输入文字“材料资金等级”。

② 通过格式刷复制表头格式。

- 单击“规格”所在的 B2:B3 合并单元格。
- 单击“开始”选项卡→“剪贴板”→“格式刷”按钮，鼠标指针变成刷子形状。
- 单击 L2 单元格，即可将表头格式复制。

③ 将 L 列设置为自动调整列宽。鼠标指针在 L 列标题的右侧线上变成 时，双击，即可将 L 列设置为自动调整列宽。

④ 重新合并表格标题。选中 A1:L1 区域，单击“开始”选项卡→“对齐方式”→“合并后居中”按钮，则撤销合并，再次单击按钮，重新合并后居中，效果如图 5-97 所示。

I	J	K	L
汇总表（一）			
	重量		材料资金等级
合价（元）	单重（kg）	总重（t）	
50227.12		10.47	
31259.52		3.91	

图 5-97 “材料资金等级”列的添加

（2）用 IF 函数计算等级

① 选中 L4 单元格，单击编辑栏左侧的“插入函数”按钮 。打开“插入函数”对话框，从中选择“IF”函数，如图 5-98 所示，单击“确定”按钮，弹出“函数参数”对话框，如图 5-99 所示。

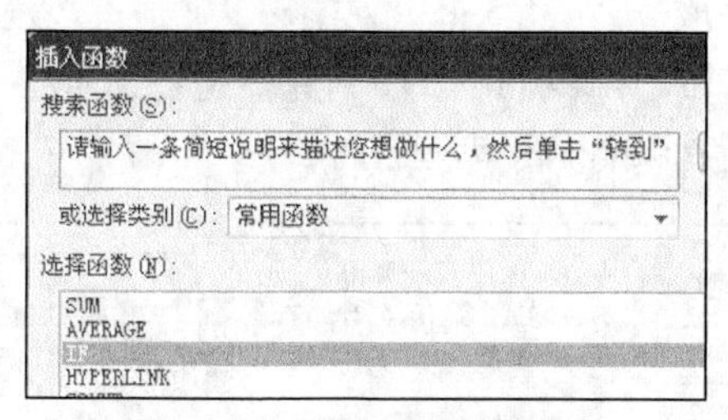

图 5-98 “插入函数”对话框

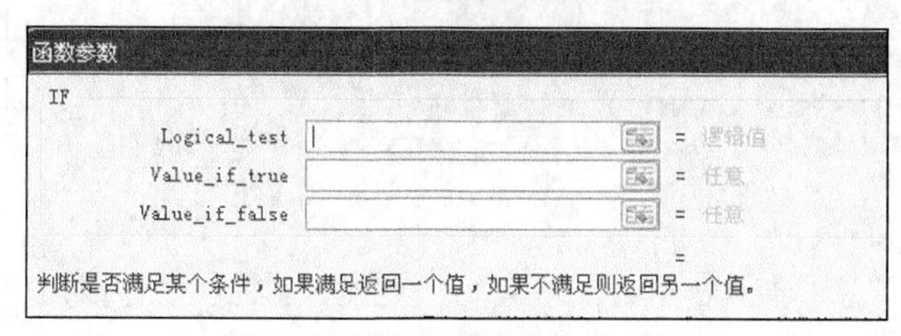

图 5-99 IF 函数“函数参数”对话框

② 在“函数参数”对话框中，有 3 个文本框。

- 在第 1 个文本框中输入“I4<10000”（注意用英文方式输入符号）。
- 在第 2 个文本框中输入“低”（输入时不用加双引号，系统会自动添加）。
- 光标在第 3 个文本框中单击编辑栏左侧出现的 IF 下拉列表框（因为还是使用 IF 函数，可以直接单击，也可以展开后选择 IF），如图 5-100 所示。这时会出现一个新的空白的“函数参数”对话框，如图 5-101 所示，编辑栏也可看到函数中嵌套了一个 IF 函数。

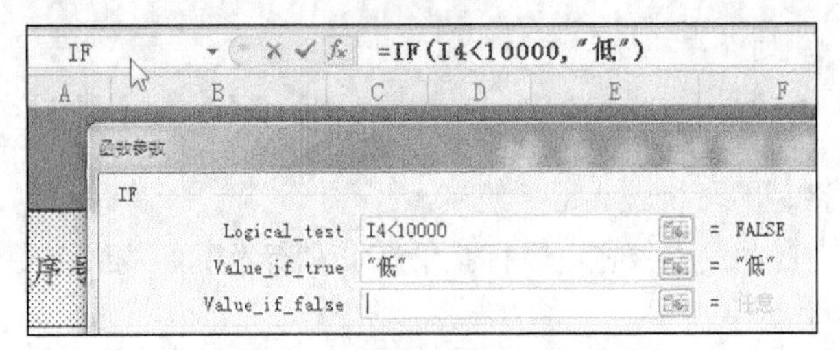

图 5-100　IF 函数参数对话框“低”

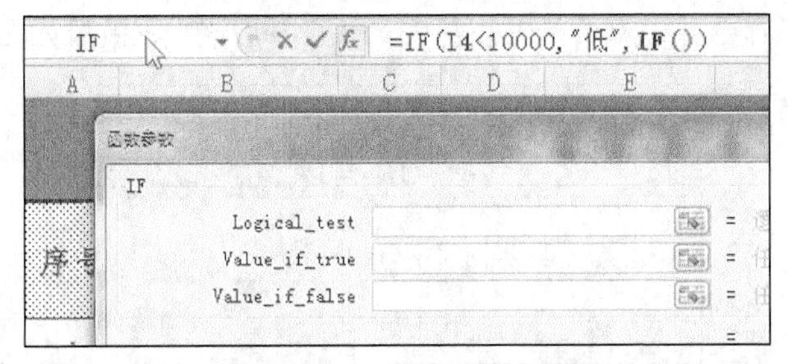

图 5-101　IF 函数嵌套对话框

③ 在嵌套的在“函数参数”对话框中如下操作。

- 在第 1 个文本框中输入“I4<30000”（注意用英文方式输入符号）。
- 在第 2 个文本框中输入“中”（输入时不用加双引号，系统会自动添加）。
- 在第 3 个文本框中输入“高”（输入时不用加双引号，系统会自动添加）。
- 单击“确定”按钮完成。

如图 5-102 所示，在编辑栏中我们可以看到完整的公式为：

L4 =IF(I4<10000,"低",IF(I4<30000,"中","高"))

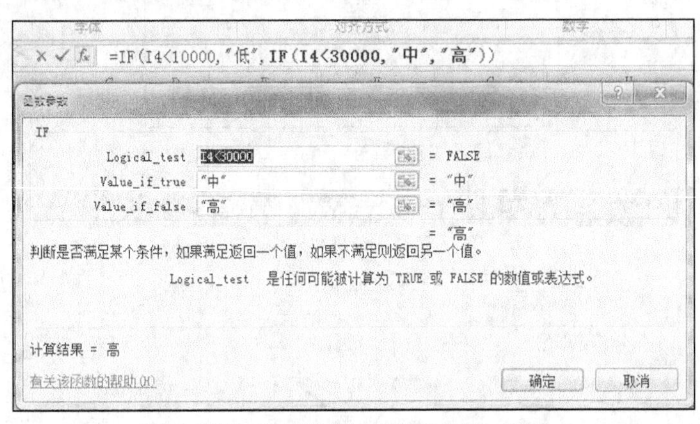

图 5-102　IF 函数参数对话框“中”、“高”

④ 选中 I4 单元格，把鼠标指针放在单元格右下角的填充柄上，待鼠标指针变成细十字形状，按住鼠标左键往下拖，就可进行公式复制，轻松算出其他材料的等级。

完成计算后恢复单元格的格式，将“材料汇总表（一）”表中的格式恢复原来的填充颜色，恢复原来的框线样式。

① 用格式刷来进行修复背景和黄色双线。

选择要复制其格式的数字或者文本单元格，双击“格式刷”按钮，在需要修改格式的单元格中单击即可。注意数字和文本要分别采用不同的单元格来复制其格式。使用完毕，单击“格式刷”按钮取消格式刷。

② 通过“框线”按钮修复框线。注意保留黄色双线。

4．利用绝对引用和表间引用进行计算

（1）计算“各材料资金比例表”中“预算合价（元）”列的值

其中：“预算合价（元）”的值等于“材料汇总表（一）”中“预算合价（元）”的值。

① 计算第一个材料的“预算合价（元）”，计算公式为：E4='材料汇总表（一）'!I4。

a．单击“各材料资金比例表”中的 E4 单元格，输入“=”。

b．单击“材料汇总表（一）”表名，转到“材料汇总表（一）”中。

c．单击相应的“现浇基础用钢材”的“合价（元）”单元格 I4。

d．回车确认。结果如图 5-103 所示。

图 5-103 “预算合价（元）”列计算结果

② 将公式向下复制：通过填充柄拖动的方式把公式复制到 E5:E11 单元格，即可得到其他材料的合价。

（2）计算“各材料资金比例表”中“占总预算价格比例”列的值

之前的公式计算中引用单元格的方式都是相对引用的方式，用填充柄拖动的方式复制的公式中，引用的单元格会随着公式的位移而改变引用位置。

为了计算各材料合价占预算总价的比例，我们发现预算合价的合计值是在一个固定位置的单元格 I12，不能随公式位移而改变引用位置，因此要选择绝对引用的方式来书写公式。预算合价的合计值所在单元格 I12 与计算结果所在位置也不是同一张工作表，涉及表间数据引用的方式。

具体步骤如下所述。

① 计算第一个材料的“占总预算价格比例”，公式为：F4=E4/'材料汇总表（一）'!$I$12。

a．单击“各材料资金比例表”中的 F4 单元格，输入“=”。

b．单击同表中的 E4 单元格。

c．输入“/”。

d．单击“材料汇总表（一）”表名，转到“材料汇总表（一）”中，单击相应的“合计”行、“合价（元）”列的交叉单元格 I12。

e．回车确认。结果如图 5-104 所示。

图 5-104　表间引用、相对引用　I12 单元格

这时可以得到第一个材料“现浇基础用钢材”的“占总预算价格比例”值。但是因为对于“材料汇总表”中单元格 I12 的引用是相对引用方式，如果现在向下复制公式会发生引用错误（大家自行试着复制以下看看结果），因此要把公式进行修改。

f. 在 F4 单元格的编辑区中，将鼠标放到 I12 的任意位置，按一次 F4 键。

可以看到 I12 变成了$I$12，如图 5-105 所示。意味着对于 I 列和 12 行的引用都是绝对引用，当公式发生相对位移时，公式中引用的 I12 单元格位置不会发生改变。

=E4/'材料汇总表（一）'!$I$12

C	D	E	F
各材料资金比例表			
规格	单位	预算合价（元）	占总预算价格比例
	t	50227.12	0.246782396

图 5-105　表间引用、绝对引用　I12 单元格

g. 将 F4 单元格中的公式向下复制，即可得到所有数据。

单击每个单元格，在编辑栏可以看到：公式中每行的“合价（元）”所引用单元格 E4、E5、E6…会随公式位移而变化，“总价”所引用单元格“材料汇总表（一）! $I$12”不会发生改变。

② 将“各材料资金比例表”中“占总预算价格比例”列的值设置为“百分比”类型，居中。

a 设置“百分比”类型。

选中 F4:F11 区域，鼠标指针在选中区域内，在右键快捷菜单中选择“设置单元格格式”命令，在弹出的对话框中选择“数字”选项卡，选择“百分比”类型，单击“确定”按钮即可。

b 设置居中。在选中 F4:F11 区域状态下，单击“居中”按钮即可。

5．条件计数函数 COUNTIF

补充“各材料资金比例表”中表格文字。

① 将“各材料资金比例表”中 A13:E13 单元格选中，单击“合并后居中”按钮，输入文字“占总预算价格比例超过 20%的材料计数”。

② 将“各材料资金比例表”中 A14:E14 单元格选中，单击“合并后居中”按钮，输入文字“占总预算价格比例超过 20%的材料预算合价（元）”。

在“各材料资金比例表”中 F13 单元格内，用条件计数函数 COUNTIF 统计“占总预算价格比例”>=20%的材料数量。

① 选中 F13 单元格，单击编辑栏左侧的“插入函数”按钮 f_x，打开“插入函数”对话框，从中选择“COUNTIF”函数，单击“确定”按钮，弹出“函数参数”对话框，如图 5-106 所示。

② 在第一个文本框中选择要统计的数据区域 F4:F11，（手动输入或者鼠标选择均可）。

③ 在第二个文本框中输入筛选条件：“>=20%”（不需要输入双引号，系统会自动添加，注意用英文方式输入条件。）

④ 单击“确定”按钮完成。

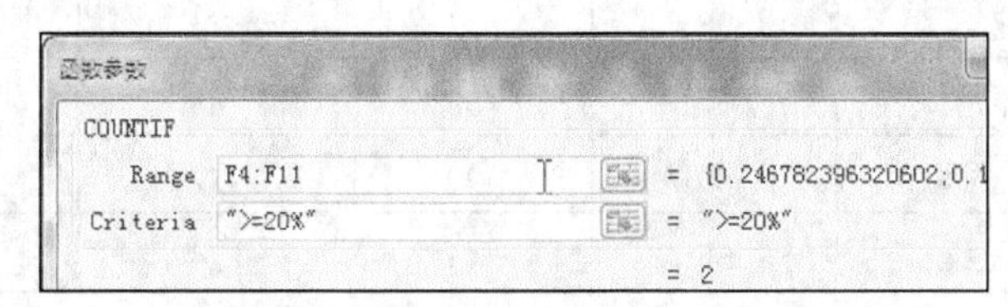

图 5-106 COUNTIF 函数参数设置对话框

6．条件求和函数 SUMIF

在“各材料资金比例表”中 F14 单元格内，用条件求和函数 SUMIF 计算所有“占总预算价格比例”>=20%的材料的“预算合价（元）”之和。

① 选中 F14 单元格，单击编辑栏左侧的“插入函数”按钮 f_x。打开“插入函数”对话框，从中选择“SUMIF”函数，单击“确定”按钮，弹出“函数参数”对话框，如图 5-107 所示。

② 在第一个文本框中选择要筛选的对象所在数据区域 F4:F11。

③ 在第二个文本框中输入筛选条件：“>=20%”。

④ 在第一个文本框中选择要对其进行求和计算的数据区域 E4:E11。

⑤ 单击“确定”按钮完成。

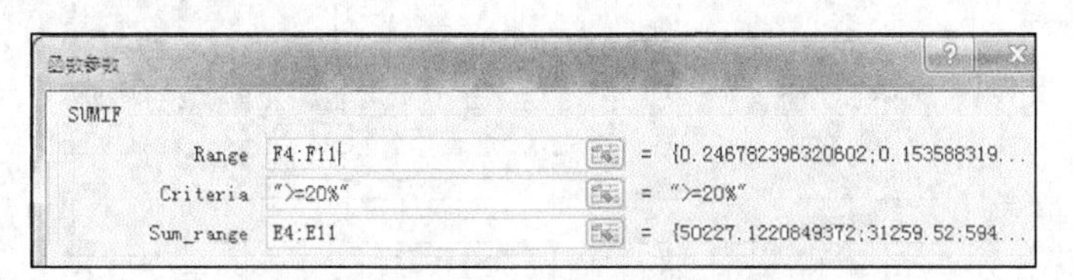

图 5-107 SUMIF 函数参数设置对话框

四、任务小结

通过本次任务，学习了如何利用公式和 Excel 自带的函数来进行数据计算。帮助初学者掌握在单元格中引用公式、利用 IF 函数划分等级、利用 SUMIF 函数有条件求和、利用 COUNTIF 函数条件计数等操作。Excel 还有很多函数可以实现强大的数据计算和统计等数据处理。需要注意的是，在设置函数参数时，所用的符号均是在英文状态下的符号。

五、随堂练习

按照表 5-4“学生成绩表”所示内容建立 Excel 工作表，保存为“学生成绩表.xlsx”，并对工作表完成以下操作。

1. 利用平均函数求每个同学各门课成绩的平均分，平均所在列数据格式设为数值型，保留 2 位小数。

2. 利用函数求总评，条件为：平均>=60， 满足的为“合格”，不满足的为“不合格”。

3. 在表格下方统计总评“合格”的人数和“不合格”的人数。

表 5-4 学生成绩表

学　　号	姓　　名	英　　语	数　　学	计算机	平　　均	总　　评
200301	张力	77	96	93		
200302	李丽	88	67	83		
200303	赵丰	98	82	73		
200304	韩圆	67	58	88		
200305	张远	89	99	77		
200306	王红	55	45	74		

任务六　数据分析

一、情景设计

黄小明在完成了表格的计算之后，发现有的数据需要用不同的方式展示才能更有利于分析比较。Excel 提供的数据排序、筛选、分类汇总等强大的功能让黄小明非常清晰、有效地分析数据。本次任务，我们和黄小明一起在 Excel 中实现数据的排序、筛选和分类汇总。

本次任务实践操作目标如下所述。

（1）对数据清单进行排序

将数据按照“预算合价（元）”降序进行排序，结果如图 5-108 所示。

各材料资金比例表

序号	材料名称	规格	单位	预算合价（元）	占总预算价格比例
3	水泥425#	425#	t	59491.44	29.23%
1	现浇基础用钢材		t	50227.12	24.68%
2	底脚螺栓		t	31259.52	15.36%
5	碎石		立方米	20674.17	10.16%
6	卡盘KP14-2	KP14-2	块	12980.00	6.38%
8	底盘DP10-4	DP10-4	块	12815.00	6.30%
4	中砂		立方米	8655.73	4.25%
7	卡盘KP8-4	KP8-4	块	7425.00	3.65%

占总预算价格比例超过20%的材料计数　2

占总预算价格比例超过20%的材料预算合价（元）　109718.5576

材料汇总表（一）　各材料资金比例表　资金排序表　资金筛选表　分类汇总表　Sheet3　Sheet1　Sh

图 5-108　排序的结果

（2）数据的筛选

将“各材料资金比例表”复制到新表“资金筛选”表中。在“资金筛选”表中，将列标题取消合并，删除多余的第三行。将 A2:F10 单元格背景填充为白色。

筛选出"'预算合价（元）' >=50000 以及'占总预算价格比例' <10%"的材料数据，筛选结果放到本表 A15 单元格开始的位置，结果如图 5-109 所示。

序号	材料名称	规格	单位	预算合价（元）	占总预算价格比例
1	现浇基础用钢材		t	50227.12	24.68%
3	水泥425#	425#	t	59491.44	29.23%
4	中砂		立方米	8655.73	4.25%
6	卡盘KP14-2	KP14-2	块	12980.00	6.38%
7	卡盘KP8-4	KP8-4	块	7425.00	3.65%
8	底盘DP10-4	DP10-4	块	12815.00	6.30%

图 5-109 筛选的结果

（3）数据的分类汇总

将"材料汇总表（一）"复制到新表"分类汇总"表中。在"分类汇总"表中，将表格各列标题取消合并，将第三行的 E3:K3 单元格复制到 E2:K2 覆盖原内容，删除多余的第 3 行和"合计"所在的 12 行，如图 5-110 所示。将 A2:L10 单元格背景填充为白色。

按照"材料资金等级"进行分类，求和方式汇总"合价（元）"，结果如图 5-111 所示。

城乡电网网建设（改造）工程材料汇总表（一）

序号	材料名称	规格	单位	设计用量	损耗系数	用量小计	预算价（元）	合价（元）	单重（kg）	总重（t）	材料资金等级
1	中砂		立方米	268.05	1.15	308.25	28.08	8655.73	1550.00	477.79	低
2	卡盘KP8-4	KP8-4	块	55.00	1.00	55.00	135.00	7425.00	143.00	7.87	低
3	现浇基础用钢材		t	9.88	1.06	10.47	4797.00	50227.12		10.47	高
4	底脚螺栓		t	3.89	1.01	3.91	8000.00	31259.52		3.91	高
5	水泥425#	425#	t	188.86	1.05	198.30	300.00	59491.44		198.30	高
6	碎石		立方米	481.92	1.10	530.11	39.00	20674.17	1600.00	848.17	中
7	卡盘KP14-2	KP14-2	块	55.00	1.00	55.00	236.00	12980.00	213.00	11.72	中
8	底盘DP10-4	DP10-4	块	55.00	1.00	55.00	233.00	12815.00	216.00	11.88	中

图 5-110 表格修改的结果

城乡电网网建设（改造）工程材料汇总表（一）

序号	材料名称	规格	单位	设计用量	损耗系数	用量小计	预算价（元）	合价（元）	单重（kg）	总重（t）	材料资金等级
1	中砂		立方米	268.05	1.15	308.25	28.08	8655.73	1550.00	477.79	低
2	卡盘KP8-4	KP8-4	块	55.00	1.00	55.00	135.00	7425.00	143.00	7.87	低
								16080.73			低 汇总
3	现浇基础用钢材		t	9.88	1.06	10.47	4797.00	50227.12		10.47	高
4	底脚螺栓		t	3.89	1.01	3.91	8000.00	31259.52		3.91	高
5	水泥425#	425#	t	188.86	1.05	198.30	300.00	59491.44		198.30	高
								140978.08			高 汇总
6	碎石		立方米	481.92	1.10	530.11	39.00	20674.17	1600.00	848.17	中
7	卡盘KP14-2	KP14-2	块	55.00	1.00	55.00	236.00	12980.00	213.00	11.72	中
8	底盘DP10-4	DP10-4	块	55.00	1.00	55.00	233.00	12815.00	216.00	11.88	中
								46469.17			中 汇总
								203527.98			总计

图 5-111 分类汇总的结果

二、相关知识

1. 数据的排序

（1）数据清单

Excel 排序是按数据清单进行排序。数据清单是一个表格，它的第一行（列）由标题行（列）

构成，如“序号”、“材料名称”、“规格”“单位”等；从第二行（列）开始每一行（列）都是具体数据。有的数据清单的标题在行，如图 5-112 所示，有的数据清单的标题在列，如图 5-113 所示。

序号	材料名称	规格	单位	预算合价（元）	占总预算价格比例
1	现浇基础用钢材		t	50227.12	24.68%
2	底脚螺栓		t	31259.52	15.36%
3	水泥425#	425#	t	59491.44	29.23%
4	中砂		立方米	8655.73	4.25%
5	碎石		立方米	20674.17	10.16%

图 5-112　标题在行的数据清单

序号	1	2	3	4	5
材料名称	现浇基础用钢材	底脚螺栓	水泥425#	中砂	碎石
规格			425#		
单位	t	t	t	立方米	立方米
预算合价（元）	143.00	7.87	低	0.00	0.00
占总预算价格比例	0.07%	0.00%	#VALUE!	0.00%	0.00%

图 5-113　标题在列的数据清单

注意，数据清单中通常不能含有合并的单元格部分，否则无法进行排序、筛选、分类汇总等操作。

（2）数据清单的转置

数据清单可以通过剪贴板进行“行—列转置”，转置后，原来的标题在行（列）的数据清单将变成标题在列（行）的数据清单。方法如下所述。

① 全选数据清单，单击工具栏上的“复制”按钮，或右击鼠标，在弹出的快捷菜单中选择“复制”命令。

② 选定空白单元格 A12。

③ 单击功能区最左侧的“粘贴”下拉菜单，在下拉菜单中选择“转置粘贴”命令。或者在右键菜单中选择“粘贴选项”中的“转置粘贴”；将复制的数据清单转置后粘贴到新位置。

（3）数据排序

排序的方式有两种，一种是直接在列上按所选内容排序，另一种是通过排序对话框选择多种条件进行排序。

方法一：直接在列上按所选内容排序。

① 选择要排序的连续多行单元格（只能选一列），如 C3:C7

如果该区域左右还有其他数据，会弹出“排序提醒”对话框，如图 5-114 所示，根据需要选择合适的选项。

- 如果要排序的内容与其他数据并无关联，则选择“以当前选定区域排序”选项，左右数据不参与排序。
- 如果要排序的内容与相邻区域中的数据有关联，则要选择“扩展选定区域”选项，将关联的数据一起在行间移动，否则排序后的数据将没有意义。

② 单击“数据”选项卡→“排序和筛选”→“升序”按钮，或者“降序”按钮

方法二：通过“排序”对话框选择多种条件进行排序。

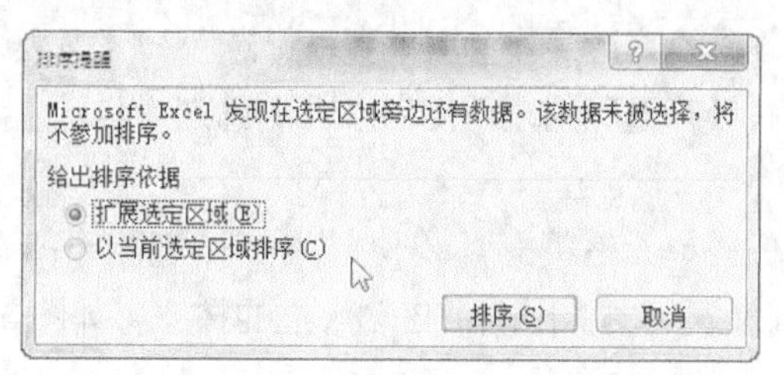

图 5-114 “排序提醒”对话框

① 选择排序的数据清单。

- 如果数据清单的标题行上方（或者标题列左侧）没有数据，则在数据清单内任一单元格上单击，程序会在单击“排序”命令时自动选择数据清单，识别标题行（列）。
- 如果数据清单的标题行上方（或者标题列左侧）有其他数据，如表格的大标题等。建议选中所有数据清单，不使用自动识别数据清单，避免无法正确地自动识别数据清单的标题。

② 单击“数据”选项卡→“排序和筛选”→“排序”按钮，弹出“排序”对话框，如图5-115 所示。

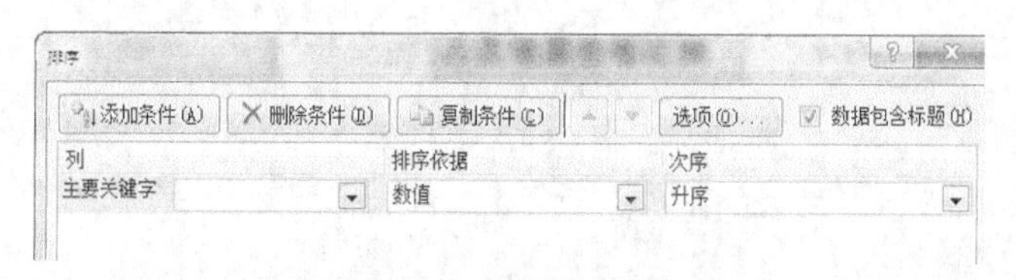

图 5-115 “排序”对话框

③ 在“排序”对话框中勾选“数据包含标题”复选项，则在选择“主要关键字”时可以看到各个标题文字列表，方便判断和选择。

④ 选择合适的条件，可以有多个条件，当按第一个条件有多条相同的数据时，按照第二条件进行排序等。

⑤ 设置“排序选项”，在单击“选项”按钮时，弹出“排序选项”对话框，如图 5-116 所示。在“排序选项”对话框中选择合适的选项。

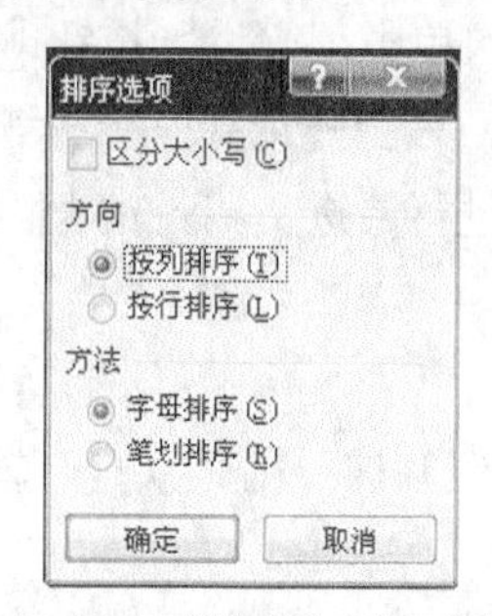

图 5-116 “排序选项”对话框

⑥ 选择完成之后，单击“确定”按钮，完成排序选项设置和排序条件选择，即可得到排序后的数据清单。

2．数据的筛选

Excel 提供了两种数据的筛选操作，即“自动筛选”和“高级筛选”。“自动筛选”一般用于简单条件的筛选，“高级筛选”则用于复杂条件的筛选操作。

（1）自动筛选

① 在数据清单中任一单元格单击，单击“数据”选项卡→ “排序和筛选”→ “筛选”按钮。则可以看到各列标题的右侧出现了自动筛选的按钮，如图 5-117 所示。

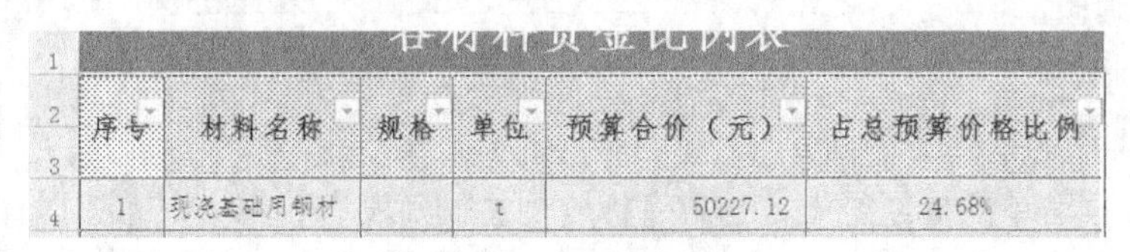

图 5-117　自动筛选按钮

② 单击某列标题旁的三角按钮，会弹出一个下拉列表，如图 5-118 所示，为“材料名称”的自动筛选下拉列表。

③ 在下拉列表中可以选择要显示的内容，或者排序方式等。筛选结果就显示在当前位置。

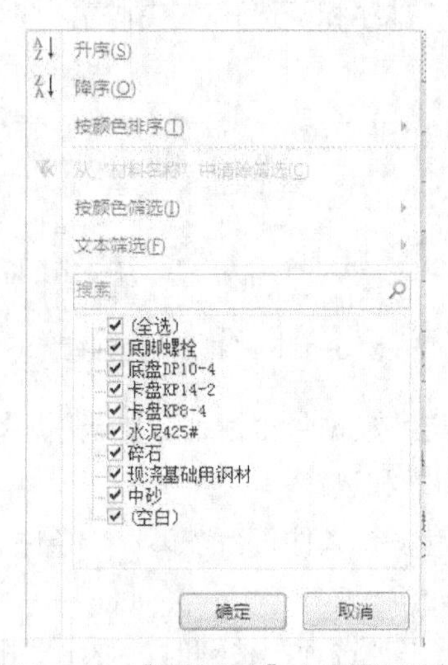

图 5-118　“材料名称”自动筛选列表

- 如果取消自动筛选，只需再次单击“筛选”按钮即可。
- 如果在多个标题下进行筛选，只能先选择一个标题进行筛选设置，会出现筛选后的数据，这时再选择另一个标题进行筛选，可选的范围会变成当前数据下的可选项，而不是该标题原来的所有可选项。

（2）高级筛选

当对多个条件进行筛选时，“高级筛选”则可以自己输入筛选条件，多个条件之间可以选择“与”和“或”两种关系的操作。

操作方法如下所述。

① 将筛选条件中涉及的标题名称复制到与数据清单不相邻的位置，放在同一行上。

② 在刚才复制的各个标题下方输入筛选条件。

- 如果条件之间是或者的关系，则将条件写在不同的行。

● 如果条件之间是并且的关系，则将条件写在同一行。

③ 把光标定位在数据清单内，执行“数据”选项卡→“排序和筛选”→“高级”筛选命令，出现“高级筛选”对话框，如图 5-119 所示。

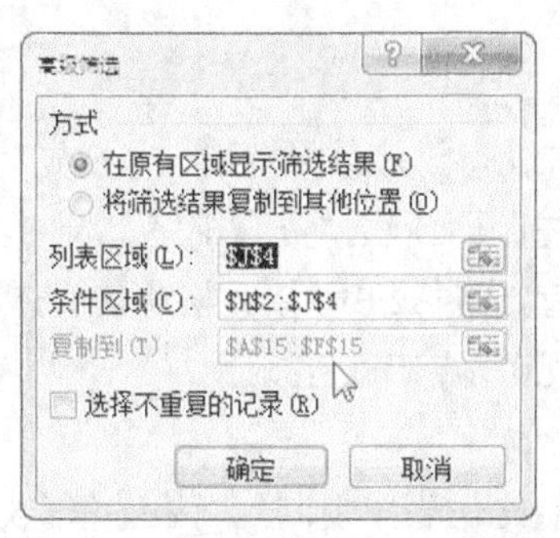

图 5-119 “高级筛选”对话框

④ 在“高级筛选”对话框中，分别选择数据清单所在的列表区域、条件所在的区域、筛选结果是在原有区域显示（隐藏不符合条件的数据）还是将筛选结果复制到其他区域。

⑤ 单击“确定”按钮即可看到筛选结果。

3．数据的分类汇总

分类汇总是指将数据清单中的数据按照指定的字段（也就是数据清单的标题）进行分类，连续的字段值相同的区域将作为一个分类，把该分类中指定的字段值进行汇总。

如果数据清单中有字段值相同的数据，但是不是连续的，中间有其他不同值的数据分开，将会被作为不同的分类进行汇总。所以，在进行分类汇总之前，应该先进行按分类字段排序，以避免上述情况发生。

设置分类汇总的步骤如下所述。

① 将光标定位在数据清单内。

② 单击“数据”选项卡→“分级显示”→“分类汇总”按钮，会出现“分类汇总”对话框，如图 5-120 所示。

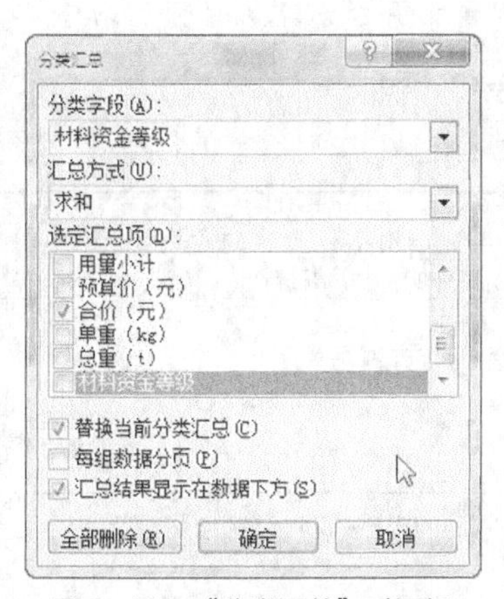

图 5-120 “分类汇总”对话框

③ 分别设置分类字段、汇总计算的方式、要进行汇总计算的字段、结果显示的位置和方式等，单击“确定”按钮完成设置，即可看到汇总结果。

如果要删除分类汇总结果，只需要再次单击“分类汇总”按钮，在对话框中单击“全部删除”按钮即可。

三、任务实现

1．数据的排序

为了便于数据排序操作，并使得排序结果清晰，需要先清除复杂的格式，建立数据清单。

将“各材料资金比例表”复制到新表“资金排序”表中。在“资金排序”表中，将列标题取消合并，删除多余的第三行。将 A2:F10 单元格背景填充为白色。

将数据按照“预算合价（元）”降序进行排序。

操作步骤如下所述。

STEP 1 将“各材料资金比例表”复制到新表“资金排序”表中。

- 在工资表标签栏单击“各材料资金比例表” 表名称，按住【Ctrl】键和鼠标左键向右拖动到下一个名称上松开鼠标、按键，即可复制一个名为“各材料资金比例表（2）”的工作表。
- 在新表名称上双击，输入“资金排序”，即将新表名称改为“资金排序”。

STEP 2 在“资金排序” 表中，将列标题取消合并，删除多余的第三行。

- 单击“资金排序”表名称切换到该表。
- 选中标题行 A2:F3，单击“合并后居中”按钮，取消合并的单元格。
- 单击行标题“3”选中第三行，在右键快捷菜单中选择“删除”命令，删除第三行。

STEP 3 将 A2:F10 单元格背景填充为白色。

选中 A2:F10，单击按钮“开始”选项卡→ “字体”→“填充”下拉按钮，在显示的颜色中选择白色即可。

STEP 4 将数据按照“预算合价（元）”降序进行排序。

① 将光标放置在数据清单中，单击“数据”选项卡→ “排序和筛选”→ “排序”按钮，弹出“排序”对话框。

② 在“排序”对话框中设置主要关键字为“预算合价（元）”、排序依据为“数值”、次序为“降序”，如图 5-121 所示。

③ 单击“确定”按钮即可。

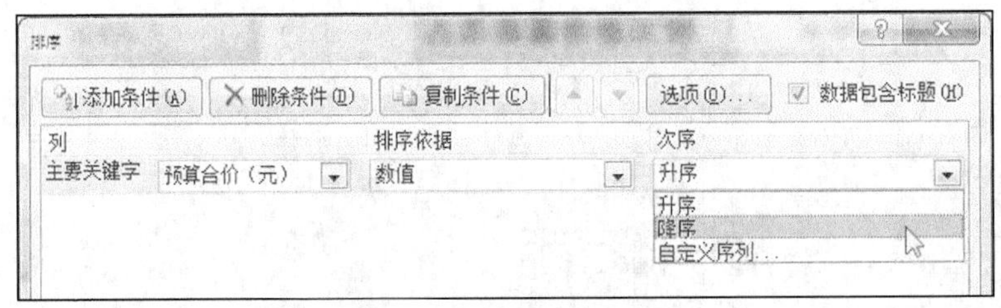

图 5-121 “排序”对话框

2．数据的筛选

为了便于数据筛选操作，并且筛选结果清晰，需要清除复杂的格式，建立数据清单。

将“各材料资金比例表”复制到新表“资金筛选”表中。在“资金筛选”表中，将列标题取消合并，删除多余的第三行。将 A2:F10 单元格背景填充为白色。

筛选出"'预算合价（元）'>=50000 以及'占总预算价格比例'<10%"的材料数据，筛选结果放到本表 A15 单元格开始的位置。

操作步骤如下所述。

STEP 1 将"各材料资金比例表"复制到新表"资金筛选"表中。

① 在工资表标签栏单击"各材料资金比例表" 表名称，按住【Ctrl】键和鼠标左键向右拖动到下一个名称上松开鼠标、按键，即可复制一个名为"各材料资金比例表（2）"的工作表。

② 在新表名称上双击，输入"资金筛选"，即将新表名称改为"资金筛选"。

STEP 2 在"资金筛选"表中，将列标题取消合并，删除多余的第三行。

- 单击"资金筛选"表名称切换到该表。
- 选中标题行 A2:F3，单击"合并后居中"按钮，取消合并的单元格。
- 单击行标题"3"选中第三行，在右键快捷菜单中选择"删除"命令，删除第三行。

STEP 3 将 A2:F10 单元格背景填充为白色。

选中 A2:F10，单击"开始"选项卡→"字体"→"填充"按钮 的下拉按键，在显示的颜色中选择白色即可。

STEP 4 筛选出"'预算合价（元）'>=50000 以及'占总预算价格比例'<10%"的材料数据。筛选结果放到本表 A15 单元格开始的位置。

① 将筛选条件中涉及的标题名称"预算合价（元）"、"占总预算价格比例"复制到与数据清单不相邻的位置，放在同一行上。

② 在刚才复制的各个标题下方输入筛选条件。

- 在复制的"预算合价（元）"下面输入">=50000"。
- 在复制的"占总预算价格比例"下面输入"<10%"。

注意，因为两个条件是或者的关系，所以，">=50000"和"<10%"要放在不同的行上，如图 5-122 所示。

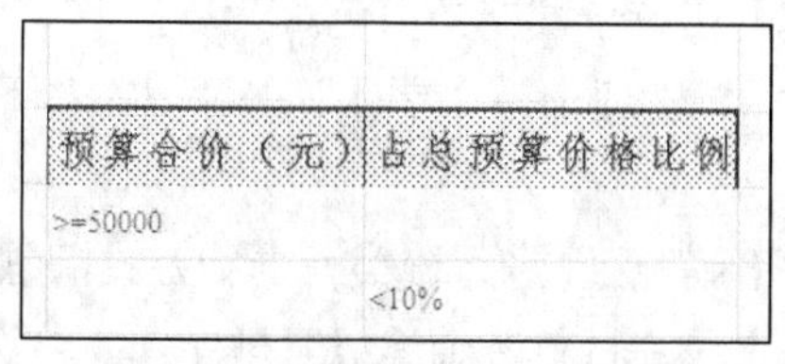

图 5-122 "高级筛选"条件区域

③ 把光标定位在数据清单内，选择"数据"选项卡→"排序和筛选"→"高级筛选"命令，出现"高级筛选"对话框。

④ 在"高级筛选"对话框中，分别选择数据清单所在的列表区域 A2:F10、条件所在的区域、筛选结果复制到 A15 开始的区域，如图 5-123 所示。

⑤ 单击"确定"按钮即可看到筛选结果。

3．数据的分类汇总

为了便于数据分类汇总操作，并使得分类汇总后的数据清晰，需要清除复杂的格式，建立数据清单。

将“材料汇总表（一）”复制到新表“分类汇总”表中，在“分类汇总”表中，将表格各列标题取消合并，将第三行的 E3:K3 单元格复制到 E2:K2 覆盖原内容，删除多余的第 3 行和“合计”所在的 12 行。

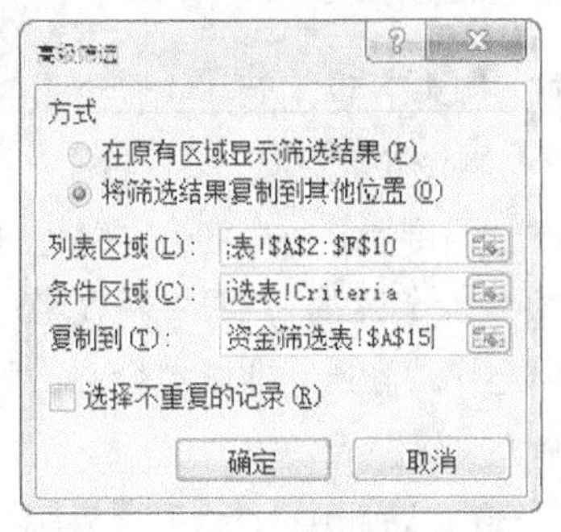

图 5-123 “高级筛选”对话框

按照“材料资金等级”进行分类，求和方式汇总“合价（元）”。

操作步骤如下所述。

STEP 1 将“材料汇总表（一）”复制到新表“分类汇总”表中。

① 在工资表标签栏单击“材料汇总表（一）” 表名称，按住【Ctrl】键和鼠标左键向右拖动到下一个名称上松开鼠标、按键，即可复制一个名为“材料汇总表（一）（2）”的工作表。

② 在新表名称上双击，输入“分类汇总”，即将新表名称改为“分类汇总”。

STEP 2 在“分类汇总”表中，将列标题取消合并，删除多余的第三行。

- 单击“分类汇总”表名称切换到该表。
- 选中标题行 A2:L3，单击“合并后居中”按钮，取消合并的单元格。
- 选中标题行 E3:K3，拖动填充柄将其拖动到上一行，覆盖上一行数据。
- 单击行标题“3”选中第三行，在右键快捷菜单中选择“删除”命令，删除第三行。
- 单击“合计”所在行，在右键快捷菜单中选择“删除”命令，删除该行。

STEP 3 将 A2:L10 单元格背景填充为白色。

选中 A2:L10，单击“开始”选项卡→“字体”→“填充”下拉按钮，在显示的颜色中选择白色即可。

STEP 4 按照“材料资金等级”进行分类，求和方式汇总“合价（元）”。

① 将数据清单按照分类字段“材料资金等级”排序。

a. 选中要排序的内容 L3:L10；该区域左边还有数据，会弹出“排序提醒”对话框。

b. 选择“扩展选定区域”。

c. 单击“数据”选项卡→“排序和筛选”→“升序”按钮 或者“降序”按钮。

② 设置分类汇总。

a. 将光标定位在数据清单内。

b. 单击“数据”选项卡→“分级显示”→“分类汇总”按钮，会出现“分类汇总”对话框。

c. 如图 5-124 所示，在“分类汇总”对话框中分别设置“分类字段”为“材料资金等级”、汇总计算的方式为“求和”、要进行汇总计算的字段为“合价（元）”、结果显示的位置和方式等，单击“确定”按钮完成设置，即可看到汇总结果。

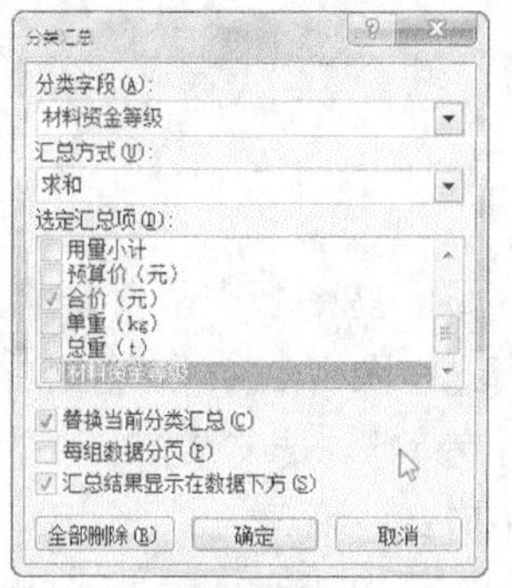

图 5-124 “分类汇总”对话框

四、任务小结

在本次任务中，我们学习了如何利用 Excel 进行数据的排序、筛选和分类汇总。Excel 提供了强大的数据处理功能，可以帮助我们将数据更合理、清晰地展示、分析。

为了便于数据排序、筛选、分类汇总等操作，并使得操作后的数据清晰，需要清除复杂的格式，建立简洁的数据清单。有些操作，比如分类汇总，需要事先按分类字段进行排序才能有效分类。因此在学习一些复杂的数据处理功能时，要注意使用的数据环境是否符合要求。

五、随堂练习

按照“表 5-5 学生成绩原始数据”所示内容建立 Excel 工作表，保存为“学生成绩表.xlsx”，分别复制多个工作表，在不同的工作表中的完成以下操作。

1. 在表格下方增加“平均成绩”栏目，计算各科平均成绩；在表格右侧增加“总成绩”、“平均成绩”两列，计算每个人的总成绩和平均成绩。

2. 将学生按照平均成绩降序排序。

3. 在表格右侧增加“等级”列，根据学生平均成绩进行学业等级划分：

平均成绩<60，为"不合格"；60<=平均成绩<70，为"合格"；70<=平均成绩<80，为"中等"；80<=平均成绩<90，为"良好"，90<=平均成绩，为"优秀"。

4. 统计每个考试科目的学生的及格率。

5. 设置奖学金条件为全科平均分为 80 分以上，根据奖学金条件，对学生成绩进行筛选操作，筛选出符合奖学金条件的学生。

6. 按照学业等级分类汇总平均成绩，汇总方式为求平均。

表 5-5 学生成绩原始数据

姓名	思政课	英语	高等数学	线性代数	体育	数据结构	电工实训	职业生涯
程龙	69	70	60	68	82	75	68	79
王锴	89	68	60	62	96	61	65	66
高云波	68	60	47	70	74	41	48	82
吴建蒙	90	73	91	80	85	81	89	63
朱林生	84	67	51	76	79	68	68	67
崔伟科	68	74	80	68	73	65	82	70
李荣	69	81	81	79	82	73	80	76
孙小辉	71	73	85	84	77	80	86	85
陈艳国	78	71	70	76	70	70	78	88
李志琼	65	60	60	73	80	53	62	72

任务七　制作图表

一、情景设计

在进行数据统计时，我们常用到一些图表来呈现数据，以达到直观易懂的效果。黄小明每次看到精美的数据图表，都琢磨这些图表是如何做出来的。其实，Excel 的另一个强大功能就是绘制图表，本次任务我们将和黄小明一起使用 Excel 的图表功能绘制数据图表。

本次任务的实践操作要求如下所述。

绘制“占总预算价格比例”图表，以直观地表示各材料占总预算价格比例，如图 5-125 所示。要求如下。

① 将“各材料资金比例表”复制为新表“资金图表”。

② 在“资金图表”中，将“材料名称”和“占总预算价格比例”两列数据作为数据源。

③ 选择分离型三维饼图饼状图。

④ 设置数据标签放置数据点之外。

⑤ 设置图例在右侧显示。

⑥ 将图表标题改为“占总预算比例”。

⑦ 图表调整合适大小，置于数据表右侧。

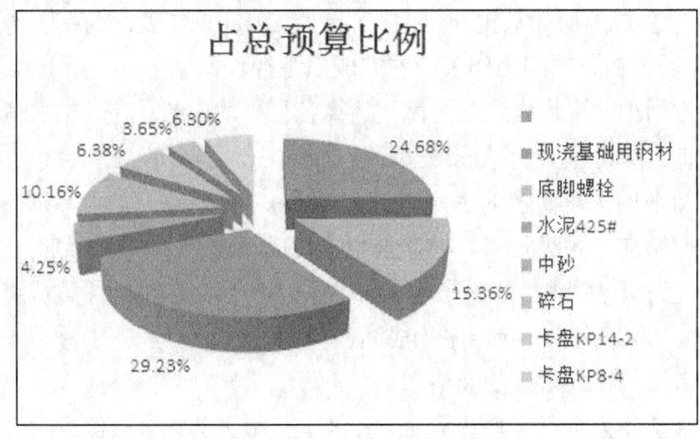

图 5-125　饼状图效果

二、相关知识

1. 图表的创建

要创建一个漂亮的图表，首先要选择合适的数据源，选择插入图表类型，插入一个图表。再使用图表工具进行布局和美化。创建图表的方法如下所述。

（1）选中要绘制图表的数据源

可以选择连续或者不连续的数据区域作为数据源用来绘制图表。

（2）插入图表

可以用以下两种途径。

① 如图 5-126 所示，在“插入”选项卡→“ 图表”区域中选择合适的图表类型，单击类型即可在当前工作表插入一个图表。

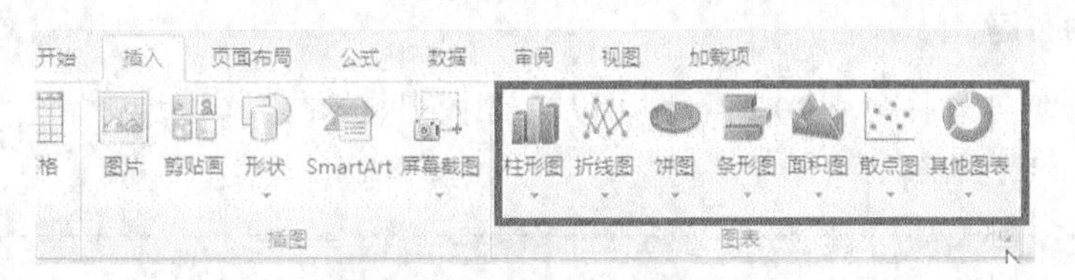

图 5-126 插入图表功能区

② 在“插入”选项卡→“ 图表”区域中右下角单击“创建图表”按钮，如图 5-127 所示。可以打开“插入图表”对话框，在对话框中选择图表类型，如图 5-128 所示。

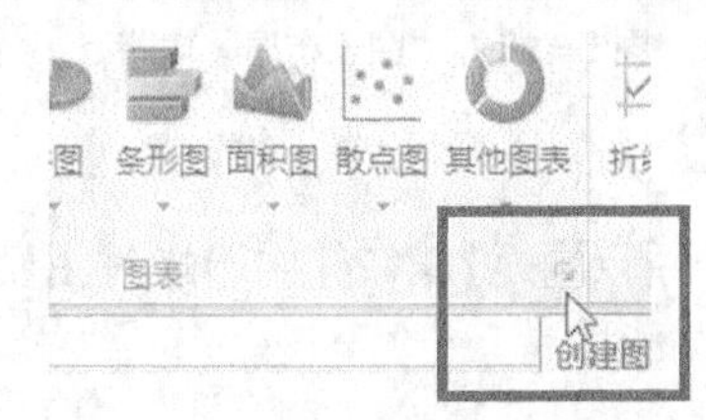

图 5-127 创建图表按钮

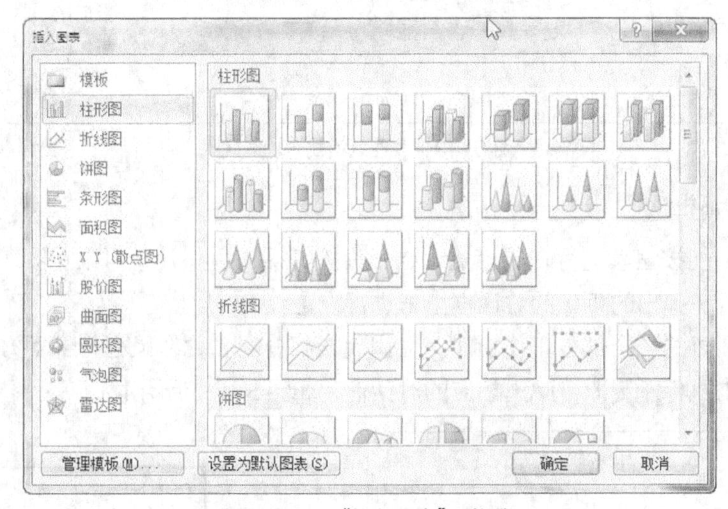

图 5-128 “插入图表”对话框

2. 图表的设计

单击已插入的图表，即可看到图表工具的 3 个功能选项卡：“设计”、“布局”、“格式”。单击每个选项卡，可以在其中选择更多功能。

图表设计选项卡如图 5-129 所示，可以在其中选择不同的图表类型、不同的图表布局、图表样式等。

图 5-129 “图表设计”功能区

3. 图表的布局

图表设计选项卡如图 5-130 所示。可以在其中对图表的各个区域进行格式设置；可以插入图片、形状、文本框等。

图 5-130 “图表布局”功能区

4. 图表的格式

图表设计选项卡如图 5-131 所示。可以在其中选择对图表中的形状样式、艺术字样式、排列方式等进行设置。

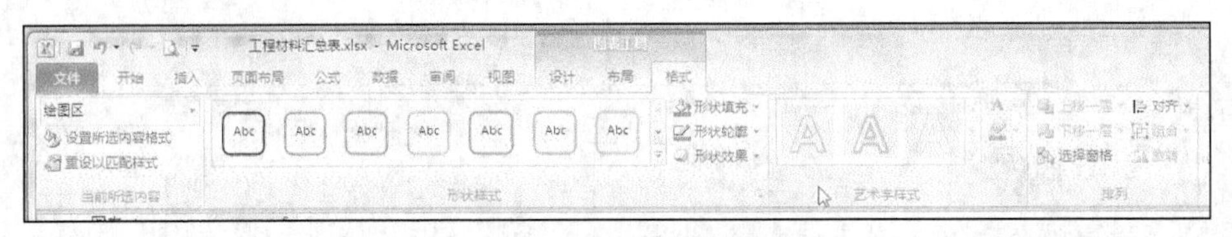

图 5-131 “图表格式”功能区

5. 设置对话框

除了使用功能按钮来进行布局设置、格式设置等操作之外，也可以在图表上直接对各个部分进行双击，在弹出的相应的对话框里来进行设置。

当鼠标在图表的各个部分上停留时，会出现该部分的名称在鼠标指针下方，如图 5-132 所示。此时双击鼠标左键即可弹出相应的对话框，如图 5-133 所示。

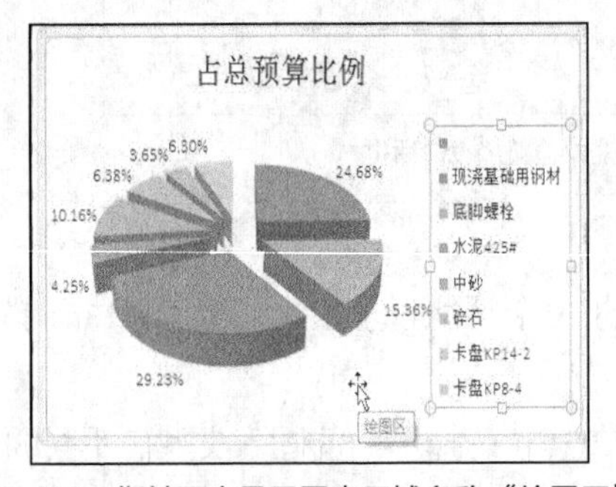

图 5-132 指针下方显示图表区域名称“绘图区”

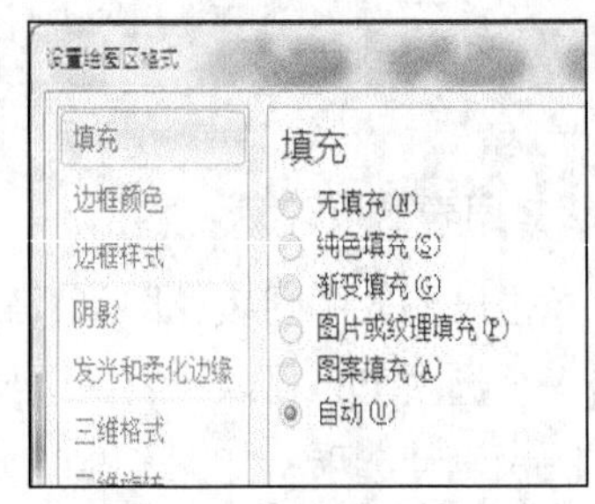

图 5-133 “绘图区”对话框

三、任务实现

1. 准备数据表

将“各材料资金比例表”复制为新表“资金图表”。

STEP 1 在工资表标签栏单击“各材料资金比例表” 表名称，按住【Ctrl】键和鼠标左键向右拖动到下一个名称上松开鼠标、按键，即可复制一个名为“各材料资金比例表（2）”的工作表。

STEP 2　在新表名称上双击，输入“资金图表”，即将新表名称改为“资金图表”。

2．插入图表

STEP 1　在“资金图表”中，将“材料名称”和“占总预算价格比例”两列数据作为数据源；按住【Ctrl】键不放，用鼠标选择 B4:B11 和 F4:F11 两个区域即可。

STEP 2　选择插入分离型三维饼图饼状图。

① 在“插入”选项卡→“ 图表”区域中右下角单击展开按钮 ，打开“插入图表”对话框；

② 在对话框中选择饼图类，在右侧选择“分离型三维饼图”图表类型，如图 5-134 所示。

③ 单击“确定”按钮即在当前数据表上插入了一个图表。

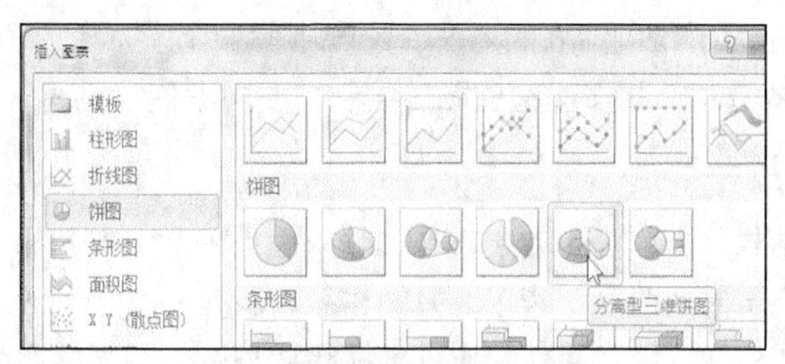

图 5-134　选择图表类型

3．设置图表格式和位置

STEP 1　设置数据标签放置数据点之外。

单击图表，在“图表工具”→“布局”→“数据标签”下拉按钮上单击展开，选择“数据标签外”选项，如图 5-135 所示，即可在图表的色块外面加上了数据标签，显示色块的具体数值。

STEP 2　设置图例在右侧显示。

单击图表，在“图表工具”→“布局”→“图例”下拉按钮上单击展开，选择“在右侧显示图例”选项，如图 5-136 所示，即可在图表右侧显示图例。

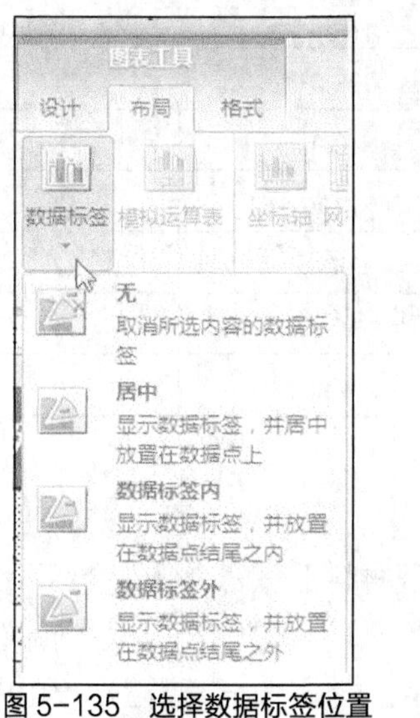

图 5-135　选择数据标签位置

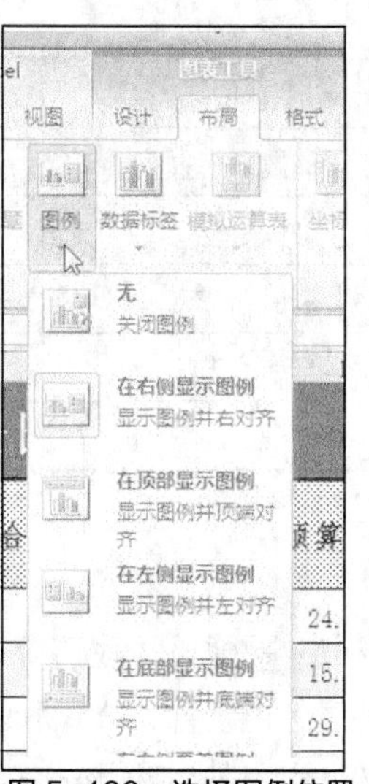

图 5-136　选择图例位置

STEP 3 将图表标题改为“占总预算比例”。

单击图表标题“占总预算价格比例”，即可进入编辑状态，选中“价格”文字，按【Delete】键删除即可。

STEP 4 将图表调整到合适大小，置于数据表右侧。

要调整图表大小，可以选中图表，将鼠标放置在 4 个顶点的任意一个上，当鼠标指针变成双向箭头 时，按住鼠标左键拖动，即可放大或缩小图表。

要移动图表，可以将鼠标指针放置于图表上任意位置，当指针变成 4 个方向的箭头 时，即可按住鼠标左键拖动到任意位置。

四、任务小结

通过本次任务，学习了绘制图表的方法，图表中的各个元素有很多的具体设置选择，不同类型的图表有不同的选项，更多类型的图表绘制需要同学们自己摸索尝试。

五、随堂练习

按照表 5-6“销售表”所示内容建立 Excel 工作表，保存为“销售表.xlsx”，完成以下操作。

① 将工作表 Sheet1 表名改为“华东区月销售统计表”。

② 选择“品牌”和“数量”两列制作三维柱状簇型图，图表标题为“销售数量图表”。不显示图例。

③ 选择“品牌”和“总价（万元）”两列制作分离型饼图，图表标题为“销售总价图表”。图例放置右侧，显示数据标签在色块外侧。

表 5-6 销售表

中源商贸城华东区月销售情况				
品　　牌	产　　地	单价（万元）	数量（台）	总价（万元）
桑塔纳 2000	上海大众	8.2	40	
帕萨特	上海大众	32.4	20	
POLO	上海大众	11.8	50	
别克	上汽通用	28.9	44	
爱丽舍	东风雪铁龙	10.4	28	
标致 307	东风标致	14.8	32	
尼桑天籁	东风日产	25.4	27	
马自达 6	海南马自达	19.8	30	
奇瑞 QQ	奇瑞	4.2	40	

项目小结

本项目以编辑城市电网建设（改造）工程材料汇总表为例，介绍了 Excel 2010 的操作方法，学习了数据输入、格式设置、公式和函数计算、数据排序、数据筛选、图表制作等操作。在本项目结束时，自己应当熟练应用公式和函数计算、分析数据，绘出图表，能对数据进行排序、筛选、分类汇总等操作。

项目练习

一、选择题

1. 如果某单元格显示为若干个“#”号，这表示（　　）。

A. 列宽不够　　B. 公式错误

C. 数据错误　　D. 行高不行

2. 当对建立的图表进行修改，下列叙述正确的是（　　）。

A. 先修改工作表的数据，再对图表做相应的修改

B. 工作表的数据和相应的图表是关联的，用户只要对工作表的数据修改，图表就会自动相应更改

C. 当在图表中删除了某个数据点，则工作表相关数据也被删除

D. 先修改图表中的数据点，再对工作表中相应的数据进行修改

3. Excel 工作簿中既有一般工作表又有图表，当执行 “保存文件”命令时，则（　　）。

A. 只保存工作表文件　　B. 保存图表文件

C. 分别保存　　D. 二者作为一个文件保存

4. Excel 默认的工作簿文件名是（　　）。

A. Sheet1　　B. 工作簿 1

C. XLSX　　D. Book1

5. 在 Excel 中，工作表是由（　　）组成的。

A. 65535 行和 255 列　　B. 65536 行和 255 列

C. 65536 行和 256 列　　D. 1048576 行和 16384 列

6. 在 Excel 工作表中，若用某列数据进行简单排序，可以利用“开始”选项卡→“编辑”组→“排序和筛选”下拉按钮→“降序”命令，此时用户应先（　　）。

A. 选取整个数据要排序的区域

B. 单击该列数据中的任一单元格

C. 选取整个数据表

D. 单击数据清单中的任一单元格

7. 在 Excel 中，计算某一项目的总价值，如果单元格 A8 中是单价，C8 中是数量，则计算公式是（　　）。

A. +A8×C8　　B. =A8*C8

C. =A8×C8　　D. A8*C8

8. 在对数据清单分类汇总前，必须做的操作是（　　）。

A. 筛选　　B. 合并计算

C. 排序　　D. 指定单元格

9. 在下列选项中，属于对“单元格”绝对引用的是（　　）。

A. D4　　B. &D&4

C. $D4　　D. $D$4

10. 在 Excel 2010 中，选择活动单元格输入一个数字后，按住（　　）键拖动填充柄，所拖过的单元格被填入的是按 1 递增或递减数列。

A. Alt　　B. Ctrl

C. Shift　　D. Del

11. 默认格式下，在 B1 单元格中输入数据$12345，确认后 B1 单元格中显示的格式为(　　)。

A. $12345　　B. $12，345

C. 12345　　D. 12，345

12. 要向 A5 单元格输入分数形式“1/10”，正确输入方法为（　　）。

A. 1/10　　B. 10/1

C. 0 1/10　　D. 0.1

13. 在 Excel 2010 工作表中，已知 C2. C3 单元格的值均为 0，在 C4 单元格中输入“C4=C2+C3”，则 C4 单元格显示的内容为（　　）。

A. C4=C2+C3　　B. TRUE

C. 1　　D. 0

14. 在 Excel 2010 工作表中，A1，A2 单元格中数据分别为 2 和 5，若选定 A1:A2 区域并向下拖动填充柄，则 A3:A6 区域中的数据序列为（　　）。

A. 6,7,8,9　　B. 3,4,5,6

C. 2,5,2,5　　D. 8,11,14,17

15. 在 Excel 2010 中，（　　）可在单元格格式设置中取消设置。

A. 任何没合并过的单元格

B. 合并的单元格

C. 基本单元格

D. 基本单元格区域

16. 在 Excel 2010 工作表中，表示一个以单元格 C5. N5. C8、N8 为 4 个顶点的单元格区域，正确的是（　　）。

A. C5：C8：N5：N8　　B. C5：N8

C. C5：C8　　D. N8：N5

17. 在 Excel 2010 中，下列公式格式中错误的是（　　）。

A. A5=C1*D1　　B. A5=C1/D1

C. A5=C1“OR”D1　　D. A5=OR（C1，D1）

18. 在工作表的 D5 单元格中存在公式：“=B5+C5”，则执行了在工作表第 2 行插入一新行的操作后，原单元格中的内容为（　　）。

A. =B5+C5　　B. =B6+C6

C. 出错　　D. 空白

19. 在 Excel 2010 中，下列关于筛选的叙述中，正确的有（　　）。

A. 筛选仅显示符合条件的数据，其余数据不显示，而未被删除

B. 筛选包括自动筛选和高级筛选

C. 筛选和排序本质上是一样的

D. 进行自动筛选时不能自定义筛选条件

20. Excel 2010 图表的类型有多种，柱形图反映的是（　　）。

A. 显示一种趋势

B. 用于一个或多个数据系列中的值的比较

C. 着重部分和整体间相对大小关系

D. 数据之间的因果对应关系

21. Excel 图表中可以包括的内容有（　　）。

A. 公式计算　　B. 图例

C. 图表标题　　D. 数据标识

二、操作题

1. 根据表 5-7 所示，建立 Excel 文件，名为“销售统计表.xlsx”。在 Excel 中对所给工作表完成以下操作。

（1）将（A1:G1）单元格合并居中，行高设为最适合行高，数据区域（A2:G10）设置为水平居中、垂直居中。

（2）计算职工的奖金/扣除列（使用 IF 函数，条件是：实际销售量>=12 月份应销售量，条件满足的取值 800，条件不满足的取值-300）。

（3）计算月收入（月收入=基本工资+奖金/扣除），将（G3:G10）单元格的数字格式设为货币（￥），不保留小数。

（4）将工作表 Sheet1 改名为“职工收入”。

（5）将 12 月份应销售量（D 列）的列宽设置为 15。

（6）为表格加单实线外边框。

（7）选择姓名和月收入两列制作三维堆积柱形图，图例放置于底部。

表 5-7 “销售统计表”

	A	B	C	D	E	F	G
1	某公司2013年12月份员工销售统计						
2	工号	姓名	实际销售量	12月份应销售量	基本工资	奖金/扣除	月收入
3	zgh01	张政	360	300	3100		
4	zgh02	潘虹	330	300	2500		
5	zgh03	樊纲	380	300	2650		
6	zgh04	张彩霞	310	300	2750		
7	zgh05	苏素筝	290	300	2700		
8	zgh06	李薇薇	220	300	2650		
9	zgh07	王继华	330	300	2650		
10	zgh08	周礼本	300	300	2400		

2. 根据表 5-8 所示，建立 Excel 文件，名为“成绩统计表.xlsx”。请在 Excel 中对所给工作表完成以下操作。

（1）请将标题行 A1:G1 合并居中,设为楷体_GB2312，28 磅。

（2）为列标题区域（A2:G2）设置黄色（颜色中第四行第三列色块）底纹，图案为细对角线条纹。

（3）利用平均函数求每个同学各门课成绩的平均分，平均所在列数据格式设为数值型，保留 2 位小数。

（4）利用函数求总评，(条件为：平均>=60， 满足的为"合格"，不满足的为"不合格")。

（5）为数据区域(A2:G8)添加双线外边框、单线内边框（粗细、颜色不限）。

（6）请用高级筛选各门课都及格的学生成绩，筛选条件请写在以 H5 为左上角的数据区域，英语条件写在 H 列，数学条件写在 I 列，计算机条件写在 J 列，筛选的结果放在以 A11 单元格为左上角的数据区域。

（7）选择“姓名”和“平均”两列制作簇状柱形图，图表的标题为“成绩统计”，图例置于底部。

表 5-8 “成绩统计表”

	A	B	C	D	E	F	G
1		学生成绩表					
2	学号	姓名	英语	数学	计算机	平均	总评
3	201001	赵健	77	96	93		
4	201002	刘柳	86	67	83		
5	201003	方芳	98	82	73		
6	201004	胡玉书	67	58	88		
7	201005	崔健男	85	99	77		
8	201006	魏武	55	45	74		
9							

PART 6

项目六 使用演示文稿制作软件 PowerPoint

本项目将以 PowerPoint 2010 版本为例，通过制作图文并茂、声形兼备的多媒体演示文稿，展示了用 PowerPoint（简称 PPT）制作演示文稿的方法，使读者学会用 PowerPoint 制作演示型和交互型文稿。

项目目标

1. 认识和了解 PowerPoint 软件的基本界面和操作。
2. 熟悉演示文稿的基本操作和母版、版式方面的原理。
3. 熟练掌握图文排版技巧、插入多媒体等操作。
4. 熟练掌握动画的制作与放映。
5. 通过案例学习能够独立完成制作。

任务一 认识 PowerPoint

PowerPoint 是一款专门用来制作演示文稿的应用软件。使用 PowerPoint 可以制作出集文字、图形、图像、声音及视频等多媒体元素为一体的演示文稿，通过图文并茂、生动易懂的方式介绍公司的产品，展示自己的学术成果，制作课件进行多媒体教学。用户不仅能够在投影仪或者计算机上进行演示，也可以将演示文稿打印出来，制作成胶片，以便应用到更广泛的领域中。

一、熟悉 PPT 的操作界面

在开始学习 PPT 之前，我们需要熟悉一下 PPT 的操作界面，如图 6-1 所示。

PowerPoint 2010 操作界面各部分的组成及作用介绍如下。

“幻灯片/大纲”窗格：用于显示演示文稿的幻灯片数量及位置，通过它可更加方便地掌握整个演示文稿的结构。在“幻灯片”窗格下，将显示整个演示文稿中幻灯片的编号及缩略图；在“大纲”窗格下列出了当前演示文稿中各张幻灯片中的文本内容。

幻灯片编辑区：是整个工作界面的核心区域，用于显示和编辑幻灯片，在其中可输入文字内容、插入图片和设置动画效果等，是使用 PowerPoint 制作演示文稿的操作平台。

备注窗格：位于幻灯片编辑区下方，可供幻灯片制作者或幻灯片演讲者查阅该幻灯片信息或在播放演示文稿时对需要的幻灯片添加说明和注释。

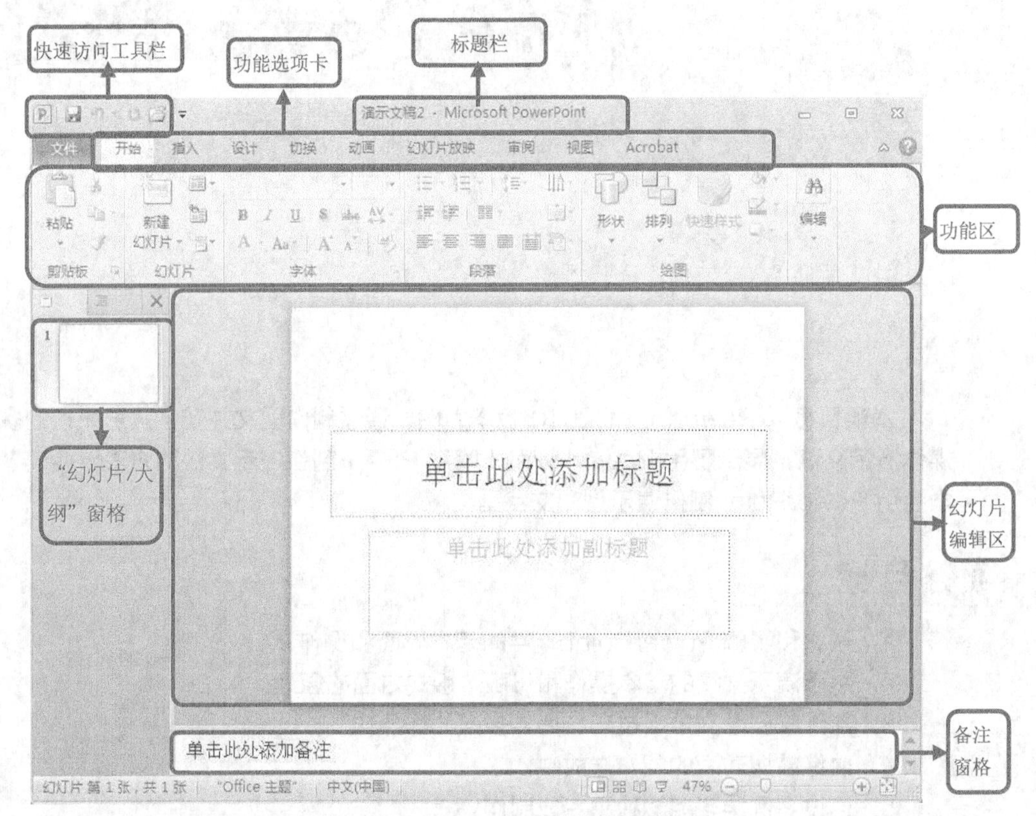

图 6-1　PowerPoint 2010 的操作界面

状态栏：位于工作界面最下方，用于显示演示文稿中所选的当前幻灯片，以及幻灯片总张数、幻灯片采用的模板类型、视图切换按钮及页面显示比例等。

二、自定义快速访问工具栏

如图 6-2 所示，PowerPoint 2010 支持自定义快速访问工具栏，使用户能够按照自己的习惯设置工作界面，在制作演示文稿时更加得心应手。

三、认识格式工具栏

在 PowerPoint 2010 版本中，没有确切的格式工具栏的概念。在“开始”功能选项卡中，集中放置了我们常用的格式工具，如图 6-3 所示。

四、任务小结

通过上述图文并茂的介绍，初步了解到 PowerPoint 的基本功能和操作界面。在接下来的任务中，我们将进入 PowerPoint 的世界中探索，在任务实践中使用 PowerPoint 制作所需的各种演示文稿，从而逐步掌握 PowerPoint2010 的操作方法。

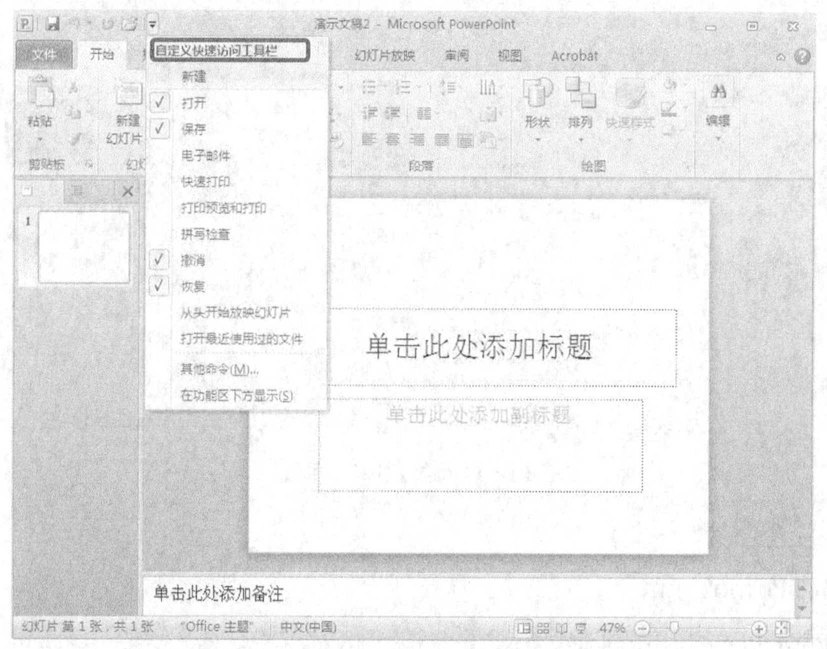

图 6-2 PowerPoint 2010 自定义快速访问工具栏

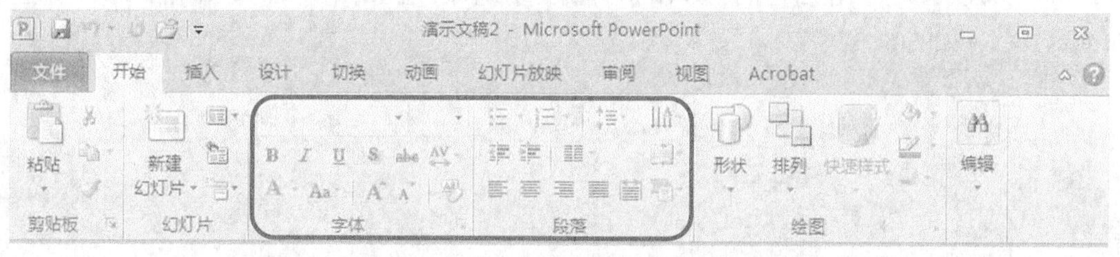

图 6-3 PowerPoint 2010“开始”选项卡中的“格式”工具

五、随堂练习

启动 PowerPoint 2010，根据样本模板创建演示文稿，并将其命名为“安徽省电气工程职业技术学院简介”，然后保存在电脑中。

任务二 制作学院简介演示文稿

一、情境设计

黄小明打算做一个自己学院的展示文稿。他知道一个演示文稿中最重要的内容是文字和图片。演示文稿和 Word、Excel 等文档不同的地方在于，演示文稿是展示给别人看的，而不能像 Word 那样排版；在 PowerPoint 的排版中，非常需要注意图文的巧妙组合，来达到宣传学院的目的。黄小明为学院简介的演示文稿规划了欢迎页、目录页、学院概况、办学理念、校园文化、合作交流、感谢页共 7 个页面，最终完成的效果如图 6-4 所示。

图 6-4　最终完成的效果图

二、任务实现

1．启动 PowerPoint

启动 PowerPoint 2010，即默认创建了一个空白演示文稿。如果需要再次新建，选择“文件”→“新建”命令，在右边的新建演示文稿窗格选择“空白演示文稿”命令，即可创建空白演示文稿，如图 6-5 所示。

图 6-5　PowerPoint 2010 软件界面

2．制作学院简介的 PPT 母版

STEP 1 在 PowerPoint 2010 中，选择“文件”→“打开”命令。选择“D:\学院简介PPT\网上下载的模板.ppt”文件后，单击“打开”按钮，如图 6-6 所示。

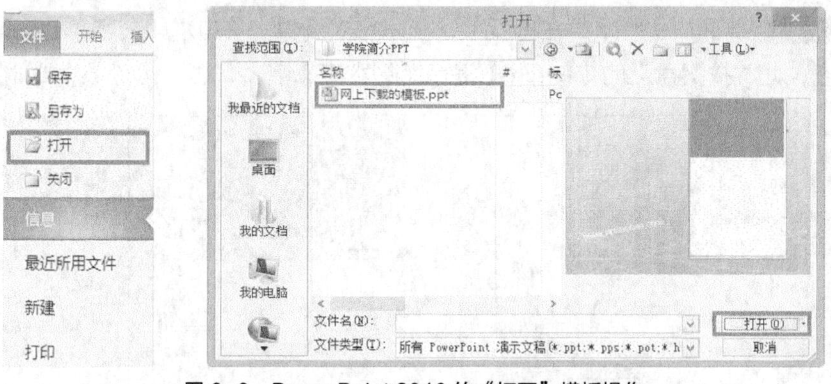

图 6-6 PowerPoint 2010 的“打开”模板操作

STEP 2 在网上下载的 PPT 模板很多都有网站的水印。如图 6-7 所示，黄小明下载的模板中存在水印，需要去掉这个模板的水印，并添加自己学院的 Logo。

图 6-7 下载的 PPT 模板中的水印

STEP 3 如图 6-8 所示，选择“视图”→“母版”→“幻灯片母版”命令，编辑幻灯片母版。

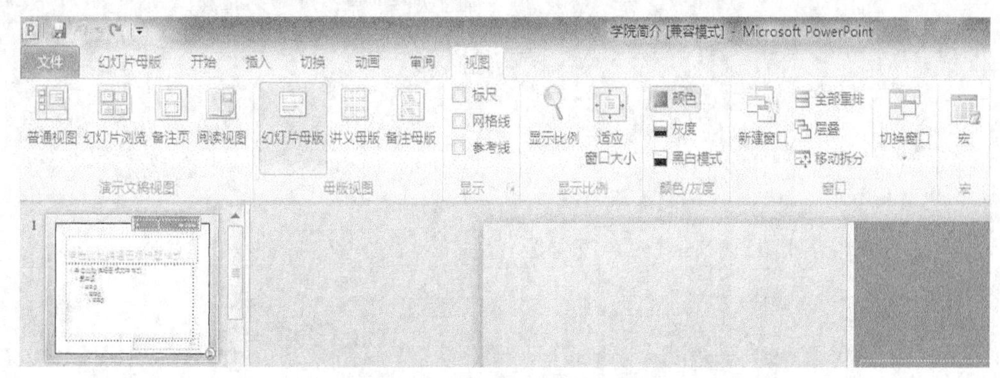

图 6-8 编辑幻灯片母版操作

STEP 4 如图 6-9 所示，在母版上，水印可以编辑。单击水印文字，让水印文本框处于选中状态，此时按键盘上的【Delete】键，删除水印文字。

图 6-9　删除水印

STEP 5 如图 6-10 所示，选择“插入”→“图片”命令，选择“D：\学院简介 PPT\院徽.jpg”文件后，单击“插入”按钮。图片文件出现在母版中，选中图片，按住鼠标左键移动图片至幻灯片右下角。最终效果如图 6-11 所示。最后关闭母版视图，模板编辑完成。

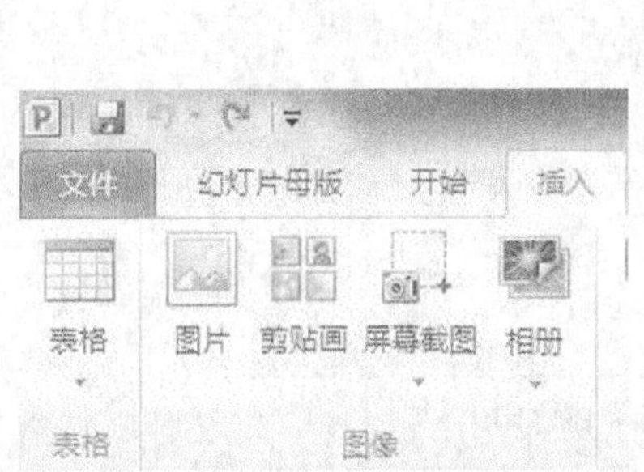

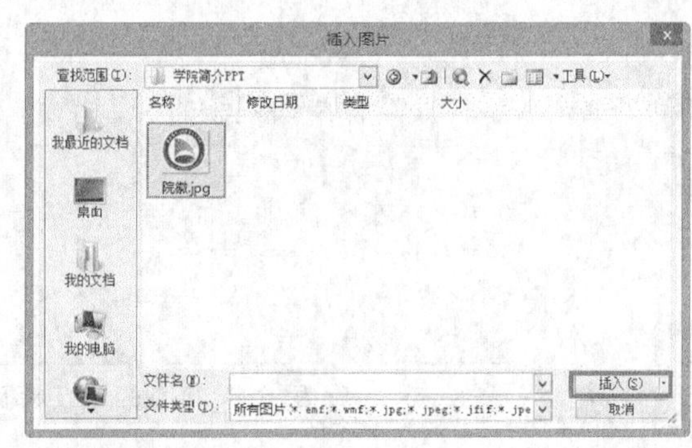

图 6-10　插入院徽操作

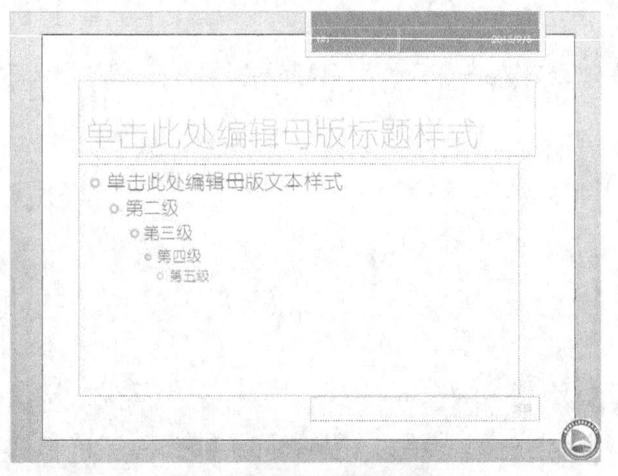

图 6-11　最终的模板效果图

3．制作幻灯片欢迎页

STEP 1 关闭母版后，模板已经默认新建一个欢迎页幻灯片，如图 6-12 所示。图中有两个虚线框，里边分别写着“单击此处添加标题”和“单击此处添加副标题”。这个就是文本框，用来输入文字。

图 6-12 模板默认新建的幻灯片

STEP 2 把鼠标移动到第一个文本框的虚线上，这时鼠标会变成十字形（ ），单击鼠标选中文本框。如图 6-13 所示，单击文字“单击此处添加标题”后，“单击此处添加标题”字样消失，出现闪烁的光标，并且可以输入文字。

图 6-13 单击文本框输入文字

STEP 3 在文本框中输入“安徽省电气工程职业技术学院简介”字样。选中文字，设置字体大小“32”，字体为“微软雅黑”，加粗，如图 6-14 所示。

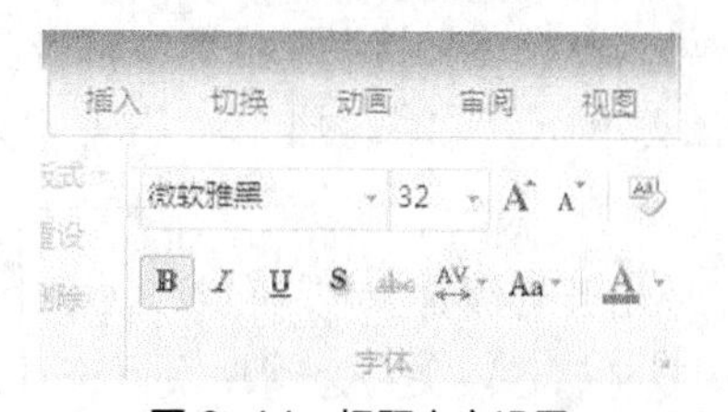

图 6-14 标题文字设置

STEP 4 移动鼠标，选中第二个文本框。单击文本框，在文本框中输入“黄小明”，设置字体大小为“18”、“微软雅黑”、文本对齐方式为“右对齐”。欢迎页面完成，最终效果如图 6-15 所示。

图 6-15 欢迎页最终效果图

4．制作幻灯片演讲目录页

STEP 1 选择“开始”→“新建幻灯片”命令，新建“演讲目录页”幻灯片，如图 6-16 所示，新建后的版式并不是我们想要的效果。此时需要更改幻灯片版式。打开快捷菜单，选择“版式”命令，选择“标题和内容”版式。

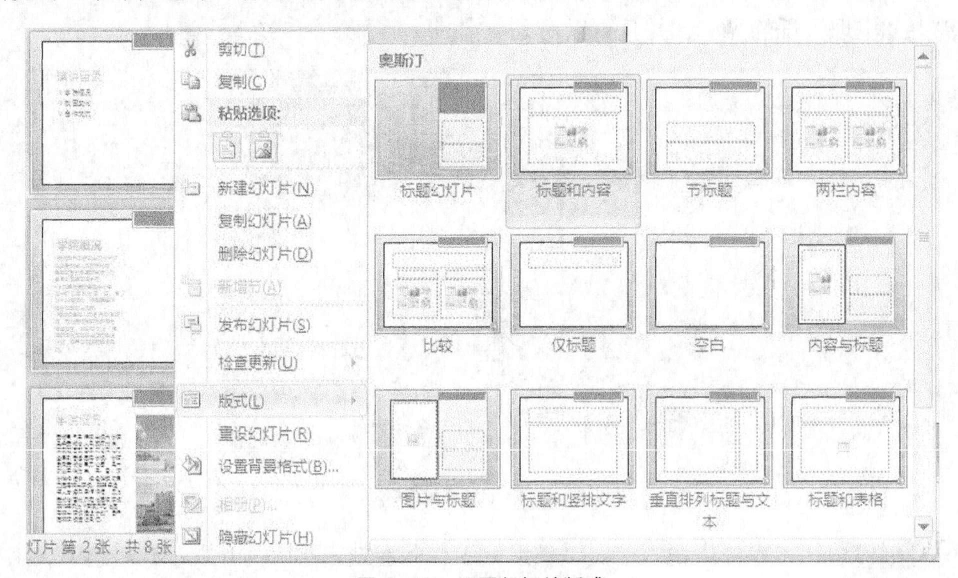

图 6-16 设置幻灯片版式

STEP 2 移动鼠标到“单击此处添加标题”位置，单击，输入文字“演讲目录”。设置文字字体为“微软雅黑”、字体大小为“40”、加粗、对齐方式为“左对齐”，效果如图 6-17 所示。

STEP 3 移动鼠标到“单击此处添加文本”的文本框中，用左键单击，输入文字“学院概况”、“校园文化”、“合作交流”，各段文字之间用换行符号，完成后效果如图 6-18 所示。PowerPoint 软件在文本框换行的时候会智能地自动编号。如果没有自动编号，可单击工具栏中“项目符号”按钮，即可完成编号。

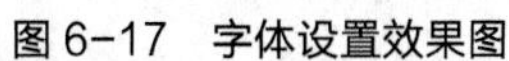
图 6-17　字体设置效果图

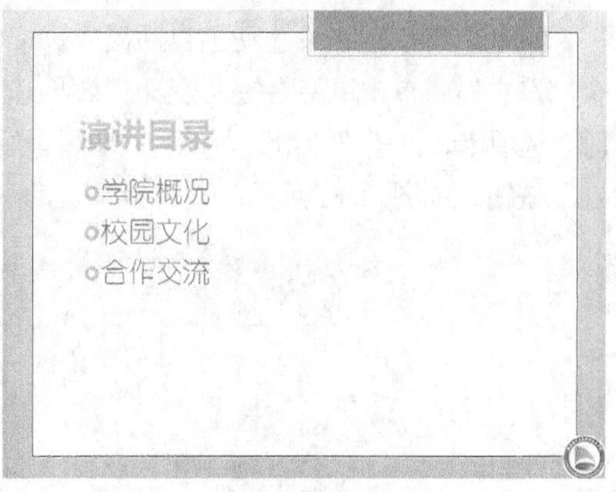

图 6-18　完成后效果图

STEP 4 单击“动画”按钮，在下面窗格出现自定义动画窗口，如图 6-19 所示。使文本框处于选中状态，单击“百叶窗”按钮，给文本框文字添加百叶窗的进入效果。设置好百叶窗进入效果，软件便自动预览文字进入的动画效果。

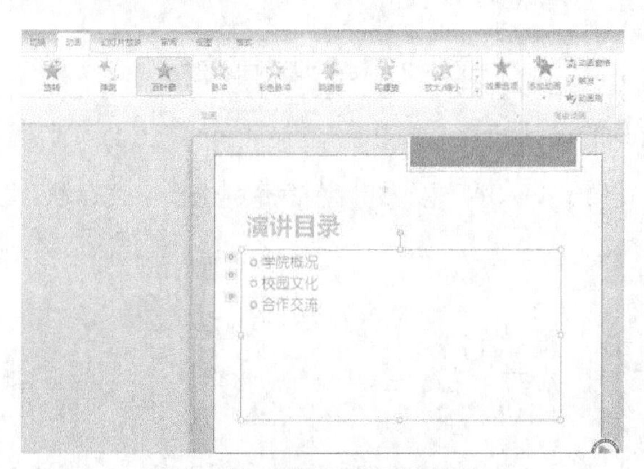

图 6-19　设置百叶窗动画效果

STEP 5 设置好动画效果后，添加动画文本框的文字右上角出现数字，动画窗格出现 4 条记录，如图 6-20 所示。文本框右上角相应的数字对应着右边动画播放顺序。在 PowerPoint 软件中，动画的播放是默认在鼠标单击后触发效果。因此，放映幻灯片的时候，需要单击 4 次鼠标左键才能完成所有的文字动画放映。

图 6-20　添加动画效果

STEP 6 现在设置动画自动播放。按住【Ctrl】键后鼠标左键依次单击4条动画记录。全部选中后，单击鼠标右键，选择“效果选项”命令，出现百叶窗动画设置窗口。单击“计时”选项卡，设置“开始”为“上一动画之后”，速度为“快速（1秒）”。完成设置，单击“确定”按钮，如图6-21所示。演讲目录页动画效果完成。

图6-21 百叶窗动画的设置

5．学院概况幻灯片的设计

STEP 1 选择“开始”→“新建幻灯片”命令，选择“仅标题”版式，如图6-22所示，最终效果如图6-23所示。

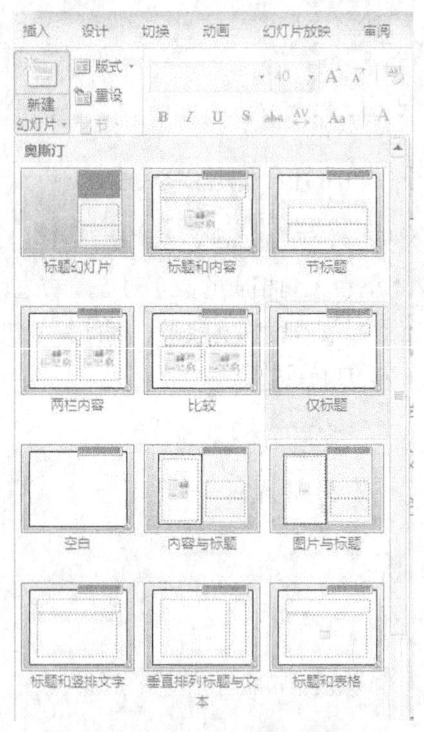

图6-22 选择“仅标题”幻灯片版式

图 6-23 “只有标题”幻灯片版式

STEP 2 移动鼠标到“单击此处添加标题”位置，单击，输入文字“学院概况”。设置文字字体为“微软雅黑”、字体大小为“40”、加粗、对齐方式为“左对齐”，如图 6-24 所示。

图 6-24 “学院概况”字体设置效果图

STEP 3 如图 6-25 所示，选择“插入”→“文本框”→“横排文本框”命令。此时鼠标指针形状改变为 “I”。在幻灯片空白处，单击鼠标左键不放，此时鼠标指针改变成“十”形状，拖动鼠标调整文本框大小。文本框大小可以后期调整，图 6-26 所示的幻灯片为插入文本框后的效果。

图 6-25 插入横排文本框操作

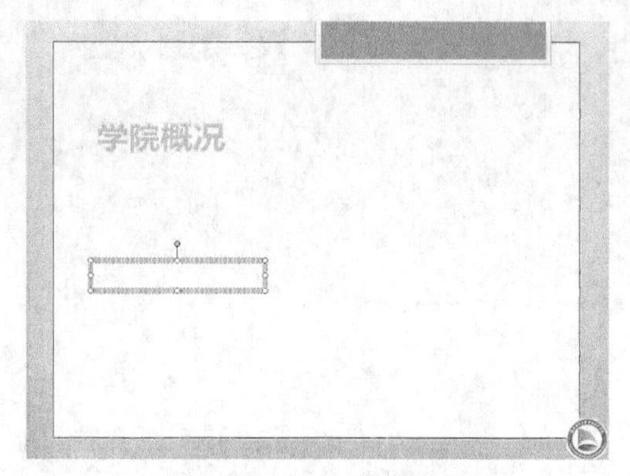

图 6-26　插入文本框效果

STEP 4 选中新建的文本框，如图 6-27 所示，在“宽度”栏，输入“2.7 厘米”，在“高度”栏输入“6.93 厘米”。

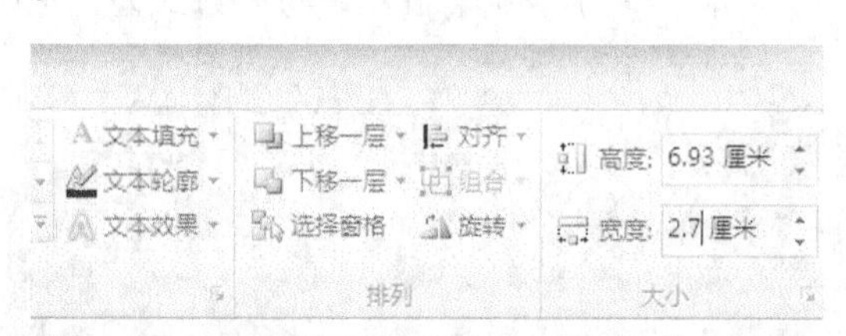

图 6-27　文本框设置

STEP 5 在新建的文本框中输入文字，设置字体为“微软雅黑”，字体大小为“20”，对齐方式为“左对齐”。单击 A· 按钮对文字颜色进行设置。在 PowerPoint 软件中，不是版式自带的文本框，文字换行不会自动编号。将鼠标光标停留在第一段任何位置，单击项目符号按钮（ ）对第一段文字进行编号。重复上述操作，对第二段和第三段文字进行操作，得到文字的最终效果如图 6-28 所示。

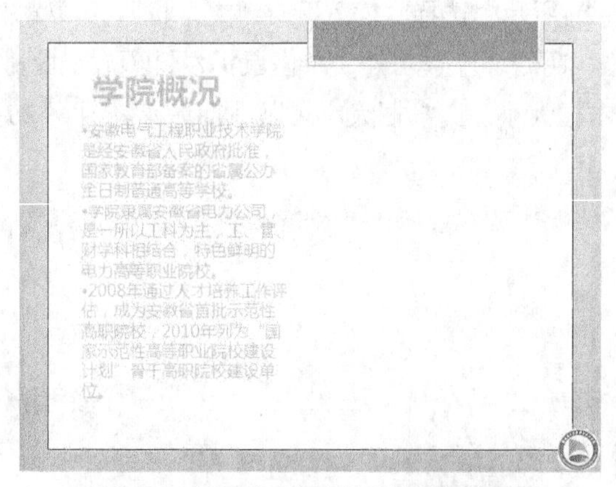

图 6-28　设置文本框字体后的最终效果图

STEP 6 选中新建的文本框，选择“动画”→“添加动画”命令，选择“更多进入效果”选项，单击“切入”动画效果，如图 6-29 所示。预览动画后，单击“确定”按钮，完成动画效果的设置。

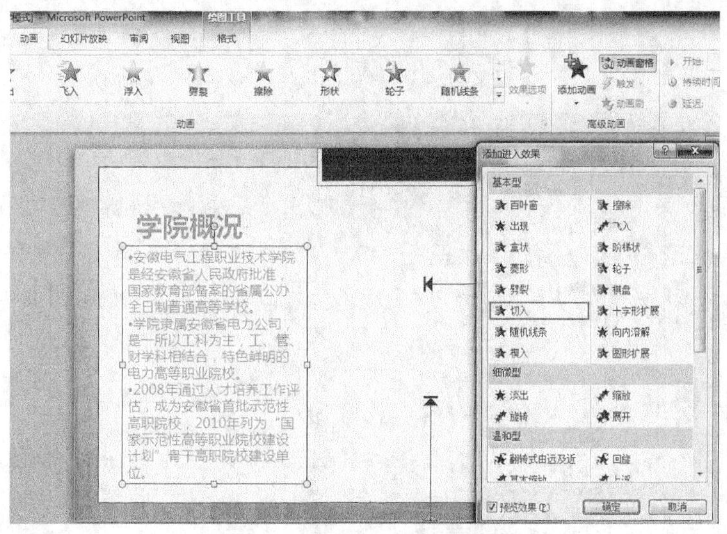

图 6-29　添加进入效果动画窗格

STEP 7 选择“插入”→“图片”命令，打开“D:\学院简介 PPT\学院照片 1.jpg”与“D:\学院简介 PPT\学院照片 2.jpg”两个文件。分别选中图片，单击鼠标左键拖动图片至图 6-30 所示的位置。

图 6-30　添加图片

STEP 8 选中“学院照片 1”，选择“动画”→“添加动画”命令，选择“其他动作路径”选项，出现动作路径出口，如图 6-31 所示，选择“向左”选项，设置图片运动路径。此时“学院照片 1”上出现了一个向左的箭头，头部为红色三角形，尾部为绿色三角形，如图 6-32 所示。默认红色三角形位置，并不是合理的位置。需要移动红色三角形位置到图 6-33 所示的位置。为了让红色三角形能够水平地移动，在用鼠标拖动红色三角形位置的时候按住【Shift】键不放，可以让红色三角形保持仅在水平方向的拖动。

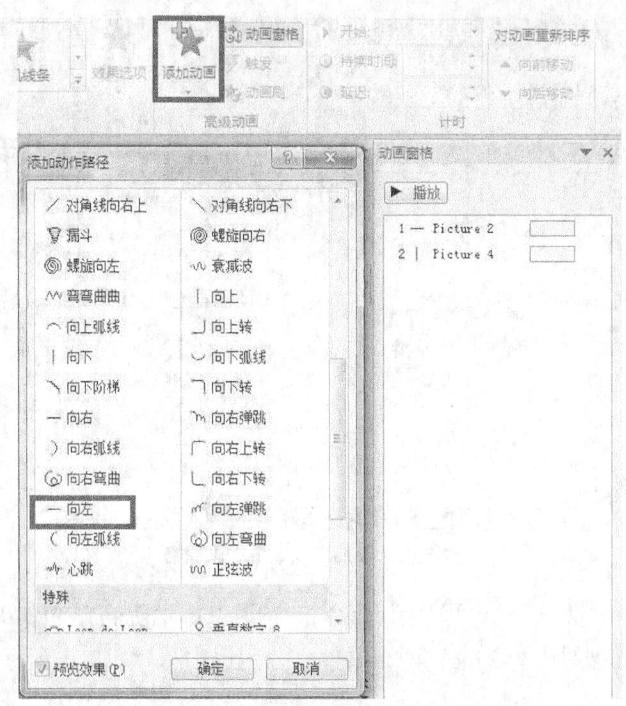

图 6-31　添加图片运动轨迹动画

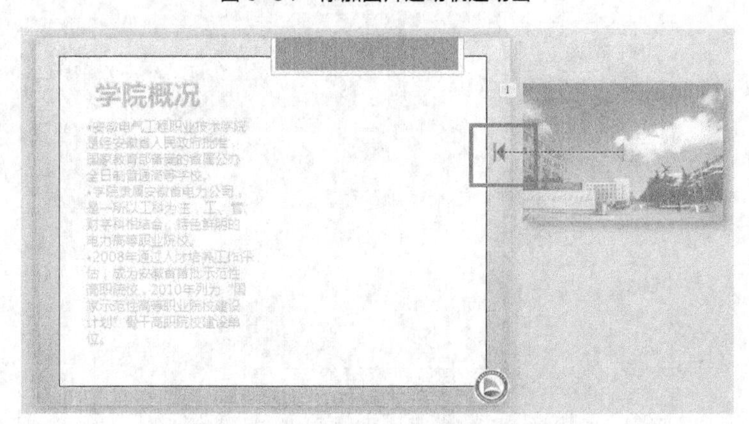

图 6-32　添加轨迹动画时出现的红色箭头

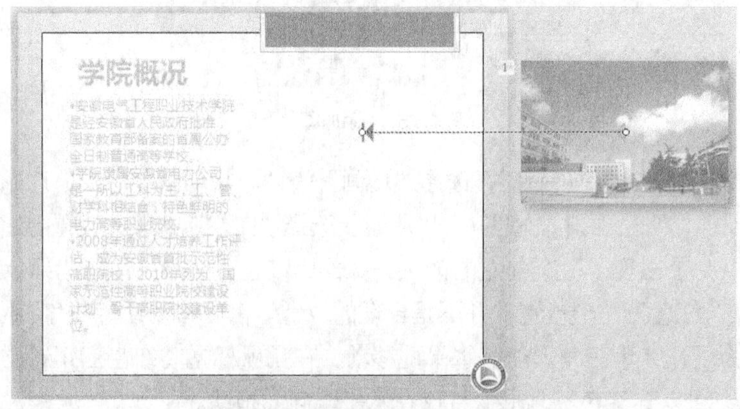

图 6-33　移动轨迹箭头至合适位置

STEP 9 选中“学院照片 2”，选择“动画”→“添加动画”命令，选择“其他动作路径”选项，出现动作路径出口。再选择“添加效果”→“动作路径”→“向上”命令，设置图片运动路径。此时“学院照片 2”上出现了一个向上的箭头，头部为红色三角形，尾部为绿色三角形。默认红色三角形位置，并不是合理的位置。需要移动红色三角形位置到图 6-34 所示的位置。为了让红色三角形能够垂直地移动，在用鼠标拖动红色三角形位置的时候，按住【Shift】键不放，可以让红色三角形保持仅在垂直方向拖动。至此学院概况幻灯片页面设计完成。

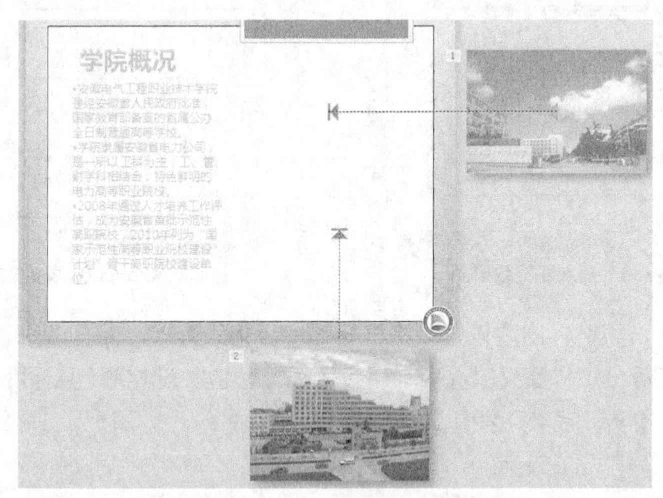

图 6-34 移动轨迹箭头至合理位置

6．办学理念页幻灯片的设计

STEP 1 选择“开始”→“新建幻灯片”命令，选择 “仅标题”版式。然后，移动鼠标到“单击此处添加标题”位置，左键单击，输入文字“学院概况——办学理念、定位、目标”。设置文字字体为“微软雅黑”、字体大小为“32”、加粗、对齐方式为“左对齐”。

STEP 2 选择“插入”→“表格”命令，出现待插入表格的属性窗口，如图 6-35 所示。设置行数为“3”，列数为“2”，单击“确定”按钮，效果如图 6-36 所示。

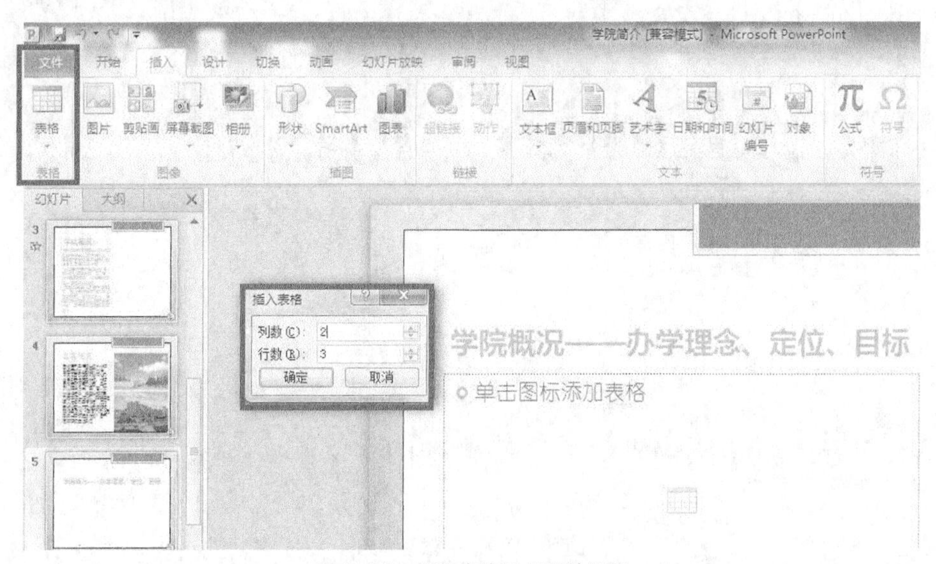

图 6-35 插入表格及行列数设置

STEP 3 在表格中输入文字，如图 6-37 所示。设置“办学理念”、“办学定位”、“发展目标”字体为“微软雅黑”，字体大小为“40”，加粗，颜色为绿色。其他表格内的字体设置为“微软雅黑”，字体大小为“24”，颜色为绿色。并且加入编号。

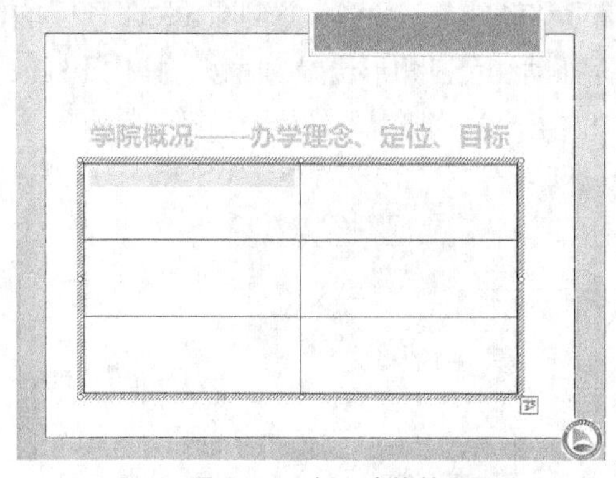

图 6-36 插入表格效果图

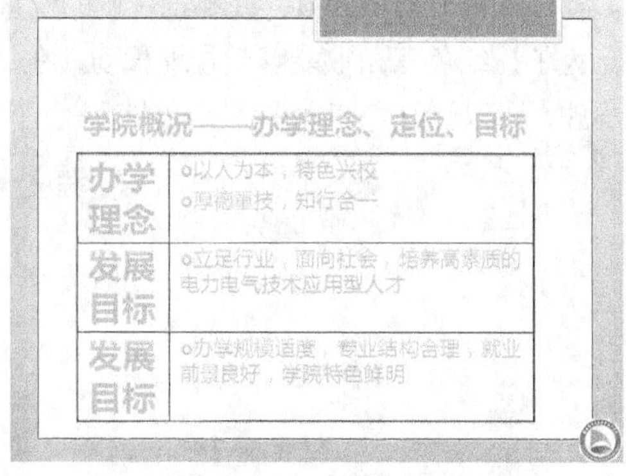

图 6-37 表格文字效果图

STEP 4 双击表格，出现设置表格格式的“表格工具”，如图 6-38（左）所示。选中表格第一行和第三行，在“底纹”选项卡里设置表格颜色。设置颜色如图 6-39（左）所示。选中第二行表格，单击“底纹”按钮，设置颜色如图 6-39（右）所示。最终得到的效果如图 6-40 所示。

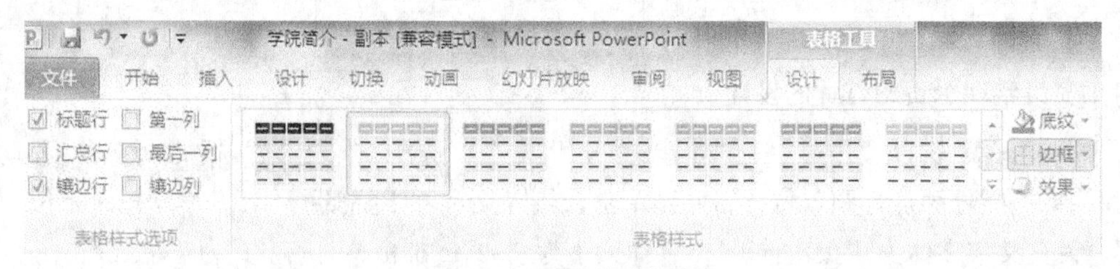

图 6-38 表格格式菜单

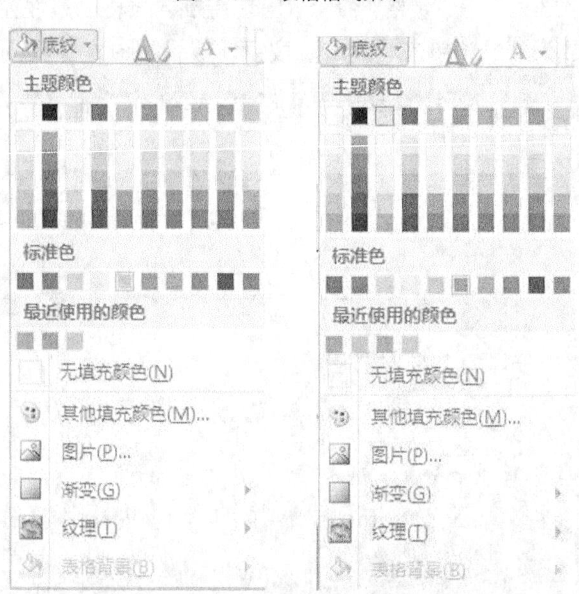

图 6-39 表格颜色填充

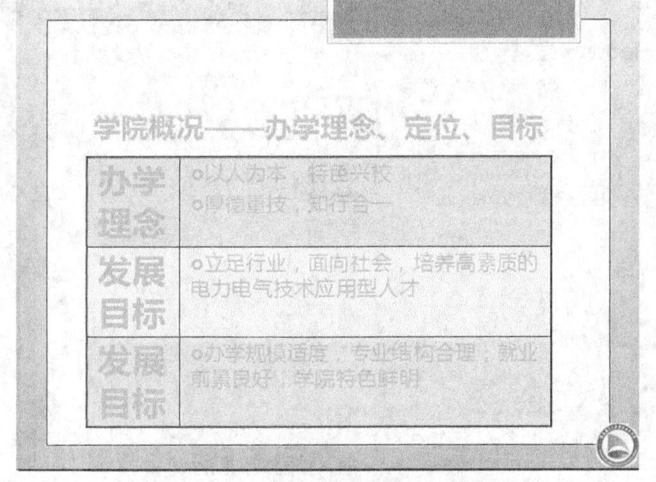

图 6-40 表格颜色填充后的效果图

STEP 5 双击表格，出现“表格工具”功能区，单击“边框”按钮，设置所需框线形式，如图 6-41 所示，选择所有框线。

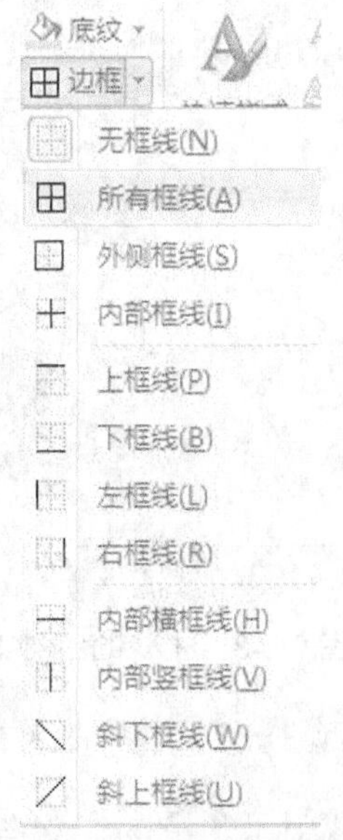

图 6-41 对表格边框的设置

7．校园文化页幻灯片的设计

STEP 1 选择“开始”→“新建幻灯片”命令，选择 “仅标题”版式。然后，移动鼠标到“单击此处添加标题”位置。单击，输入文字“校园文化”。设置文字字体为“微软雅黑”、字体大小为“40”、加粗、对齐方式为“左对齐”。

STEP 2 选择“插入”→“图片”→“来自文件”命令，再选择“D：\学院简介 PPT\院徽.jpg”文件，如图 6-42 所示。插入图片后，单击“动画”按钮，给文本框文字添加百叶窗的进入效果。选中“校徽”图片，选择“添加动画”→“进入”→“百叶窗”命令进入动画效果。再选中“校徽”图片，选择“添加动画”→“退出”→“百叶窗”命令退出动画效果，如图 6-43 所示。

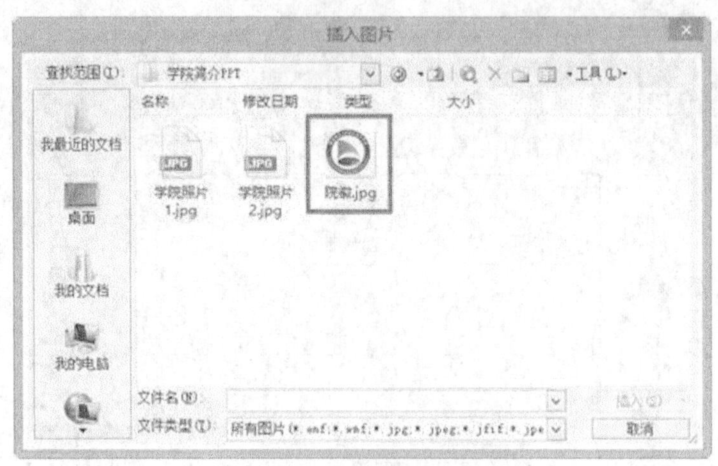

图 6-42　插入校园文化图片

图 6-43　进入和退出效果

STEP 3 选择“插入”→“音频”→“文件中的声音”命令，如图 6-44 所示。选择“D:\学院简介 PPT\播种光阴.mp3”文件，出现 图标，如图 6-45 所示。该图标为设置音频的触发器，双击图标，出现动画窗格，设置播放形式为 “单击开始”，如图 6-46 所示。

图 6-44　插入声音操作

图 6-45　触发器图标

图 6-46　单击时的声音触发器

STEP 4　选中“小喇叭”图片，单击“动画”按钮，在下面窗格出现自定义动画窗口，选择“百叶窗”选项，给“小喇叭”添加百叶窗的进入效果。再选中“小喇叭”图片，选择“添加效果”→“退出”→“百叶窗”命令，为“小喇叭”添加“退出”效果，如图 6-47 所示，为此时动画窗格的动画列表。

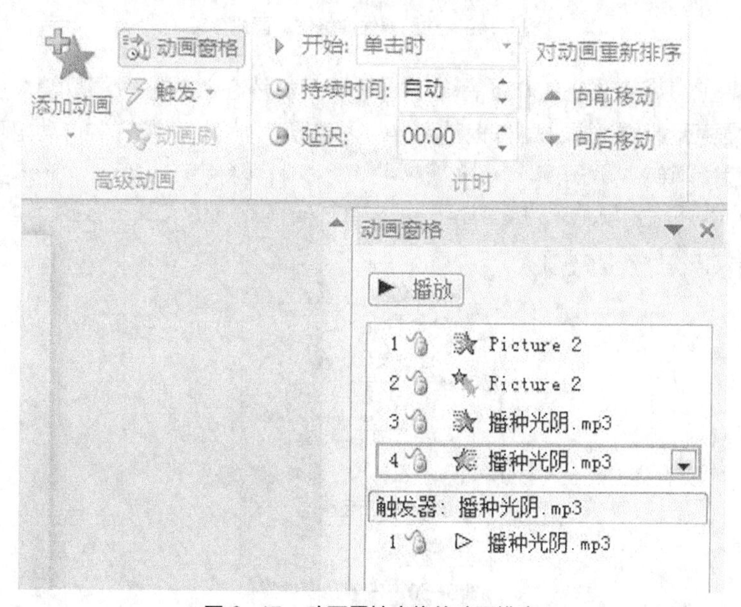

图 6-47　动画属性窗格的动画排序

STEP 5 如图 6-48 所示，选择“插入”→“视频”→“文件中的视频”命令，选择“D:\学院简介 PPT\学院宣传片.avi”文件，出现 图标，该图标为设置视频的触发器，双击图标，出现动画窗格，设置播放形式为 “单击开始”。

图 6-48 插入视频操作

STEP 6 选中“影片”元素，选择“添加动画”→“进入”→“百叶窗”命令进入动画效果。再选中“影片”元素，添加“添加动画”→“退出”→“百叶窗”命令退出动画效果。如图 6-49 所示，为此时动画窗格的动画列表。

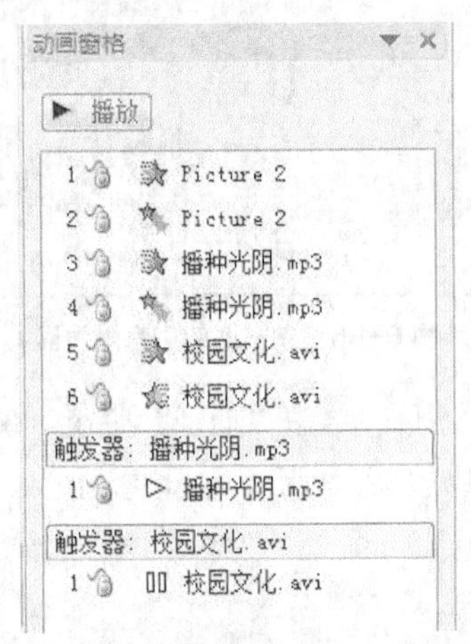

图 6-49 动画属性窗格的动画排序

STEP 7 在幻灯片放映的时候，黄小明希望幻灯片在“校徽”图片消失后，“小喇叭”自动出现而不需要鼠标再次单击。同时也希望“小喇叭”消失，“影片”自动出现。如图 6-50 所示，此时需要选中第三个动画 3 播种光阴.mp3 ，用右键选择“从上一项之后开始”选项。同理，选择第五个动画 5 学院宣传片.avi ，用右键选择“从上一项之后开始”选项。至此，完成对校园文化页幻灯片的设计。

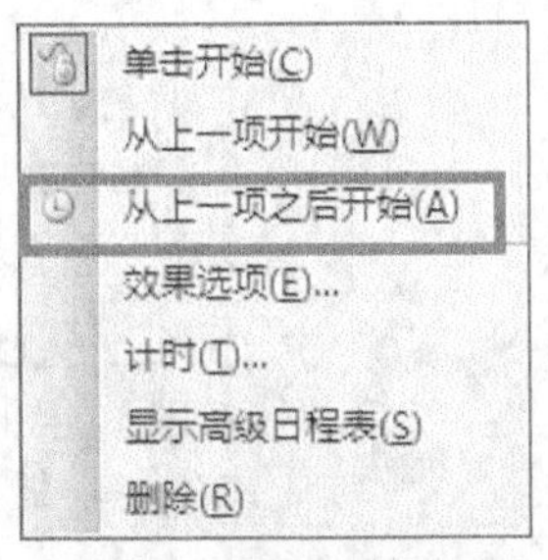

图 6-50 设置动画效果

8．合作交流板块幻灯片的设计

STEP 1 选择“开始”→“新建幻灯片”命令，选择“空白”版式。

STEP 2 如图 6-51 所示，选择“插入”——“SmartArt”命令。出现图 6-52 所示的“SmartArt 图形”，选择“层次结构”里的第一个组织结构图，单击“确定”按钮，创建一个组织结构图图示，如图 6-53 所示。

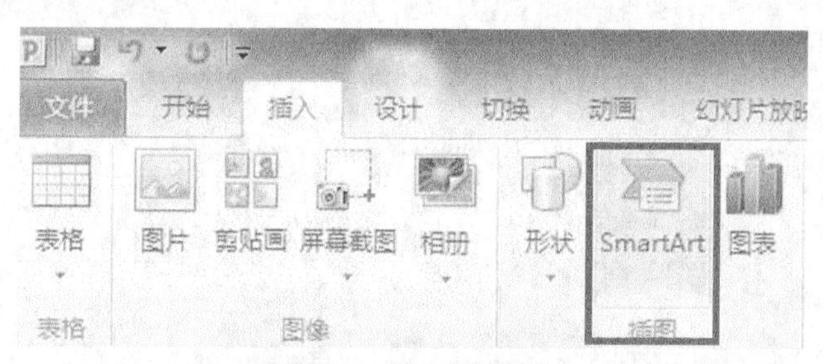

图 6-51　插入图示操作

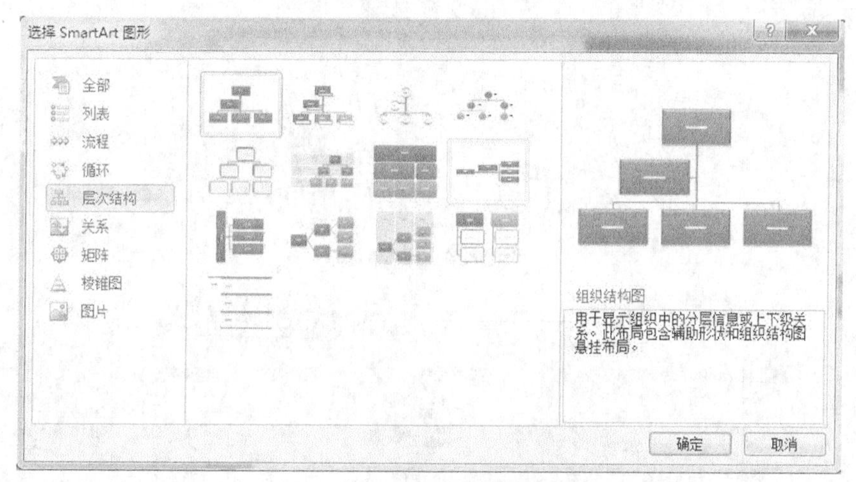

图 6-52　SmartArt 图形库

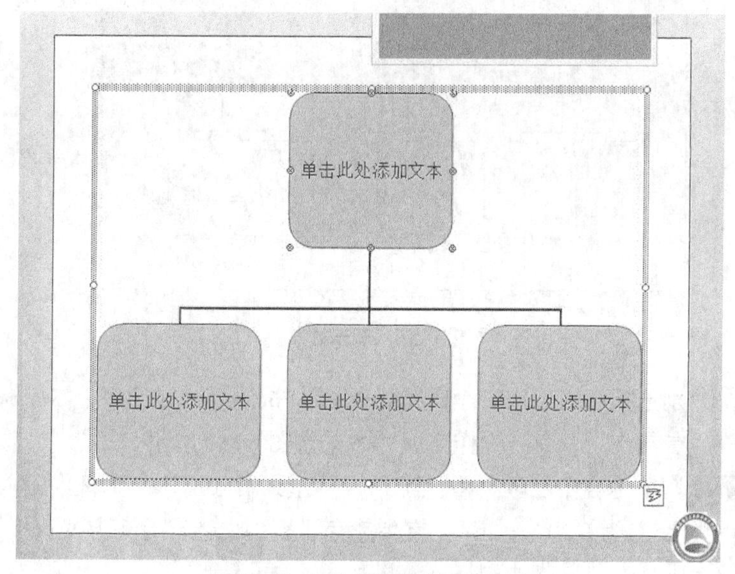

图 6-53　插入组织结构图的效果

STEP 3 如图 6-54 所示，选择第一层图框，单击鼠标右键，选择“添加形状”→“在后面添加形状”命令，第二层出现 4 个图框。分别选中第二层的前三个图框，在每个图框单击鼠标右键，选择“添加形状”→“在下方添加形状命令，操作两次，增加各图框两个子元素，最后得到效果如图 6-55 所示。

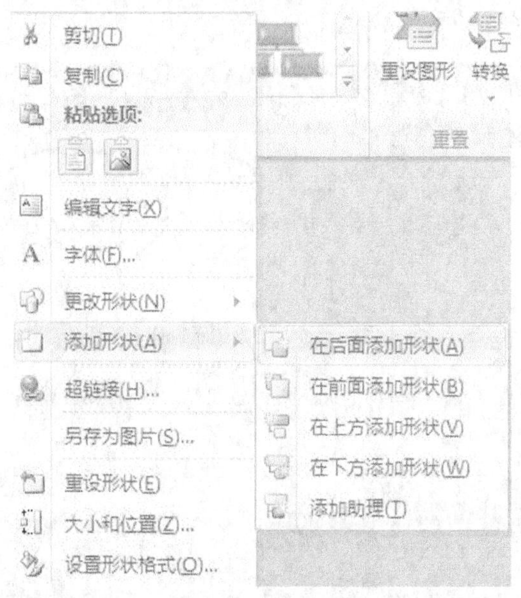

图 6-54 添加形状

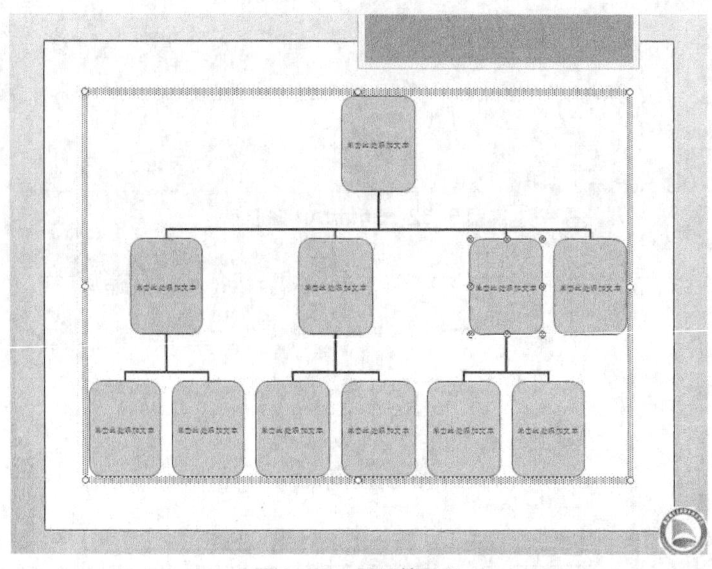

图 6-55 图示效果图

STEP 4 分别选择第二层前 3 个图框，如图 6-56 所示，在上方“SmartArt 工具”中，选择“布局”→“右悬挂”命令。操作完成后效果如图 6-57 所示。

STEP 5 依次单击各个图框，由上至下，从左到右分别在文本框中输入文字。设置字体为“微软雅黑”、字号为“20”、加粗，字体颜色设置为白色、对齐方式选择“居中”。然后选中图框，调整大小，得到最终的幻灯片效果如图 6-58 所示。

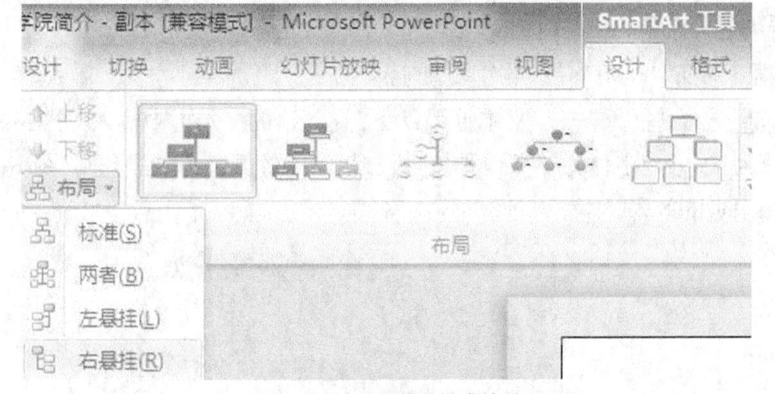

图 6-56　更改图示版式效果

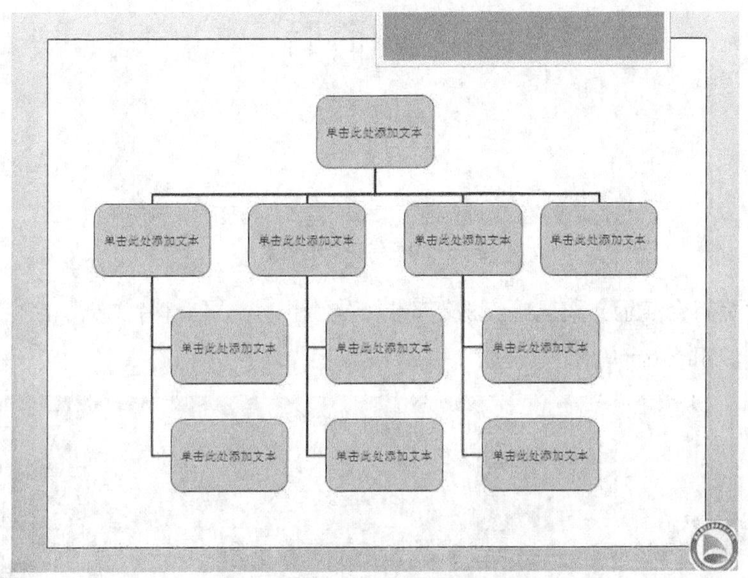

图 6-57　版式更改完成后的最终效果

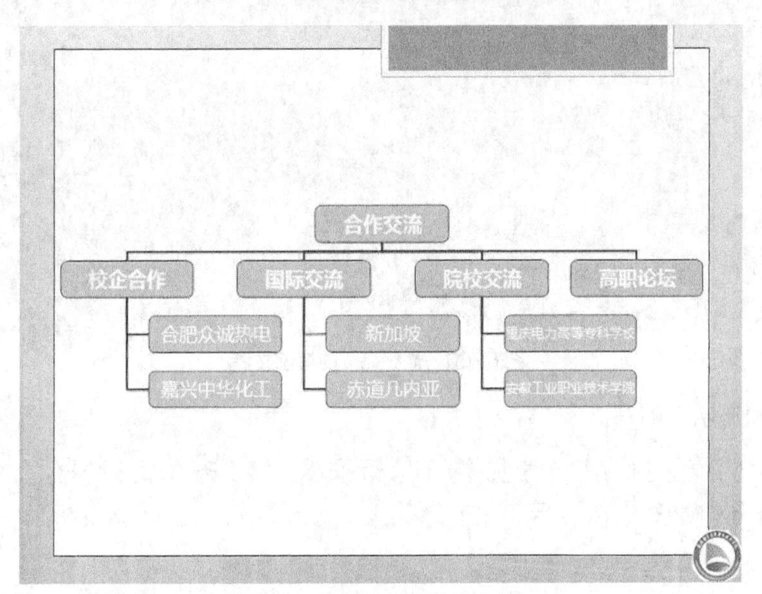

图 6-58　最终合作交流页效果

9．制作结束感谢页

STEP 1 选择“开始”→“新建幻灯片”命令，再选择“空白”版式。

STEP 2 选择“插入”→“文本框”命令。在新建的文本框中输入“Thanks!谢谢聆听”，设置字体大小为“60”，字体为“微软雅黑”、加粗，字体颜色为“黑色”，图 6-59 所示为最终演示文稿结束页的效果。

图 6-59　结束页的效果

至此，学院简介演示文稿已经完成，选择“视图”→“幻灯片浏览”命令，可以看到所有完成的页面，如图 6-60 所示。

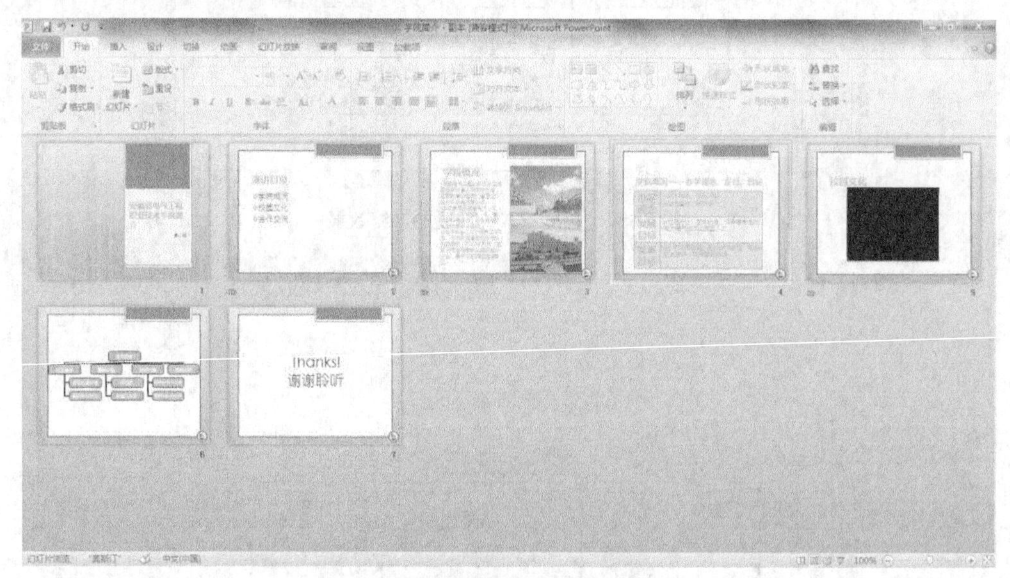

图 6-60　最终完成的演示文稿

10．放映演示文稿

至此，黄小明已完成了一个学院简介的演示文稿，接下来可通过单击“幻灯片放映”选项设置放映操作，如图 6-61 所示。

图 6-61 设置放映操作

三、任务小结

黄小明按照从网络上搜索到的学院的情况，组织语言文字，添加图表，插入影音，将演示文稿的大体框架和需要讲解的内容都展示出来了，并且达到了不错的效果。这是一个完整的制作演示文稿的流程。

四、随堂练习

新建一个 PowerPoint 文稿介绍自己，至少加入 5 页新幻灯片，建议包括封面、个人简介、个人信息、教育背景、个人能力和专长。

任务三 制作优秀班级答辩演示文稿

一、情境设计

班主任要求黄小明代表本班级参加优秀班级的答辩会。根据答辩要求，需要做 3 分钟的 PPT 汇报。黄小明在搜集班级这学期相关活动、成绩、荣誉等资料后，立即着手学习如何进行班级答辩 PPT 的制作，最终效果如图 6-62 所示。下面我们就来看看黄小明是如何进行操作的。

图 6-62 优秀班级答辩演示文稿完成效果图

二、任务实现

1．新建 PPT 演示文稿

启动 PowerPoint 2010，即默认创建了一个空白演示文稿。

2．设置优秀班级答辩 PPT 背景

STEP 1 在空白文稿上单击鼠标右键，选择“设置背景格式”→“填充”→“图片或纹理填充”→“文件”命令，如图 6-63 所示。插入“背景 1.png”图片，如图 6-64 所示。单击“全部应用”按钮，则所有 PPT 文稿默认统一采用此背景。

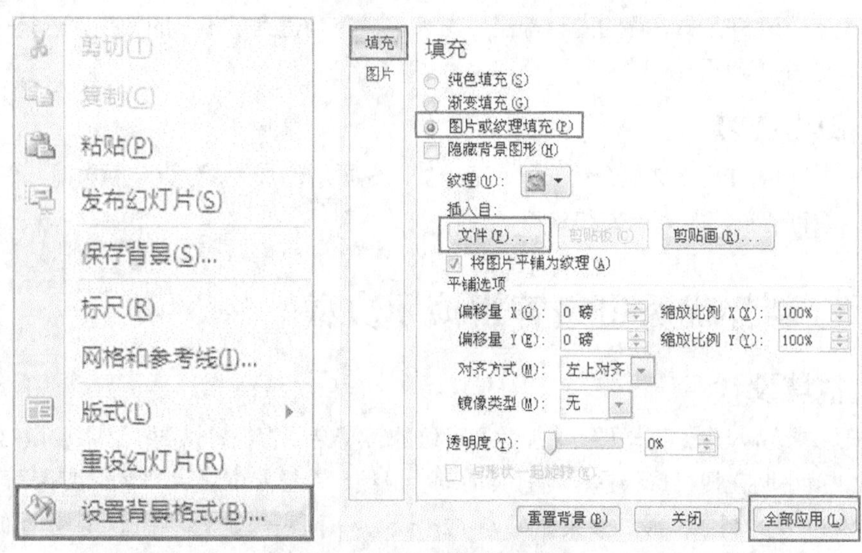

图 6-63　设置背景填充图片

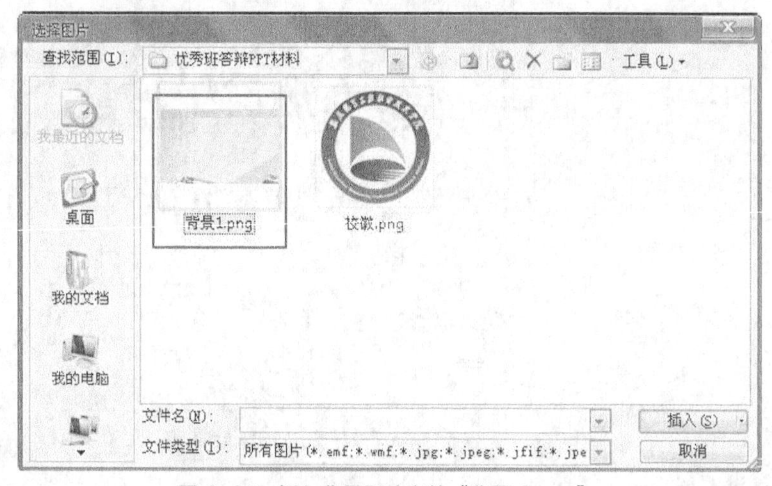

图 6-64　插入背景图片文件“背景 1.png”

STEP 2 为了让 PPT 背景更加符合答辩情境。黄小明插入了安徽电气工程职业技术学院的校徽。选择“插入”→“图片”→“来自文件”命令，再选择“桌面:\优秀班答辩 PPT 材料\校徽.png”，单击“插入”按钮，将校徽摆放至 PPT 左上角并调整至合适大小。图 6-65 所示为插入“校徽”图片。

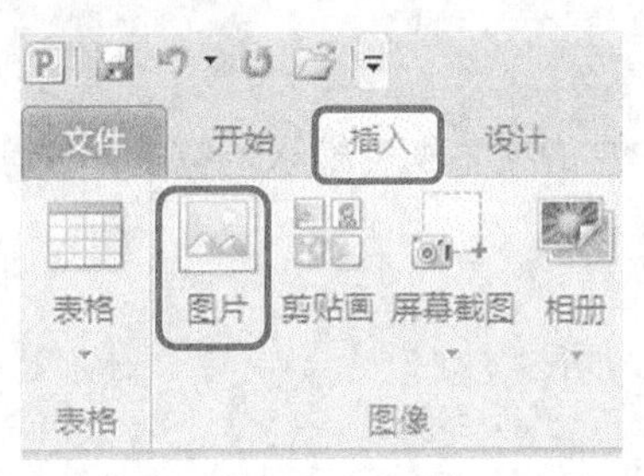

图 6-65　插入“校徽”图片

STEP 3 黄小明发现，上述操作只能在单个 PPT 中插入“校徽”图片，如果在多张 PPT 左上角都放置“校徽”图片，这样的操作就过于繁琐。通过幻灯片母版可以便捷地将“校徽”嵌入到每张 PPT 背景。选择“视图”→“母版”→“幻灯片母版”命令，如图 6-66 所示。在此基础上插入“校徽”图片，然后单击“关闭母版视图”按钮，这样“校徽”就直接嵌入到背景中，省去了在每张 PPT 重复插入和调整图片的操作，如图 6-67 所示。

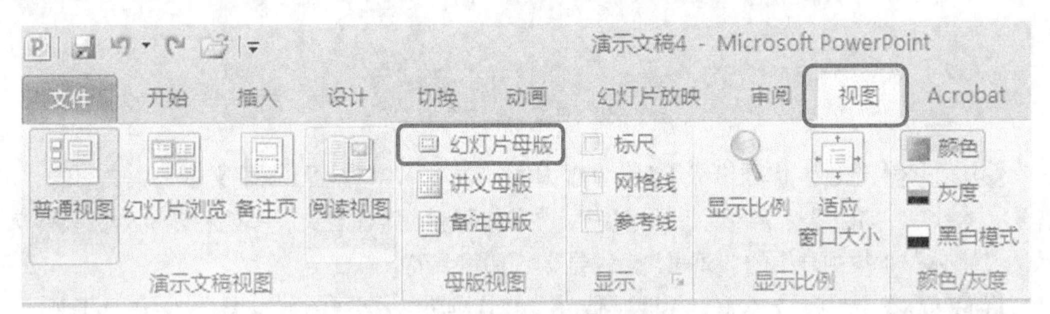

图 6-66　选择“幻灯片母版”

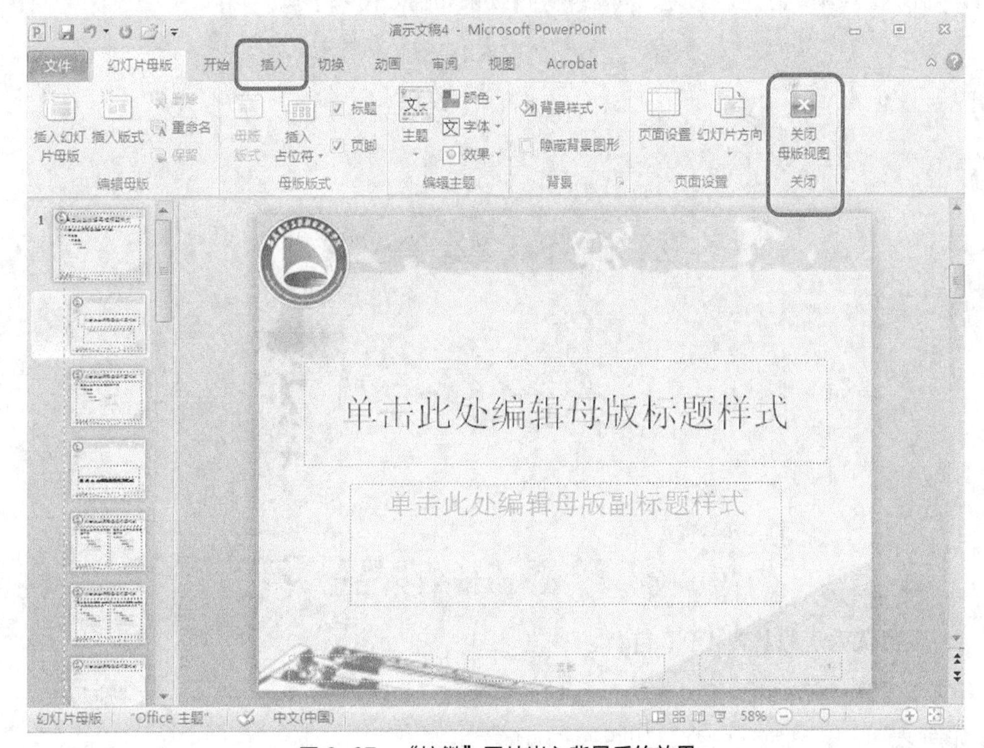

图 6-67　“校徽”图片嵌入背景后的效果

3．设置优秀班级答辩 PPT 封面

STEP 1 封面选用“标题版式”，在 PPT 的文本框中输入所需要的文字，如图 6–68 所示。

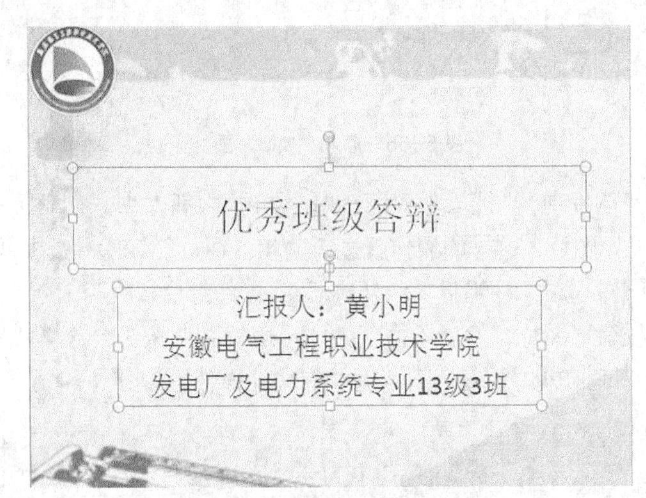

图 6–68　在文本框中输入文字

STEP 2 选中“优秀班级答辩”的文本框，可在“字体栏”调整文本框中文字的“字体”、“大小”、“粗细”、“斜体”、“下划线”、“字体阴影”等。在此，小明将“优秀班级答辩”改为“字体”下拉列表中的“隶书”、66 号字、加粗。

STEP 3 选中下文本框，修改字体为“微软雅黑”，字号为“24 号”，单击“下划线”按钮，并设置字体颜色为“紫色”，最终封面效果如图 6–69 所示。

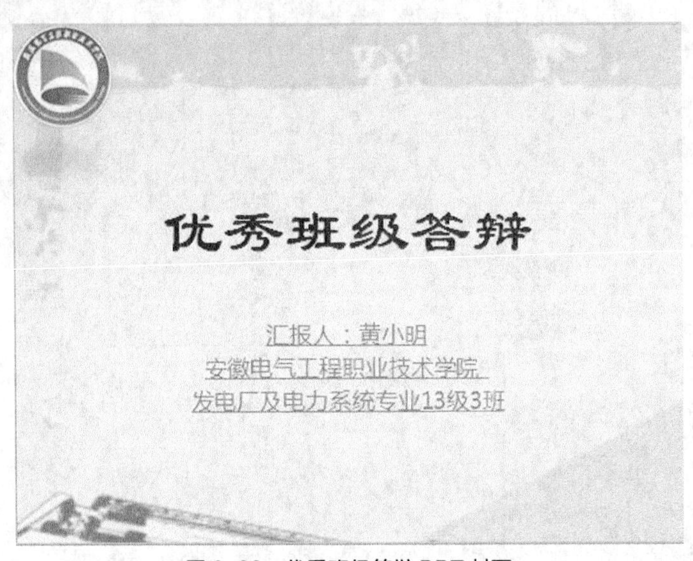

图 6–69　优秀班级答辩 PPT 封面

4．设置优秀班级答辩 PPT 目录

STEP 1 答辩 PPT 第二页为汇报目录，选择“插入”→“SmartArt”→“流程”→“垂直 V 形列表”→“确定”命令，如图 6–70 所示。

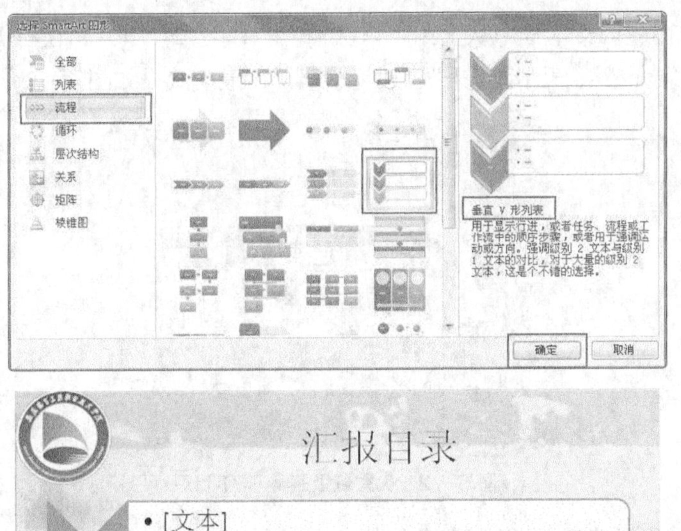

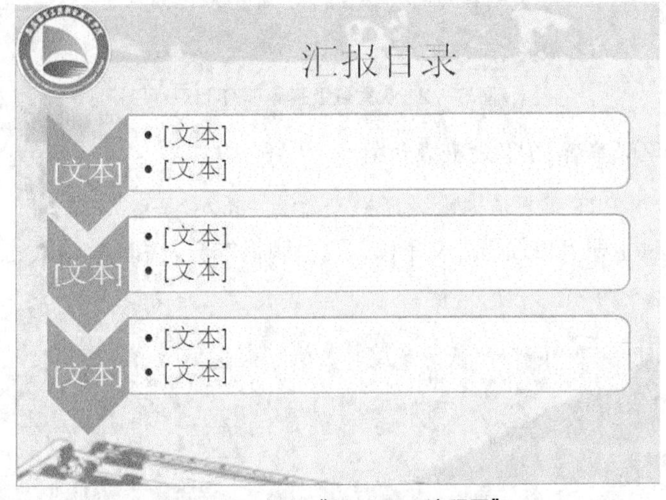

图 6-70　插入“SmartArt 流程图”

STEP 2　选中“垂直 V 形列表”图形，然后双击或单击“设计”→“更改颜色”→“彩色”命令，原本的蓝色“垂直 V 形列表”图形就改为彩色了，如图 6-71 所示。此外，还可以进行样式、布局等修改。

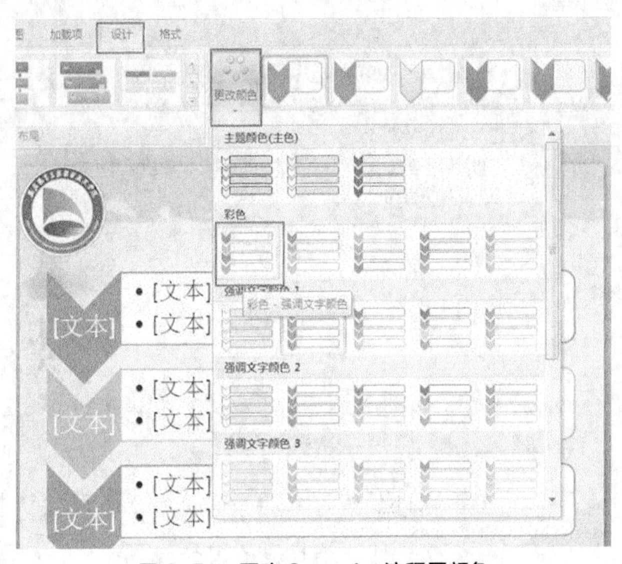

图 6-71　更改 SmartArt 流程图颜色

STEP 3 在左侧文本框中从上到下依次输入"1"、"2"、"3"，在右侧文本框中从上到下依次输入"班级介绍"、"活动风采"、"所获荣誉"，最终效果如图 6-72 所示。

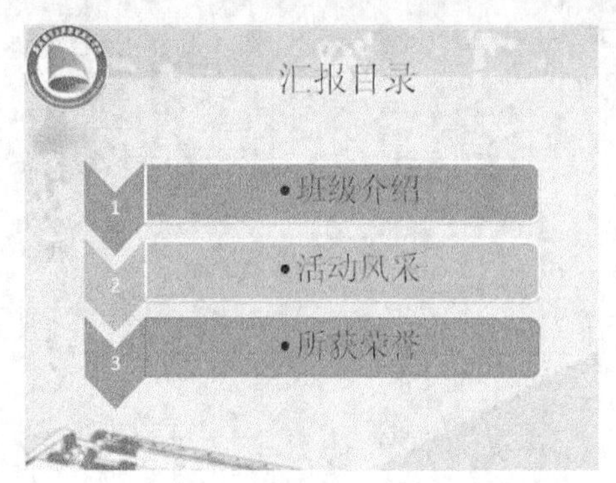

图 6-72 优秀班级答辩 PPT 目录

5．设置优秀班级答辩 PPT 之班级介绍

STEP 1 答辩 PPT 第三页为班级介绍。选择"插入"→"文本框"→"横排文本框"命令，在 PPT 文稿上即可添加横排文本框，黄小明将本班介绍文字输入文本框，如图 6-73 所示。

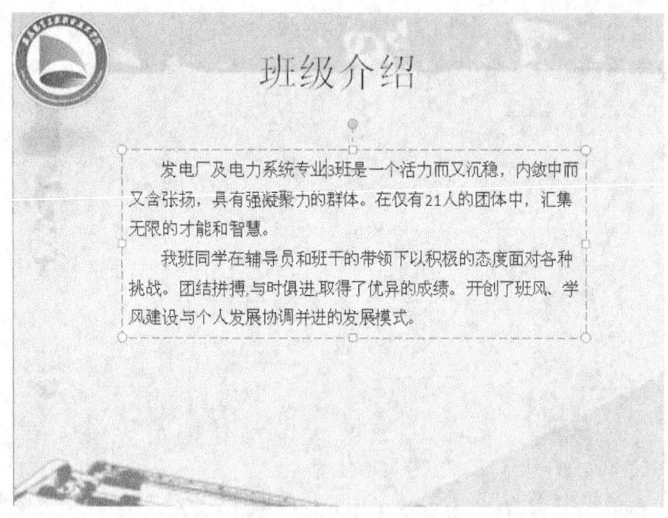

图 6-73 插入文本框

STEP 2 选中文本框，单击鼠标右键，选择"设置形状格式"→"填充"→"纯色填充"→"颜色"→"黄色"命令；并选择"设置形状格式"→"线型"→"宽度"命令，设置改为 1.5 磅，如图 6-74 所示。

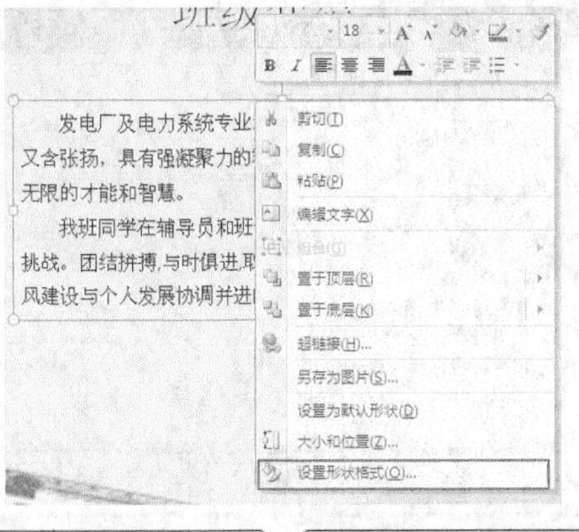

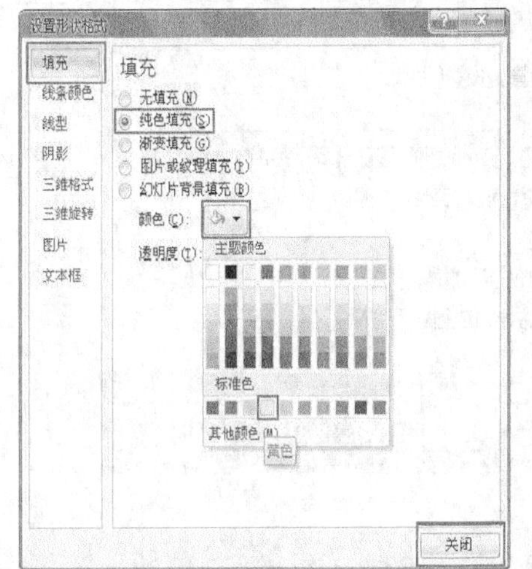

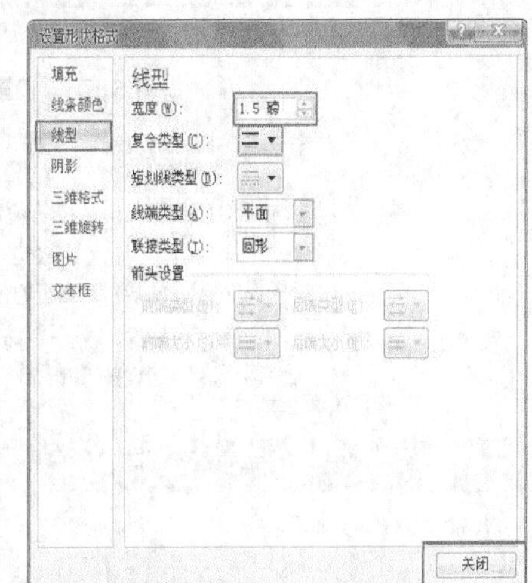

图 6-74　中文本框样式修改

STEP 3 选中文本框中“发电厂及电力系统专业 3 班”文字，单击鼠标右键，选择“超链接”命令，如图 6-75 所示。

STEP 4 在“地址”栏中输入“http://xiyou.cntv.cn/v-e1a16c56-bbe7-11e2- a0c6-001e0bd5b3ca.html”，单击“确定”按钮，如图 6-76 所示。以后单击该段文字即可链接到“安徽省电气工程职业技术学院电力系 2013 年五四晚会男生搞笑舞蹈”这一网络视频资源，如图 6-77 所示。

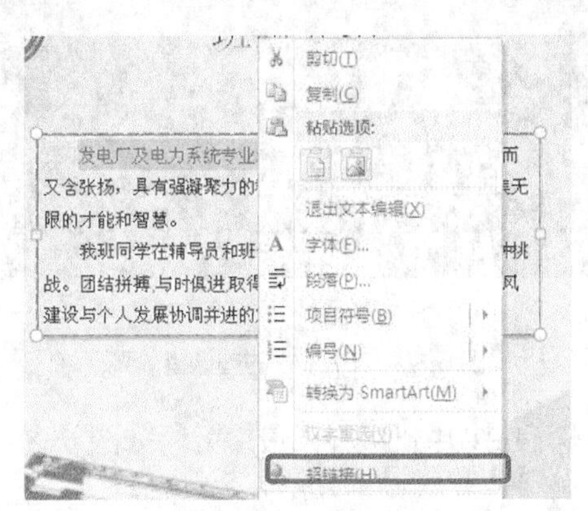

图 6-75　设置超链接

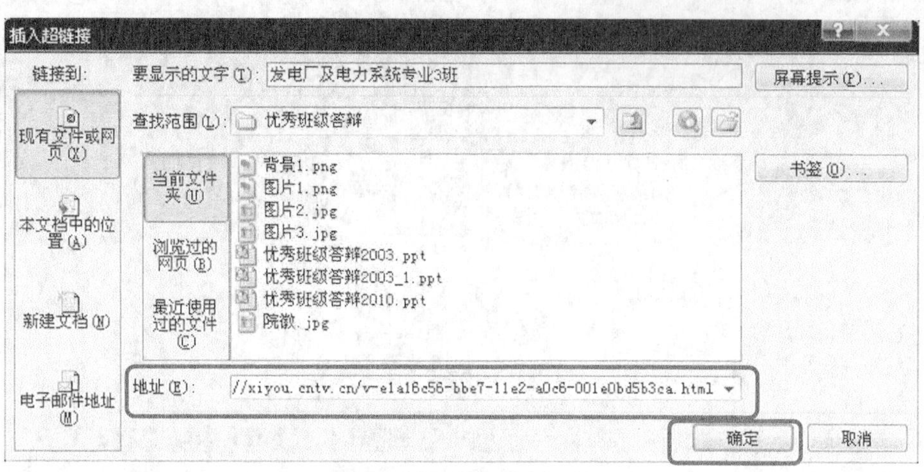

图 6-76　设置超链接地址

发电厂及电力系统专业3班是一个活力而又沉稳，内敛中而又含张扬，具有强凝聚力的集体。在仅有21人的团体中，汇集无限的才能和智慧。

我班同学在辅导员和班干的带领下以积极的态度面对各种挑战。团结拼搏,与时俱进,取得了优异的成绩。开创了班风、学风建设与个人发展协调并进的发展模式。

图 6-77　PPT 中的超链接效果

STEP 5 优秀班级答辩 PPT 中班级介绍最终效果如图 6-78 所示。

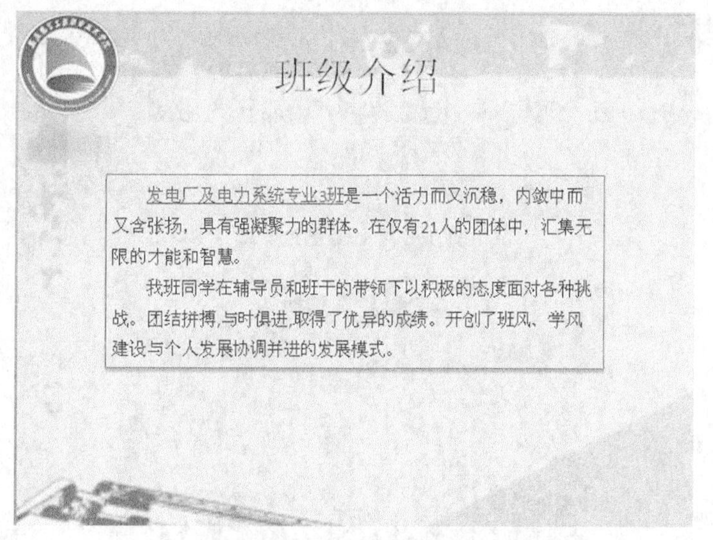

图 6-78　班级介绍的 PPT

6．设置优秀班级答辩 PPT 之活动风采

STEP 1 黄小明想在此页 PPT 上用多张班级活动照片展示同学们的精神风貌。按照上述插入照片的方式，小明添加了 3 张班级同学活动照片，如图 6-79 所示。

图 6-79　活动剪影的 PPT

STEP 2 黄小明觉得整体视觉效果不太理想,所以他对照片格式进行了修改,双击 PPT 右边的“投篮”照片，即进入“格式”栏，如图 6-80 所示，单击“棱台形椭圆”选项，即出现图 6-81 所示的效果。

STEP 3 黄小明对左边两张图片分别选择了“映像圆角矩形”和“旋转”样式，最终效果如图 6-82 所示。

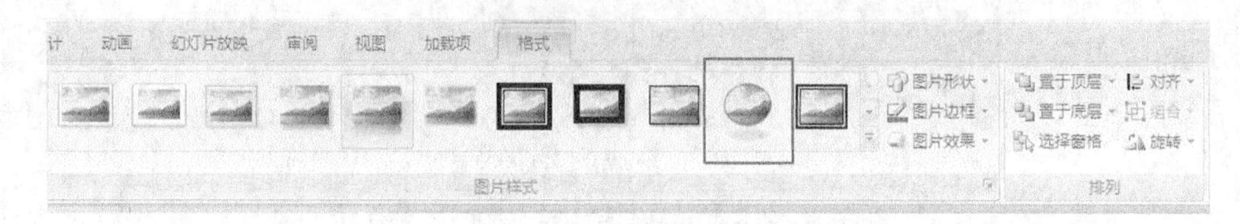

图 6-80　设置图片样式

图 6-81　棱台形椭圆样式的图片效果

图 6-82　活动剪影效果

STEP 4 到目前为止，黄小明觉得整体的 PPT 效果过于“僵化”，为了进一步增强 PPT 的动态感，小明决定给照片设置自定义动画。选中需要添加动画的照片，在功能选项卡中选择“动画”→“螺旋飞入”命令，如图 6-83 所示。

如果需要添加其他形式的动画，单击“添加动画”按钮，对图片设置自定义动画，如图 6-84 所示。

图 6-83 “螺旋飞入”的动画设置

图 6-84 对图片设置自定义动画

7. 设置优秀班级答辩 PPT 之所获荣誉

STEP 1 在此页 PPT 中，黄小明决定将本班 9 月 ~ 12 月期间所获荣誉用表格展示出来。选择“插入”→“表格”命令，在弹出的表格框中，选择 4*4 表格，即在页面上出现 4*4 表格，调整表格至合适的大小，如图 6-85 所示。

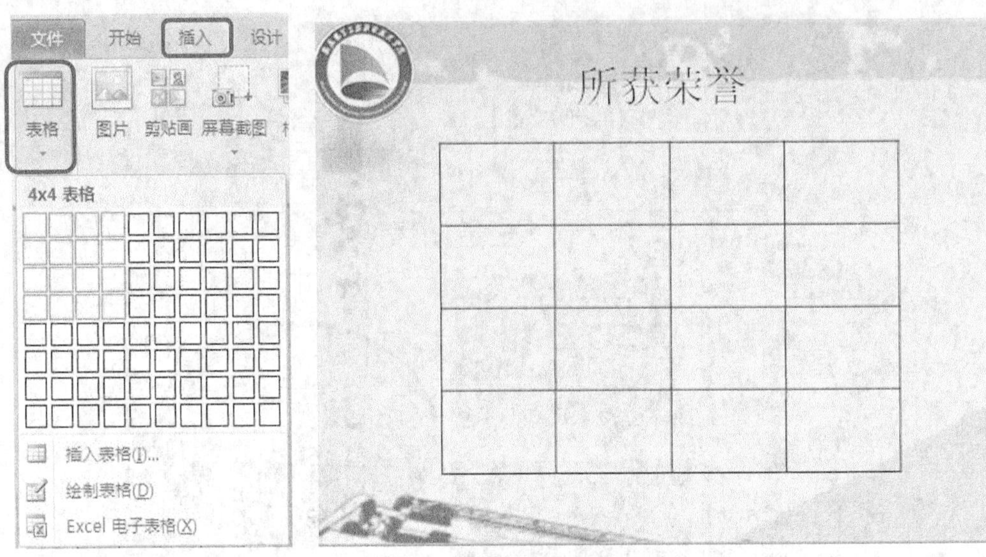

图 6-85　表格的设置

STEP 2 黄小明在表格中输入班级本学期所获荣誉，如图 6-86 所示。

所获荣誉

9月	10月	11月	12月
演讲比赛第二	篮球联赛第一	知识技能大赛第二	校级晚会最佳节目
足球赛第一			英语比赛第一
运动会团体第二			

图 6-86　在表格中输入文字

STEP 3 选中表格中的全部文字， 在功能区的“段落”板块选择“对齐文本”→“中部对齐”命令，单击“确定”按钮。这样表格中的文字就在各自的表格栏正中了，操作如图 6-87 所示。

STEP 4 选中表格第一行，单击“形状填充”按钮，将表格第一行设置“绿色”填充，如图 6-88 所示。

8．设置优秀班级答辩 PPT 之尾页

STEP 1 在答辩类 PPT 的尾页一般都要加上“谢谢”之类的词作为结束语。按照上述添加文本框的操作，小明添加了“谢谢”，并调整成合适大小。

图 6-87 表格文字中部居中

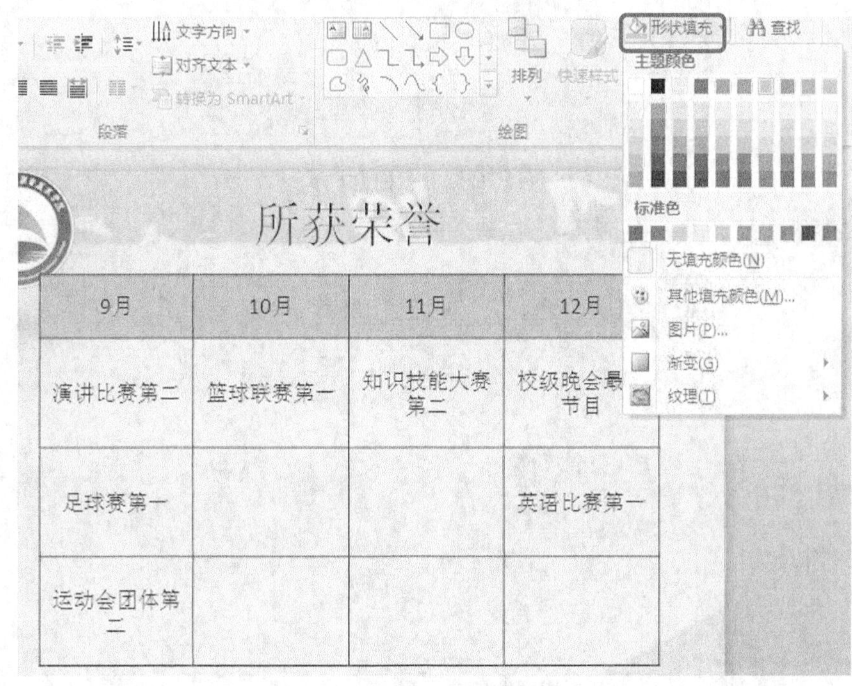

图 6-88 表格第一行设置“绿色”填充

STEP 2 如图 6-89 所示，为了增加视觉效果，小明将“谢谢”设置为艺术字。选中“谢谢”的文本框，选择“插入”→“艺术字”命令，弹出“艺术字库”对话框，选择第三行第四列的样式。

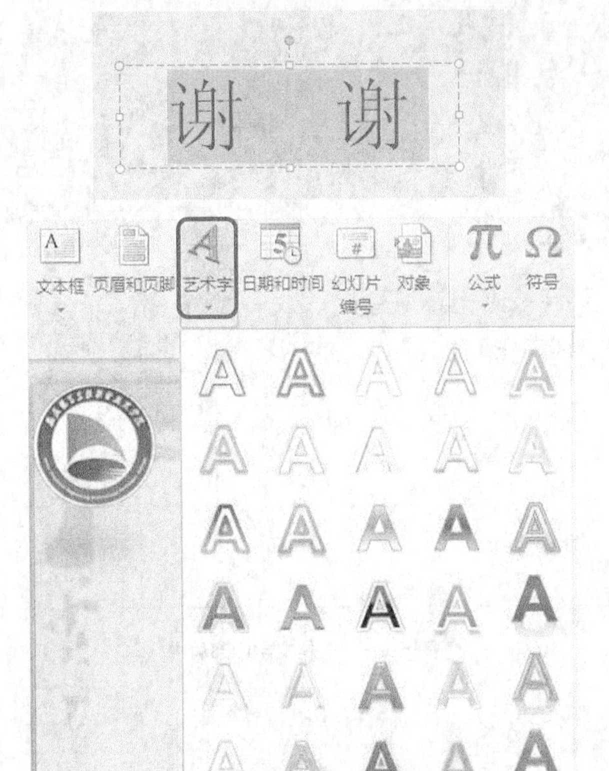

图 6-89　设置艺术字

STEP 3 艺术字效果如图 6-90 所示。

图 6-90　艺术字效果

STEP 4 设置完艺术字之后，黄小明觉得页面还是有些单调。于是他决定在页面的右下角添加一幅剪贴画。选择“插入”→“图片”→“剪贴画”命令，即在 PowerPoint 操作界面的右功能栏出现“剪贴画”设置界面。单击“埃菲尔铁塔”一图，该剪贴画随即出现在页面上，如图 6-91 所示。

STEP 5 将剪贴画置于右下角合适的位置并调整大小,最终的尾页 PPT 效果如图 6-92 所示。

至此，优秀班级答辩演示文稿就全部完成了，选择“视图”→“幻灯片浏览”命令，可以看到所有完成的页面，如图 6-93 所示。

图 6-91 插入剪贴画

图 6-92 优秀班级答辩 PPT 尾页

9. 自动播放文稿

STEP 1 黄小明希望答辩的时候演示文稿自动放映，不需要自己翻页。执行“幻灯片放映”→“排练计时”命令，进入了“排练计时”状态，如图 6-94 所示。

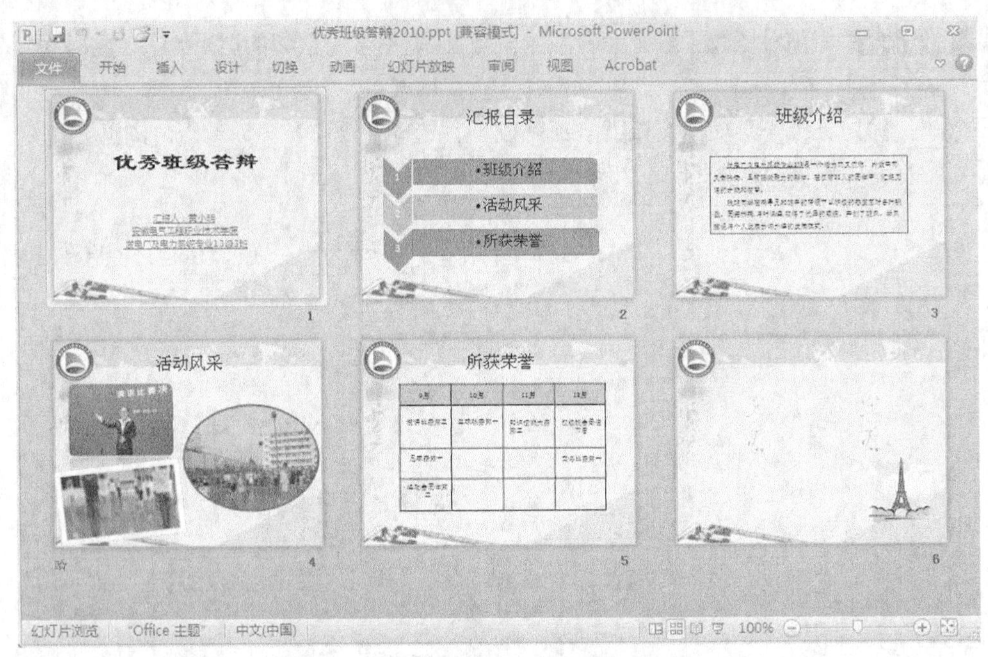

图 6-93　最终完成的优秀班级答辩演示文稿

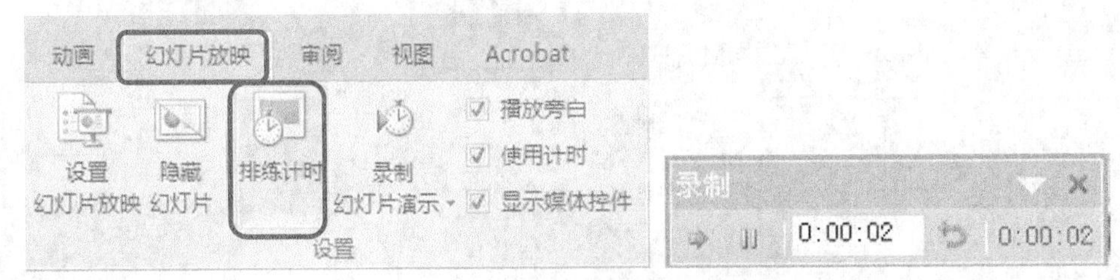

图 6-94　排练记时

此时，单张幻灯片放映所耗用的时间和文稿放映所耗用的总时间显示在“录制”对话框中。手动播放一遍文稿，并利用“录制”对话框中的“暂停”和“重复”等按钮控制排练计时过程，可获得最佳的播放时间。

STEP 2 排练放映结束后，系统弹出一个提示是否保存计时结果的对话框，单击其中的“是”按钮，如图 6-95 所示。

图 6-95　结束后弹出对话框

STEP 3 放映时，执行“幻灯片放映”→“设置放映方式”命令，打开了“设置放映方式”对话框，选中其中的“换片方式”中“如果存在排练时间，则使用它”单选项，确定退出，启动放映演示文稿便开始自动播放了，如图 6-96 所示。

三、任务小结

演示文稿制作完毕，黄小明又利用排练计时演练了一遍，他觉得自己排练得不错，一个演示文稿终于做好了。在这个任务中，黄小明学习了设置 PPT 背景、封面和目录，并且插入了文本框、图片、表格、动画等等元素。黄小明很开心，准备迎接明天优秀班级的答辩啦！

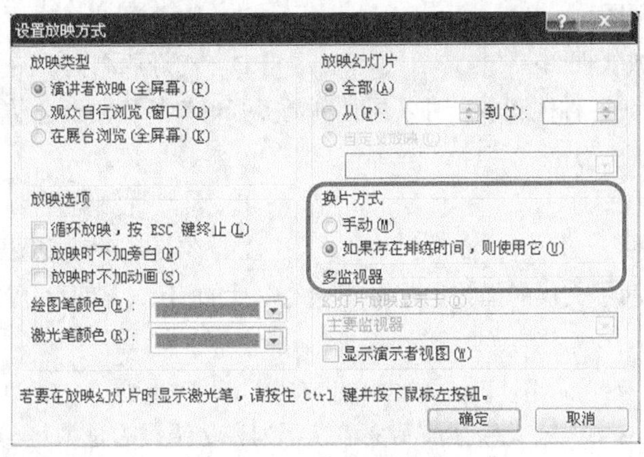

图 6-96 换片方式设置

四、随堂练习

在上个任务完成的 PowerPoint 基础上，完善自己的个人介绍演示文稿，至少插入两个“SmartArt”图形，并对演示文稿中插入的图片进行处理，利用排练计时功能自动播放，最后向同学演示。

项目小结

本项目通过黄小明制作两个演示文稿的案例，展示演示文稿制作流程，并且在制作流程的基础上进行进一步的扩展演示文稿技术。所以，在本项目结束时，自己也应当可以独立完成一份精美的演示文稿。对于演示文稿的应用不仅仅是学院简介和优秀班级答辩这些案例，生活中还有很多其他方面需要演示文稿的例子，希望读者能够多多实践，做到举一反三。

项目练习

一、选择题

1. PowerPoint 是（　　）。

A. 数据库管理软件　　B. 文字处理软件

C. 电子表格软件　　D. 幻灯片制作软件

2. PowerPoint 中主要的编辑视图是（　　）。

A. 幻灯片浏览视图　　B. 普通视图

C. 幻灯片放映视图　　D. 备注视图

3. PowerPoint 提供了多种不同的视图，各种视图的切换可以用水平滚动条上视图切换工具栏的 3 个按钮（在左下角）来实现。这 3 个按钮分别是（　　）。

A. 普通视图、幻灯片浏览视图、幻灯片编辑视图

B. 普通视图、幻灯片浏览视图、幻灯片放映视图

C. 普通视图、幻灯片浏览视图、幻灯片版式

D. 普通视图、幻灯片查看视图、幻灯片编辑视图

4. 在 PowerPoint 中，能编辑幻灯片中图片对象的是（　　）。

A. 备注页视图　　B. 普通视图

C. 幻灯片放映视图　　D. 幻灯片浏览视图

5. 在 PowerPoint 各种视图中，可以同时浏览多张幻灯片，便于选择、添加、删除、移动幻灯片等操作的是（　　）。

A. 备注页视图　　B. 幻灯片浏览视图

C. 普通视图　　D. 幻灯片放映视图

6. 如果希望在演示文稿的播放过程中终止幻灯片的演示，随时可按的终止键是（　　）键。

A. End　　B. Esc　　C. Ctrl+E　　D. Ctrl+C

7. 在 PowerPoint 中，有关新建演示文稿，下列说法错误的是（　　）。

A. 可以根据“内容提示向导”新建演示文稿

B. 可以根据“设计模板”新建演示文稿

C. 可以根据“空演示文稿”新建演示文稿

D. 不能通过“打开已有的演示文稿”来新建演示文稿

8. 在 PowerPoint 中，若要用“设计模板”创建演示文稿，下列操作正确的是（　　）。

A. 在启动 PowerPoint 时，在“新建演示文稿”对话框中选择“根据设计模板”

B. 单击 PowerPoint 常用工具栏上的“新幻灯片”按钮，在弹出的对话框中选择“根据设计模板”选项

C. 单击 PowerPoint 常用工具栏上的“新建”按钮，在弹出的对话框中选择“根据设计模板”选项

D. 在启动 PowerPoint 时，在“新建演示文稿”对话框中选择“空演示文稿”选项

9. 打开一个已经存在的演示文稿的常规操作是（　　）。

A. 选择“插入”→“文件”命令

B. 选择“编辑”→“文件”命令

C. 选择“视图”→“打开”命令

D. 选择“文件”→“打开”命令

10. 制作成功的幻灯片，如果为了以后打开时自动播放，应该在制作完成后另存的格式为（　　）。

A. PPT　　B. PPS　　C. DOC　　D. XLS

11. 若将 PowerPoint 文档保存只能播放不能编辑的演示文稿，操作方法是（　　）。

A. “保存”对话框中的“保存类型”选择为“演示文稿”

B. “保存”对话框中的“保存类型”选择为“网页”

C. “保存”对话框中的“保存类型”选择为“演示文稿设计模板”

D. “保存”对话框中的“保存类型”选择为“PowerPoint 放映”

12. 在 PowerPoint 中需要帮助时，可以按功能键（　　）。

A.【F1】　　B.【F2】　　C.【F11】　　D.【F12】

13. 在 PowerPoint 中，下列关于幻灯片版式说法正确的是（　　）。

A. 在“标题和文本版式”中不可以插入剪贴画

B. 剪贴画只能插入空白版式中

C. 任何版式中都可以插入剪贴画

D. 剪贴画只能插入剪贴画与文本版式中

14. 若要更换另一种 PowerPoint 幻灯片的版式，下列操作正确的是（　　）。

A. 选择“编辑”菜单下的“幻灯片版式”命令

B. 选择“格式”菜单下的“幻灯片版式”命令

C. 选择“工具”菜单下的“版式”命令

D. 选择“插入”菜单下的“版式”命令

15. 演示文稿中每张幻灯片都是基于某种（　　）创建的，它预定义了新建幻灯片的各种占位符布局情况。

A. 视图　　B. 版式　　C. 母版　　D. 模板

16. 在 PowerPoint 中，一位同学要在当前幻灯片中输入“你好”字样，采用操作的第一步是（　　）。

A. 单击工具栏中的“插入艺术字”按钮

B. 选择“插入”菜单中的“图片\来自文件”命令

C. 选择“插入”菜单中的“文本框”命令

D. 单击工具栏中的“插入剪贴画”按钮

17. 在 PowerPoint 中，设置图形（例如画一个“笑脸”图形）对象旋转的方法是（　　）。

A. 右击图形对象，在弹出的快捷菜单中选择“旋转或翻转”命令

B. 双击图形对象，在弹出的快捷菜单中选择“旋转或翻转”命令

C. 选中图形对象，在“绘图”工具栏中选择“绘图”按钮的“旋转或翻转”命令

D. 选择“幻灯片放映”→“旋转或翻转”菜单命令

18. 要为所有幻灯片添加编号,下列方法中正确的是（　　）。

A. 执行“视图”菜单的“幻灯片编号”命令

B. 执行“插入”菜单的“幻灯片编号”命令

C. 执行“格式”菜单的“幻灯片编号”命令

D. 以上说法全错

19. 在 PowerPoint 中，若想给“文本框”对象或“文本框占位符”设置动画效果，下列说法正确的是（　　）。

A. 执行“格式”菜单的“幻灯片设计”命令，右侧有一个相应的设置窗格

B. 执行“幻灯片反映”菜单的“自定义动画”命令，右侧有一个相应的设置窗格

C. 执行“格式”菜单的“幻灯片版式”命令，右侧有一个相应的设置窗格

D. 以上说法全错

20. 在 PowerPoint 中，如果要从第一张幻灯片跳转到第三张幻灯片，应该使用菜单“幻灯片放映”中的（　　）。

A. 动画方案　　B. 幻灯片切换　　C. 自定义动画　　D. 动作设置

二、操作题

1. 请使用 PowerPoint 完成以下操作。

（1）将第一张幻灯片中标题的文字颜色设置为白色。

（2）在第二张幻灯片前插入一张幻灯片版式为空白的新幻灯片。并添加标题“新幻灯片”。

（3）设置新幻灯片标题文字所处的文本框的背景填充图案为“小棋盘”（第三行最后一个）。

（4）在新幻灯片内输入“搜狐网”3 个字，并为这 3 个字所在的文本框添加超级链接，链接到网址：http://www.sohu.com。

（5）将第三张幻灯片的切换方式改为：阶梯状向左下展开（此处的第三张幻灯片指插入新幻灯片后的第三张，下同）。

（6）设置第三张幻灯片标题框在前一事件 3 秒后自动播放。

2. 请在打开的演示文稿中新建一个幻灯片，选择版式为“空白”，并完成以下操作，完成后请关闭该窗口。

（1）在其中插入一幅图片，对其设置自定义动画，动作为“飞入”，方向为“右侧”。

（2）在第一页中插入一个垂直文本框，在其中添加文本为“开始考试”，并设置其动作为“超级链接到下一页幻灯片”。

（3）插入一张新幻灯片，版式为“文本与剪贴画”。设置标题为“考试”。标题字体大小为“60”。标题字形为“加粗”。标题对齐方式为“居中对齐”。

（4）在第二页幻灯片中添加文本处添加文本“考试时不允许作弊，要认真做答，独立完成。”

（5）在第二页幻灯片中添加剪贴画处插入任意一幅剪贴画。

3. 请使用 PowerPoint 完成以下操作。

（1）为整篇文档应用设计模板 Notebook。

（2）为第一张幻灯片添加副标题“引你进入神奇的电子表格世界”，字体设为黑体。

（3）将第二张幻灯片中“第一部分 Excel 入门”文本框设为在前一事件后 3 秒播放（动画效果任意）。

（4）在第三张幻灯片中为标题设置横向棋盘式动画效果。

（5）设置第三张幻灯片中文本区域背景为酸橙色（第 3 行第 3 列）。

（6）设置最后一张幻灯片的切换效果为“溶解”。

4. 请使用 PowerPoint 完成以下操作。

（1）为整个 PowerPoint 文档应用设计模板 Ribbons。

（2）设置所有幻灯片切换时播放风铃声。

（3）为第一张幻灯片添加副标题“飞翔公司发展需求报告”，字体为楷体，字号为 20 磅，右对齐。

（4）设置第二张幻灯片的文本区域的动画效果为“水平百叶窗”。

（5）在最后插入一张新幻灯片，幻灯片内容与第二张幻灯片完全一致。然后将第二张幻灯片版式换为“垂直排列文本”。